PRAXIS UND ERFOLG BAND 7

Dieter Bischop

COACHEN UND FÜHREN MIT SYSTEM

Als Führungskraft, Coach und Mediator systematisch Wirkung erzielen

Ludwig

Die Reihe PRAXIS + ERFOLG wird herausgegeben von Dr. Nils Borstnar.

Bibliografische Information Der Deutschen Bibliothek

Die Deutsche Bibliothek verzeichnet diese Publikation in der
Deutschen Nationalbibliografie; detaillierte bibliografische
Daten sind im Internet über http://dnb.ddb.de abrufbar.

© 2010 by Verlag Ludwig
Holtenauer Straße 141
24118 Kiel
Tel.: 0431-85464
Fax: 0431-8058305
www.verlag-ludwig.de
info@verlag-ludwig.de

Lektorat: Dr. Jennifer Lorenzen-Peth
Gestaltung: Daniela Zietemann

Gedruckt auf säurefreiem und alterungsbeständigem Papier
Printed in Germany

ISBN 978-3-86935-009-7

VORWORT

Suche nicht die Fehler – finde das Heilmittel.
Henry Ford, amerikanischer Industrieller (1863–1947)

Dieses Zitat von Henry Ford drückt meine Haltung in meiner Arbeit aus. Ich habe immer danach gestrebt, »Heilmittel« zu finden. Und viele dieser »Heilmittel« finden Sie in diesem Buch.

Eine solide Grundlage für meine Arbeit legte Thies Stahl in seinen NLP-Ausbildungen (Neurolinguistisches Programmieren), die ich von 1995–1998 besuchen konnte. Ihm gilt mein Dank für seine vielen Anregungen und seine Unterstützung.

Seit 2000 gebe ich mein Wissen in Coaching- und Mediationsfortbildungen sowie Seminaren weiter. Meinen früheren Partnern Anita von Hertel, Jürgen Weist und Dr. Susanne Perker danke ich für die gute Zusammenarbeit und die vielen tiefgreifenden Erfahrungen. Teilweise sind sie in dieses Buch eingeflossen. Ich bedanke mich außerdem herzlich bei allen Teilnehmern, Klienten und Unternehmen für ihr Feedback und ihre Bereitschaft, neue »Heilmittel« anwenden oder ausfindig machen zu wollen.

Ellen Johannsen, Annika Dulige-Richter, Christian Fust und viele andere haben mit mir über die Systemgesetze diskutiert und dadurch für mehr Klarheit und Einfachheit gesorgt. Vielen Dank allen dafür.

Karen Bestmann, Dr. Nils Borstnar, Ruth Kafitz, Jörg Gerken, Bernd Schneider und Kirsten Omland haben das Manuskript gelesen und wertvolle Hinweise gegeben. Auch ihnen gilt mein herzlicher Dank.

Ein Großteil des gemeinsam mit Ruth Kafitz geschriebenen Artikels über Zeitmanagement findet sich im dritten Kapitel zu diesem Thema wieder. Dafür und für die tolle Zusammenarbeit bedanke ich mich.

Marina Müller als Lektorin meines Buches danke ich für ihre unendliche Geduld mit mir. Dank gilt auch meiner Lektorin Dr. Jennifer Lorenzen-Peth vom Verlag Ludwig, meinem Herausgeber Dr. Nils Borstnar und meinem Verleger Dr. Steve Ludwig für ihren Einsatz und für die Möglichkeit, das Buch in dieser ansprechenden Form zu veröffentlichen.

Ein ganz besonders lieber Dank gilt zwei Kolleginnen:

Karen Bestmann danke ich ganz herzlich für die große und fortlaufende Unterstützung beim Strukturieren und Schreiben des Buches, für ihre tollen Ideen und Vorschläge bei unseren gemeinsamen Leuchtturmbesuchen.

Und Marina Müller danke ich aus vollem Herzen für die gemeinsamen Coachingsitzungen und Supervisionen. Einerseits konnte ich neue »Heilmittel« an ihr ausprobieren, andererseits wendete sie diese bei mir an, so dass ich als »Klient« Veränderungen und deren Wirksamkeit erleben konnte.

Dr. Dieter Bischop, Januar 2010

INHALT

Für meine Eltern

EINLEITUNG

Coachen und Führen mit *System*, d.h. aus der systemischen Sichtweise heraus, drückt mein Grundverständnis für erfolgreiches Arbeiten aus. Dieses Buch ist aus der Praxis für die Praxis geschrieben. Sie lernen Schritt für Schritt, systematisch Wirkung als Mediator, Coach oder als Führungskraft zu erzielen. Gleichzeitig können Sie auch Methoden und Übungen an sich selbst ausprobieren, sich damit selbstreflexiv in Ihrer eigenen Situation erkennen.

Im ersten Kapitel werden die **Systemgesetze** vorgestellt. In allen Systemen, ob im Beruf oder in Familien, wirken diese und sind Grundlage jeder Zusammenarbeit. Somit ist auch das Verstehen und Einhalten der Systemgesetze oberste Führungsaufgabe.

Die hier weiterentwickelten Systemgesetze sind ein außerordentlich wichtiges Handwerkszeug zur Lösung von Konflikten und Mobbingfällen. Sie sind gleichzeitig Grundlage für erfolgreiche Veränderungen in Unternehmen, Teams und für jeden selbst.

Sie lernen, wie die Systemgesetze wirken und wie Sie als Coach, Mediator oder Führungskraft Systemgesetzverletzungen bei den Konfliktparteien oder bei sich selbst auflösen können.

Außerdem finden Sie hier eine Sammlung von Dynamiken, die in eine Systemgesetzverletzung münden können, und die alle aus der Praxis stammen.

Systemgesetzverletzungen kann es zwischen einzelnen Mitarbeitern oder zwischen Führungskräften und Mitarbeitern geben. Sie können aber auch durch Veränderungen in der Organisation entstehen (z.B. durch eine Fusion oder Unternehmensnachfolge). Deshalb werden die Systemgesetze auch im Zusammenhang mit der Organisationsentwicklung vorgestellt.

Ausführlich wird anschließend das Thema Mobbing behandelt, dessen Hauptursache Verletzungen der Systemgesetze sind. Auch hier lernen Sie effektive Lösungswege.

Im Anschluss daran wird die klassische Mediation um die Systemgesetze zur systemischen Mediation erweitert. Der Unterschied zwischen beiden wird aufgezeigt.

Systemgesetzverletzungen werden oft auch in Systemaufstellungen aufgedeckt und gelöst. Sie erfahren mehr über das Verfahren von Systemaufstellungen in ihren unterschiedlichen Anwendungsweisen.

Ein Aufstellungsformat davon ist die hier entwickelte i^3-Methode, welche Sie für sich allein oder auch mit anderen anwenden können, und die anhand eines Praxisbeispiels vorgestellt wird.

Das zweite Kapitel geht auf die **Grundlagen des Coaching, der Mediation und der Führung** ein. Dazu werden die Coachingebenen und der Coachingablauf vorgestellt, die in der Mediation und genauso im Führungsprozess anzuwenden sind.

Jede Veränderung, sei es eine Umstrukturierung in einer Organisation oder eine Persönlichkeitsentwicklung, hat neben dem positiven Nutzen auch negative Auswirkungen. Es ist wichtig, die negativen Auswirkungen durch Veränderungen im System zu eliminieren, hier Ökologiecheck genannt.

Solche negativen Auswirkungen werden oftmals durch eine unstimmige Kommunikation deutlich. Deshalb muss die Wahrnehmung geschult werden, um eine unstimmige Kommunikation erkennen zu können.

Im Anschluss wird die Zielarbeit erläutert, die der Ausgangspunkt einer jeden Beratung sein sollte. Dazu wird die klassische Zielarbeit nach Thies Stahl vorgestellt.

Der Schwerpunkt liegt außerdem auf der Nutzung des Unbewussten und der Intuition. Sie erfahren, wie Sie Ihr Unbewusstes als Coach und Führungskraft für den Ökologiecheck und zur Zielerreichung einsetzen können. Die klassische Zielarbeit wird hier um die holistische Zielarbeit ergänzt und beide gegenüber gestellt.

Ein weiteres wichtiges Handwerkszeug ist die Sprache. Jeder Satz, den Sie hören, ist unvollständig und lässt Interpretationen zu. Mit Hilfe des »Meta-Modells« von Bandler und Grinder können

Sie präzise nachfragen und dadurch der Interpretationsgefahr vorbeugen.

Im dritten Kapitel wird aufgezeigt, wie Sie Ihre **Führungsfähigkeiten verbessern** können. In meiner Arbeit als Coach und Mediator mit Führungskräften tauchten immer wieder typische Probleme auf. Diese finden Sie als Zusammenfassung mit daraus entwickelten Handlungsanleitungen. Sie lernen den Führungskreislauf mit den einzelnen Stationen kennen sowie richtig Feedback zu geben.

Am Ende dieses Kapitels geht es um die Ebenen der Veränderung, die mögliche Hindernisse aufdecken und eine Lösung anbieten können.

Thema des vierten Kapitels ist das **Selbstmanagement**. Hier klären Coach oder Führungskräfte relevante Fragen für sich selbst, z.B. Auftragsklärung (KDW-Fragen), Stressmanagement, Visionsfindung oder Fragen zur Rollenklärung.

Sie lernen, die unterschiedlichen Zustände Ihres Klienten/Mitarbeiters (Problemzustand, Versöhnungszustand, Lösungszustand ...) zu erkennen.

Im letzten Kapitel erhalten Sie einen Überblick über die **Systemik** und das **systemische Denken**.

Hier wird erklärt, was ein System, die Chaos- und Selbstorganisationstheorie sind und wie man systemisch coachen und führen kann.

Ich wünsche Ihnen nun eine spannende Reise.

KAPITEL 1: SYSTEMGESETZE – DIE BASIS ERFOLGREICHER ZUSAMMENARBEIT

Im folgenden Kapitel geht es um das komplexe System einer Organisation und wie damit erfolgreich umgegangen werden kann. Der Fokus wird auf die Frage gerichtet, was eine optimale Wirkung zwischen einer Führungskraft und ihren Mitarbeitern oder einem Coach und seinen Klienten erzeugt.

In diesem Kapitel ist mit dem Begriff **System** eine Ansammlung von Personen gemeint, die in Beziehung zueinander stehen. Danach sind Paare, Familien, Teams, Unternehmen, Vereine, Unternehmen – Kunde oder Vorgesetzter – Mitarbeiter Systeme. Im letzten Kapitel des Buches finden Sie noch weitere Definitionen.

In dieser Arbeit wird grundlegend angenommen, dass ein »System«, unabhängig davon, um welches es sich konkret handelt, immer auf den 10 selben Systemgesetzen beruht, die hier vorgestellt werden. Die Systemgesetze haben sich im Laufe von Jahrmillionen zuerst im Tierreich entwickelt, damit ein System **überleben** und sich fortpflanzen konnte.

Der Ausdruck **Systemgesetze** ist in Anlehnung an die Naturgesetze gewählt worden. Naturgesetze sind allgemeingültig, es spielt keine Rolle, ob sie bekannt sind oder nicht. Genauso verhält es sich bei den Systemgesetzen, die ebenfalls immer und in jedem System wirken.

Werden die Systemgesetze berücksichtigt und eingehalten, so ist das der Hebel, Blockaden nachhaltig wieder in Bewegung zu bringen. Damit können lang andauernde Konflikte gelöst werden und Motivation, Anerkennung sowie Zufriedenheit neu entstehen oder gesteigert werden.

Systemgesetze und ihre Bedeutung

Das erste und das wichtigste Systemgesetz ist die
Zugehörigkeit zum eigenen System,
denn das bedeutet Überleben. So ist es heute noch im Tierreich.
Wir bringen dieses Erbe, das in unseren Verhaltensprogrammen
gespeichert ist, aus unserer Entstehungsgeschichte mit.
   Das zweitwichtigste Systemgesetz ist
Gegenseitige Anerkennung, Wertschätzung und Respekt.
Kein System kann ohne Anerkennung langfristig funktionieren.

Die weiteren Systemgesetze sind:
Recht auf Gleichgewicht zwischen Geben und Nehmen
Früher hat Vorrang vor Später,
Höhere Verantwortung / höherer Einsatz hat Vorrang,
Höhere Kompetenz / höheres Wissen hat Vorrang,
Neues System hat Vorrang vor altem System,
Gesamtsystem hat Vorrang vor Einzelperson / Untersystem,
Aussprechen / anerkennen, was ist und
Ausgleich schaffen.
In den folgenden Kapiteln werden die zehn Systemgesetze ausführ-
lich, mit Beispielen und Lösungswegen, vorgestellt.

Die Systemgesetze wirken, obwohl sie den Menschen normalerweise nicht bewusst sind. Diese spüren jedoch ihre Auswirkungen in
positiver oder negativer Form. Werden diese Gesetze eingehalten,
so ist das ganze System (Team, Familie, Organisation, Unternehmen) motiviert. Die Beziehungen stimmen, jeder Einzelne fühlt
sich unterstützt und gestärkt.
   Werden diese Gesetze missachtet, so hat das oft die Konsequenz,
dass das System und jeder Einzelne geschwächt werden.
   Typische Symptome für die Missachtung von Systemgesetzen in
Organisationen sind plötzlich kündigende Mitarbeiter und Kunden, interne Machtkämpfe, Sabotage, massive Umsatzeinbrüche,
lähmende Stagnation oder Demotivation.

Früher dachte ich, dass ein Unternehmen gut läuft und die Mitarbeiter motiviert sind, wenn die Vision allen klar ist und jeder weiß, was seine Aufgabe ist. Am eigenen Leibe habe ich gespürt, sowohl als Betroffener in einem Team als auch als externer Teamcoach, dass dieses nicht ausreicht, sondern dass die Systemgesetze und deren Wirkung eine große Rolle spielen.

Die Systemgesetze gelten nicht nur für zwischenmenschliche Beziehungen, sondern sie sind auch das Fundament für die Organisations- und Unternehmensent-

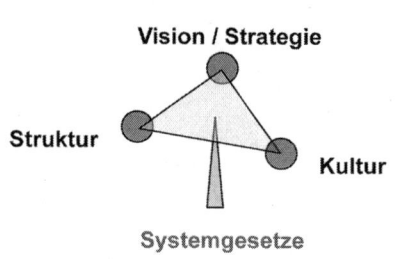

wicklung. Ein Unternehmen hat normalerweise eine Vision mit der passenden Strategie, eine Struktur sowie eine Kultur. Werden bei einer Unternehmensnachfolge, einer Fusion oder einer Umstrukturierung nicht die Systemgesetze beachtet, so kommt es dort zu Konflikten. Weiter hinten im Abschnitt »Die Systemgesetze und die Organisation« wird ausführlich darauf eingegangen, wie eine Veränderung oder ein Übergang gelingen kann.

Entwicklungsgeschichte der Systemgesetze

Mitte der 1990er begannen Therapeuten und Berater, sowohl Hellingers Methode der Familienaufstellungen als auch die diesen zugrunde liegenden Prinzipien auf den Organisationskontext, also den beruflichen Bereich, zu übertragen. In direkter Nachfolge sind hier *Gunthard Weber*, der insbesondere die *Organisationsaufstellungen* prägte, und *Klaus Grochowiak* als Vertreter der *systemdynamischen Organisationsberatung* zu nennen. Parallel dazu entstanden seit Beginn der 1990er die *systemischen Strukturaufstellungen* von *Insa Sparrer* und *Matthias Varga von Kibéd*, deren besondere Kennzeichen unter anderem die Verknüpfung mit anderen beraterischen und therapeutischen Methoden sind, beispielsweise die

lösungsfokussierte Kurztherapie und die Vielzahl an Aufstellungs-
variationen.

Im Folgenden werden kurz die zwei Bücher vorgestellt, in denen
die Systemgesetze in jeweils anderer Form beschrieben werden und
die als Grundlage für dieses Buch gedient haben.

Bert Hellinger (Ordnungen der Liebe, München 2001, S. 49 ff.)
beobachtete im Laufe der Jahre bei seinen Aufstellungen mit Fami-
lien und Organisationen folgende Grundprinzipien:
In der Familie (ohne eine Ordnung anzugeben):
• Jeder hat das gleiche Recht auf Zugehörigkeit
• Früher vor später
• Neues System vor altem System
• Höherer Einsatz vor weniger Einsatz
• Vorrang der ersten Bindung und Vorrang des Intimen
• Ausgleich durch Würdigung

**Insa Sparrer (Wunder, Lösung und System, Heidelberg 2001,
S. 114 ff.)** und Varga von Kibed haben die in der Aufstellungsarbeit
entdeckten Wirkungsprinzipien auf eine theoretische Grundlage
gestellt und hierarchisch geordnet:
1. Prinzip: Existenz eines Systems (Zugehörigkeit)
2. Prinzip: Wachstum und Fortpflanzung (Würdigung der Reihenfolge) (früher vor später im System und neues System vor altem
   System)
3. Prinzip: Regelung des Energieflusses (höherer Einsatz)
4. Prinzip: Individuelle Reifung von Systemmitgliedern (Leistungs-
   und Fähigkeitsvorrang)
1. Metaprinzip: Das Gegebene muss anerkannt werden
2. Metaprinzip: Reihenfolge der Grundprinzipien von 1 zu 4

Die Systemgesetzebene als Fundament der Kommunikationsebenen

Die beiden Kommunikationsebenen, Sach- und Beziehungsebene (vgl. V. Satir 1996), die in jeder Interaktion vorliegen, sind hier um eine dritte ergänzt: die **Systemgesetzebene.**

Sie ist das Fundament jeder Kommunikation. Diese Ebene entscheidet darüber, ob die Beziehungs- und Sachebenen funktionieren und stabil sein können. Ähnlich wie ein Haus, das ein solides Fundament benötigt, um darauf die Stockwerke setzen zu können.

Zur Bearbeitung von Konflikten ist es sehr hilfreich, diese dritte Ebene zu nutzen, da die meisten Menschen sich aus Angst nicht die Beziehungsebene anschauen wollen. Oft ist dies auch gar nicht hilfreich, denn die Ursache liegt im Fundament.

Wie es auch wenig sinnvoll ist, ein schadhaftes Dach zu reparieren, wenn nicht vorher die Ursache aufgedeckt wurde, sollte das Fundament, die Systemgesetzebene, der Ansatzpunkt zur Konfliktlösung sein.

Die dicken Pfeile von der Systemgesetzebene zur Beziehungs- und dann zur Sachebene auf der linken Seite in der Abbildung sollen die Wirkung verdeutlichen. Verletzungen auf der Systemgesetzebene wirken sich negativ auf die Beziehungsebene aus und er-

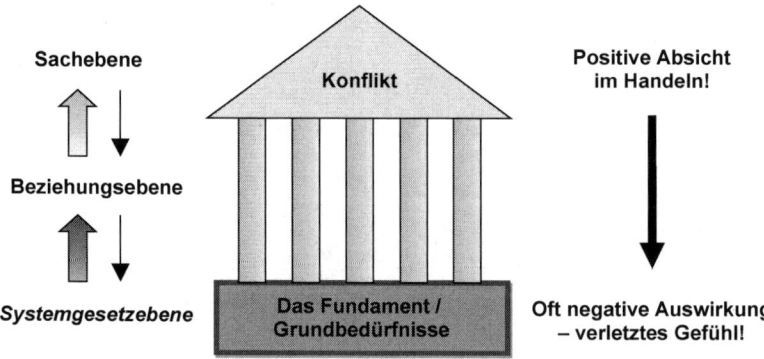

Die drei Lösungs- und Kommunikationsebenen

schweren die Zusammenarbeit auf der Sachebene. Unlösbare Konflikte zeigen sich dann auf der Sachebene, und die Positionen sind verhärtet. Dadurch können aber auch wieder Verletzungen oder negative Auswirkungen von der Sachebene zur Beziehungs- und Systemgesetzebene erfolgen, dargestellt durch die von oben nach unten verlaufenden dünnen Pfeile.

Die rechte Seite in der Abbildung veranschaulicht, wieso es zu Systemgesetzverletzungen kommt, ohne dass dieses beabsichtigt war oder ist.

Es ist sinnvoll davon auszugehen, dass jeder Mensch in jedem Moment das Beste für sich tut, was ihm gerade möglich ist. Also hat er in seinem Handeln oder Verhalten, was sich oft – aber nicht nur – auf der Sachebene zeigt, eine positive Absicht für sich selbst.

Daneben gibt es auch noch die positive Absicht für das Gegenüber, d.h. das Beste für das Gegenüber zu wollen.

Wenn diese positiven Absichten, egal ob für sich selbst oder für den anderen, nicht ausgesprochen werden, so kommt es oft zu negativen Auswirkungen auf der Systemgesetzebene. Meistens ist dem Verursacher, demjenigen mit der positiven Absicht, diese Verletzung nicht bewusst.

> Positive Absichten im Handeln können negative Auswirkungen haben und führen häufig zu verletzten Gefühlen auf der Systemgesetzebene.

Ein Beispiel soll dieses verdeutlichen:

Ein Chef lädt seine sieben Teamleiter zu einem Meeting ein, nur den achten nicht. Er gibt auch keine Erklärung dazu ab.

Sachebene – positive Absicht: Der achte Teamleiter hat mehr als genug zu tun. Außerdem hat die Besprechung nichts mit seinem Aufgabenbereich zu tun. Der Chef hat die positive Absicht, den achten Teamleiter nicht unnötig noch mehr zu belasten bzw. ihm die Zeit zu stehlen. *Systemgesetzebene – negative Auswirkung:* Der achte Teamleiter fühlt sich ausgeschlossen, und als Folge davon fühlt er sich schlecht. Spricht der Teamleiter den Chef nicht darauf an, so werden sich die Beziehungs- und Sachebene verschlechtern und der Teamleiter wird eventuell den Chef verletzen, in dem er ihm wichtige Informationen vorenthält. Der Chef fühlt sich verletzt, wundert sich aber, warum sein Teamleiter sich so verhält. Eine Schleife der Verletzungen schließt sich an.

Lösung: Der Teamleiter spricht den Chef auf die Verletzung an, da der Chef ja nicht weiß, dass er den Teamleiter gekränkt hat.
Der Chef verdeutlicht dem achten Teamleiter, dass er ihn nicht ausschließen wollte.
Außerdem ist es notwendig, dass der Chef das verletzte Gefühl des Teamleiters sieht und anspricht, indem er sagt:»Es war nicht meine Absicht, dich auszuschließen, es tut mir Leid, wenn du es so gefühlt hast.«

In Zukunft wird er dem jeweiligen Mitarbeiter gleich die positive Absicht und das Vorgehen mitteilen. Und den anderen Mitarbeitern auch.

An dieser Stelle möchte ich verdeutlichen, was eine positive Absicht ist, und worin der Unterschied zwischen einer positiven Absicht für sich selbst und das Gegenüber liegt.

Im Beispiel oben gibt es zwei positive Absichten:

Die positive Absicht des Chefs für sich selbst ist, den achten Teamleiter zu schonen, damit er nicht ausfällt und zügig seine Arbeiten für das Unternehmen verrichten kann.

Die positive Absicht des Chefs für den Mitarbeiter könnte sein, dass der Chef die Gesundheit des Teamleiters erhalten möchte.

Sie sehen, dass beide positiven Absichten dicht beieinander liegen.

Im Lösungsgespräch oben ist es jedoch nicht wichtig, welche positive Absicht beim Chef vorhanden ist. Der Teamleiter will nur hören, dass es nicht die Absicht des Chefs war, ihn zu verletzen, und dass es ihm Leid tut.

Als weiteres Beispiel hierfür eine Fahrt auf einer Autobahn, auf der Sie ein anderer Autofahrer rechts überholt und dann vor Ihnen einschert: Sofort reagieren Sie verletzt und spüren dies in Ihrer Bauchgegend. Es wurde das Systemgesetz 4:»Früher hat Vorrang vor später« verletzt. Hebt der Vordrängler seine Hand, so löst sich diese Verletzung normalerweise sofort wieder auf. Er erkennt die

Systemgesetze an und auch die Verletzung. Teilt der Vordrängler jedoch seine Gründe mit, z.b. er muss schnell nach Hause, da seine Frau krank sei, so wird oft die Auflösung der Verletzung wieder rückgängig gemacht, da Sie sich vielleicht sagen: »Als wenn ich nicht auch schnell nach Hause will / muss.«

Die Erklärung der positiven Absichten kommt eher als Rechtfertigung an und ist nicht hilfreich für die Auflösung von Verletzungen auf der Systemgesetzebene.

Die 10 Systemgesetze

Die 10 Systemgesetze werden nun ausführlich vorgestellt. Sie sind nach der Stärke ihrer Wirkung, also nach Heftigkeit des verletzten Gefühls, angeordnet:

Systemgesetz	Bemerkungen
1. Recht auf Zugehörigkeit (kein Ausschluss) (Person, Kultur, Idee ...)	Das Allerwichtigste, denn es sorgt für das Überleben
2. Recht auf Anerkennung, Wertschätzung, Respekt (Person, Kultur, Ordnung ...)	Ohne Anerkennung kann kein System funktionieren
3. Recht auf Gleichgewicht von Geben und Nehmen	Jeder hat ein Gefühl dafür, ob es ausgeglichen ist. Die Frage lautet: Wer oder was ist wichtiger?
4. Früher hat Vorrang vor später	Gesetze 4–6 ergeben eine Ordnung oder Reihenfolge in sich. Danach hat Gesetz 4 Vorrang vor Gesetz 5 und Gesetz 5 hat Vorrang vor Gesetz 6.
5. Höhere Verantwortung / höherer Einsatz hat Vorrang	Vorrang wird durch Anerkennung gezeigt, hier dargestellt durch Pfeile
6. Mehr Kompetenz / mehr Wissen hat Vorrang	Anerkennung zeigen heißt, anerkennend handeln

Systemgesetz	Bemerkungen
7. Neues System hat Vorrang vor altem System	Gilt nur, wenn alle sechs vorherigen Systemgesetze eingehalten werden
8. Gesamtsystem hat Vorrang vor Einzelperson oder Untersystem	Führt oft zu Systemgesetzverletzungen, wenn nicht Gesetz 9 angewendet wird
9. Aussprechen / anerkennen, was ist	Gesetze 9 und 10 sind die beiden Schlüssel, entweder zum Lösen von Systemgesetzverletzungen oder bei beabsichtigter Umkehrung der Ordnung der Gesetze 4–6
10. Ausgleich schaffen	Ausgleich schaffen ist erst dann möglich, wenn Systemgesetz 9 durchgeführt wurde

Im Folgenden finden Sie Erläuterungen mit Beispielen zu den jeweiligen Systemgesetzen.

1. Recht auf Zugehörigkeit (kein Ausschluss)

 Verletzungen der Systemgesetze wirken direkt auf uns ein. An erster Stelle steht der Ausschluss, da er die schwerste Verletzung ist. Wir fangen an zu kämpfen (Krieg), wir ziehen uns zurück (Flucht) oder wir versuchen, nunmehr den anderen auszuschließen (Auge um Auge).

Alle Menschen, die zu einem System gehören und gehörten, müssen auch weiterhin dazugehören dürfen. Zugehörigkeit verjährt nicht. Der Gründervater gehört auch heute noch genauso dazu wie der junge Geschäftsführer. Gleiches gilt für in Rente gegangene Mitarbeiter oder Gekündigte. Es stärkt das System, wenn man sich an sie erinnert und ihnen Gutes wünscht, denn sie bilden auch heute noch die Wurzeln des Systems.

Gerade in der Schulzeit wurde jeder einmal ausgeschlossen, sei es, dass er nicht zum Geburtstag eingeladen wurde oder nicht mitspielen durfte. Wenn Sie sich daran erinnern, so kommen die unangenehmen verletzten Gefühle wieder hoch.

Ein typisches Beispiel aus der Arbeitswelt für Ausschluss ist, wenn ein Mitarbeiter mit seinem Kollegen einen Konflikt hat und damit zum Vorgesetzten geht, ohne dieses dem Kollegen vorher mitzuteilen. Der Kollege fühlt sich übergangen, und es kommt zu einem Vertrauensverlust oder sogar Misstrauen.

Beispiel Eskalationsmanagement: Unter Eskalationsmanagement versteht man einen Vorgang, bei dem die Verantwortung für eine Entscheidung kontrolliert an die hierarchisch höhere Ebene (Vorgesetzte) abgegeben wird, wenn in einer Konfliktsituation auf den unteren Entscheidungsebenen keine Übereinkunft möglich ist. Es setzt voraus, dass die Konfliktparteien jeweils darüber informiert sind, dass eskaliert wird, das heißt, die höhere Ebene eingeschaltet wird.

Haben zwei Mitarbeiter einen Konflikt und einer von ihnen sucht zur Lösung den Chef auf, so muss er zur Einhaltung des ersten Systemgesetzes »Recht auf Zugehörigkeit (kein Ausschluss)« dem anderen Mitarbeiter **vorher** mitteilen, dass er den Vorgesetzten kontaktiert.

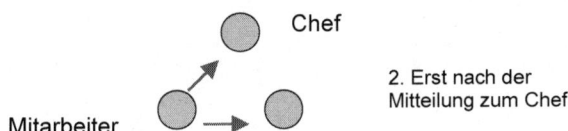

Chef

2. Erst nach der
Mitteilung zum Chef

Mitarbeiter

1. Mitteilen = aussprechen, was ist.

Der Chef sollte als Allererstes den Mitarbeiter fragen, ob sein Kollege weiß, dass er das Thema dem Chef vorträgt. Wenn nicht, also ein Ausschluss vorliegt, darf der Chef nicht auf das Thema eingehen, ohne dass zuvor der Ausschluss aufgehoben wurde. Hört der Chef sich jedoch das Thema an, so schließt er den Mitarbeiter ebenfalls aus. Zusammengefasst ist das optimale Vorgehen, damit es zu keinem Ausschluss kommt:
1. Der eine Mitarbeiter teilt dem anderen mit, dass er den Chef zu dem Thema aufsucht.
2. Der Chef fragt, ob der andere Mitarbeiter informiert ist.
3. Der Chef befragt den einen Mitarbeiter und danach den anderen oder er spricht mit beiden zusammen.

Genauso ist vorzugehen, wenn es um Eskalation über Hierarchieebenen geht.

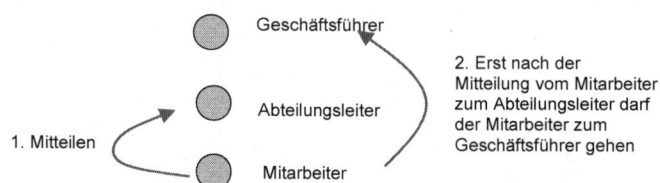

Liegt ein nicht lösbarer Konflikt zwischen dem Mitarbeiter und dem Abteilungsleiter vor, so muss auch hier der Mitarbeiter dem Abteilungsleiter vorher mitteilen, dass der Mitarbeiter den Geschäftsführer zu dem Thema aufsucht. Der Geschäftsführer sollte auch hier fragen, ob der Abteilungsleiter davon weiß. Der Mitarbeiter darf aus systemischer Sicht diesen Schritt tun, wenn das Gesamtsystem oder er in Gefahr sind.

Fazit: Damit es zu keinem Ausschluss kommt, sollten beide Konfliktparteien gemeinsam zur höheren Ebene gehen.

Beispiel Einstandsfeier: Jedes Unternehmen hat geschriebene und ungeschriebene Gesetze. Die sollte jeder neue Mitarbeiter erfragen und kennen. Fragt der neue Mitarbeiter nicht nach den Regeln des Unternehmens, so kann es sein, dass er nur bestimmte Mitarbeiter oder sein Team zur Einstandsfeier einlädt, obwohl es dort üblich ist, die gesamte Abteilung einzuladen. Hier kommt es zum Ausschluss von Mitarbeitern, die sich meist so stark verletzt fühlen, dass sie sofort den neuen Mitarbeiter ebenfalls ausschließen wollen.

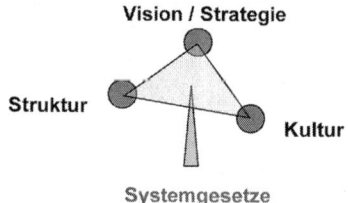

Systemgesetzverletzungen entstehen auch dann, wenn nicht nur eine Person ausgeschlossen wird, sondern wenn eine ganze **Kultur, die Struktur oder die Vision** missachtet wird.

Diese Missachtung findet statt, wenn beispielsweise bei Fusionen, bei der Familiennachfolge in einem Unternehmen oder bei einer Holding mit anderen kulturellen oder wirtschaftlichen Ansprüchen das Bestehende nicht beachtet und ausgeschlossen wird.

Auch hier geht es wieder darum, diese Verletzungen auszusprechen, anzuerkennen und das Bisherige zu würdigen. Erst dann kann etwas Neues entstehen.

Aufgabe: Wie sieht es bei Ihnen mit dem Thema der Zugehörigkeit aus? Inwieweit schließen Sie Ihren Partner, Ihre Kollegen, Ihre Eltern aus? Und wo fühlen Sie sich nicht zugehörig?
Machen Sie sich eine Liste und schreiben Sie alle Situationen hinein, in denen Sie ausschließen oder sich ausgeschlossen fühlen. Und fangen Sie an, den jeweiligen Ausschluss aufzuheben. Es lohnt sich!

Auch zu den weiteren Systemgesetzen finden Sie jeweils Aufgaben. Diese können Sie einerseits als Selbstklärung oder Selbstcoaching nutzen. Andererseits sind es auch die Fragen, die Sie als Coach, Mediator oder Führungskraft Ihrem Gegenüber stellen können.

Weiter hinten finden Sie eine ausführliche Sammlung von Dynamiken und Ursachen für Systemgesetzverletzungen, allen voran des Ausschlusses.

2. Recht auf Anerkennung, Wertschätzung, Respekt

 Ohne Anerkennung kann kein System langfristig funktionieren. Anerkennung heißt auch Respekt, Wertschätzung, Würdigung, Dankbarkeit. Anerkennung ist der Motor, der ein System zum Laufen bringt und am Laufen hält. Fehlt die Anerkennung, gerät der Motor ins Stottern und das System stagniert.

Anerkennung und Wertschätzung sind an keine Bedingung geknüpft, kein Mitglied muss etwas aktiv dafür tun, in einem System anerkannt zu werden, ansonsten kommt es zu Verletzungen.

Respekt ist Anerkennung, die an eine Bedingung geknüpft ist, d.h. der Chef kann nur dann Respekt erhalten, wenn er auch wirklich seiner Rolle und seiner Verantwortung als Chef nachkommt. Erhält er den Respekt nicht, weil er Systemgesetze verletzt hat oder nicht klar führt, so fordert er oft Loyalität ein. Es ist das Gleiche, wie Liebe einzufordern, ein untauglicher Versuch. Liebe bekomme ich freiwillig vom Gegenüber geschenkt. Muss ich Respekt, Liebe oder Loyalität einfordern, so hat sie keinen Wert mehr.

Die Anerkennung steht an erster Stelle, da im Konfliktfall ein Streiten immer noch eine Art von Respekt bedeutet. Denn die Konfliktpartner sehen sich immerhin noch an. Kommt es jedoch zur Resignation, zum Schweigen oder zum Ausschluss, so greift dann wieder das Systemgesetz 1: »Recht auf Zugehörigkeit (kein Ausschluss)«. Der Weg zur Konfliktlösung endet hier.

Viel zu oft wird Anerkennung nicht ausgesprochen. Es gibt einige Glaubenssätze, die der Aufforderung, mehr zu loben, im Wege stehen. Eine oft gehörte Überzeugung lautet: »Wenn ich ihn lobe, so ruht er sich darauf aus und wird faul.«

Jeder weiß aber, wie wichtig ein anerkennendes Wort ist. Andererseits ist natürlich bei Lob wie auch bei Kritik darauf zu achten, wann, wie oft und vor allem von wem es ausgesprochen wird. Über Feedbackgespräche finden Sie mehr im 3. Kapitel: Führungsfähigkeiten.

Ein Beispiel: In einer Mediation stellte sich als Schlüsselproblem fehlende und zu wenig oder zu selten ausgesprochene Anerkennung heraus. Ich bat den einen Partner (A), dem anderen Partner (B) zu sagen, was er an ihm anerkennt und wertschätzt. A dachte einige Zeit nach und konnte immer mehr Anerkennung aussprechen. Diesen Blickwinkel gab es zwar schon, er war jedoch verschüttet.

Jedoch konnte der Partner (B) nur schwer die »Geschenke« annehmen. Auf mein Nachfragen hin sagte er, dass es ihm peinlich sei, das zu hören, und er so etwas nicht brauche, er mache es mit sich allein aus. Daneben stellte sich heraus, dass B sich selbst wenig wertschätzen konnte. Als er dann dennoch A gegenüber Anerkennung aussprach, waren es Geschenke, die die Beziehung verbesserten.

> **Aufgabe:** Wie sieht es bei Ihnen in Bezug auf Anerkennung und Lob aus? Und inwieweit erkennen Sie Ihren Partner, Ihre Kollegen, Ihre Kinder an?
> Machen Sie sich eine Liste und schreiben Sie alle Punkte hinein, die Sie wertschätzen und anerkennen. Und fangen Sie an, Ihre Wertschätzung auszudrücken. Es lohnt sich!

Hier nun eine Beispielliste für Anerkennung, Wertschätzung und Dankbarkeit:

Beispielliste für Anerkennung eines Kollegen
Tolle fachliche Unterstützung bei der Erstellung meiner Präsentation
Hilfsbereit und freundlich
Achtet auf das Umfeld und hat damit zum Erfolg des Projektes beigetragen
...

Nun erstellen Sie bitte Ihre Liste:

Anerkennung für...

Fallen Ihnen spontan fünf anerkennungswürdige Sachen ein, so verdoppeln Sie die Zahl, die Sie finden sollten, auf zehn. Denn die spontanen Punkte haben meistens nicht den Wert. Erst die verschütteten Punkte, die auftauchen, sind dann die Schätze, worin Anerkennung deutlich wird.

Um eine Beziehung zu verbessern, ist es sinnvoll, wenn jeder Beteiligte die Liste jeweils für sich selbst erstellt und es danach einen Austausch darüber gibt, d.h. jeder Beteiligte seine Anerkennung ausdrückt.

Zum Anerkennen gehört auch, die Punkte aufzuschreiben, wofür nur mittlere oder keine Anerkennung vorhanden ist. Als Beispiel könnte folgende Liste entstehen:

Volle Anerkennung	Mittlere Anerkennung	Keine oder sehr wenige Anerkennung
Fachkompetenz	Sozialkompetenz	Projekt X
Aufgabe Y	Verantwortung übernehmen	Mitarbeiterführung
...	...	...

Auch diese Liste sollte jeder erstellen, mit anschließendem Austausch. Die Punkte aus der mittleren und rechten Spalte können als Feedback und zum Verbessern der Beziehung angesehen und genutzt werden. Kann der Partner beispielsweise aus dem Punkt »keine Anerkennung für Mitarbeiterführung« eine Lernaufgabe erkennen, so ist es Anerkennung für ihn, dass der andere ihm diesen »negativen« Punkt mitgeteilt hat. Wie optimal Feedback gegeben wird, beschreibe ich im Kapitel 3: Führungsfähigkeiten.

Folgende Aufgabe führe ich in Mediationen mit den Parteien oder Teams durch. Es werden alle Themen wie Verhalten, Fähigkeiten, Aufgaben, Kompetenzen, Verantwortungen gesammelt. Danach füllt jede Person verdeckt eine Liste aus, worauf sie sich selbst und den oder die anderen in Bezug auf Anerkennung und Wertschätzung bewertet. Jetzt folgt ein Austausch darüber. So gibt es eine Selbst- und Fremdwahrnehmung und gleichzeitig wird Anerkennung ausgesprochen.

Liste von A	Person X – Selbsteinschätzung			Andere Personen		
Themen	+	o	-	+	o	-
Aufgabe Y	x			x		
Fachkompetenz	x			x		
Verantwortung übernehmen		x				x
Mitarbeiterführung		x			x	
?	?			?		

Spannend ist dann zu sehen, wo es Übereinstimmungen und Unterschiede gibt und wo sich Verhaltensweisen verbessern lassen. Aber entscheidend an dieser Aufgabe ist, dass Anerkennung ausgesprochen wird. Immer, wenn Anerkennung nur im Mittelmaß oder gar nicht vorliegt, wirkt auch ihre Abwesenheit.

Ein Beispiel: Ein Mitarbeiter sagt zu seinem Chef, dass er ihn anerkennt. Zu sich selbst sagt er aber, er könnte den Job seines Chefs auch selbst machen. Denn er kann keine Punkte finden, was sein Chef gut macht oder wofür er ihn anerkennen kann. Dann müssen sich beide nicht wundern, dass es zu einer Verschlechterung der Beziehung kommt, denn es ist keine wahre und echte Anerkennung für den Chef vorhanden. Der Chef spürt das natürlich.

Anerkennung zeigt sich immer in der inneren Haltung und im Verhalten und nicht nur darin, was die Person sagt.

Ein weiterer Punkt, wie sich Anerkennung zeigt oder eben auch nicht, ist, wie viel Zeit der Chef sich für den Mitarbeiter nimmt.

Zeit haben heißt Anerkennung!

Deshalb sollte jede Führungskraft darauf achten, genügend Zeit für den Mitarbeiter, für Feedbackgespräche oder auch einfach ohne eindeutige Intention zu haben, selbst wenn keine Zeit übrig ist. Zeit für jemanden haben, zeigt, wie Prioritäten gesetzt werden. Sich keine Zeit zu nehmen, heißt, dass etwas anderes wichtiger ist. Zeit zu haben, ist eine Art, Anerkennung zu zeigen und gleichzeitig ein Zeichen von: Du bist mir gerade wichtiger als meine ganzen Jobs.

Dieser Punkt führt uns auch gleich zum nächsten Systemgesetz.

3. Recht auf Gleichgewicht von Geben und Nehmen

 Ein weiteres Schlüsselproblem in schwierigen Beziehungen ist fehlender Ausgleich.

Das Gefühl von Ausgleich oder Gerechtigkeit lässt sich nicht quantitativ messen. Es ist ein subjektives Gefühl der jeweiligen Person. Es kann sein, dass die eine Person das Gefühl hat, mehr zu geben als zu bekommen.

Wichtig ist hierbei zu wissen, dass ein System, wie zum Beispiel ein Paar oder ein Unternehmen, immer **zu einem Ausgleich hinstrebt**. Hat ein Arbeiter das Gefühl, nicht genügend Ausgleich für seinen Einsatz zu bekommen, so fühlt er sich ungerecht behandelt und stiehlt vielleicht Eigenbesitz der Firma, um für sich einen Ausgleich zu schaffen. Fühlt sich jemand in einem Team durch fehlenden Ausgleich benachteiligt, so wird er demotiviert.

Anerkennung und Würdigung sind ein stark wirkendes Ausgleichsmittel. Ein anerkennendes Wort lässt häufig die Ausgleichswaage mehr ins Gleichgewicht schwingen.

Dazu ist folgende Aufgabe hilfreich. Jeder stellt für sich verdeckt eine Liste mit Kontexten auf, in denen er das Gefühl hat, mehr zu geben als zu bekommen.

Als Beispielliste wähle ich diesmal ein typisiertes Ehepaar:

Liste: Ehefrau (A)

Ich (A) gebe	Ich (A) nehme	Der andere (B) gibt	Der andere (B) nimmt
Kümmere mich viel um die Kinder, Haushalt	Zeit für Treffen mit Freundinnen	Kümmert sich um mich	Kümmert sich weniger um die Kinder
Zweites Einkommen...	Geld für Urlaub	Haupt-Einkommen	Haushalt, gekochtes Essen ist selbstverständlich
...	...	...	...

Liste: Ehemann (B)

Ich (B) gebe	Ich (B) nehme	Die andere (A) gibt	Die andere (A) nimmt
Höre ihr zu	Zeit für Sport	Organisiert unsere Familie	Zeit für sich
Haupt-Einkommen	Leckeres Essen	Kümmert sich um die Kinder	Hat weniger Arbeitsstress
...	...	...	...

Beide Listen werden dann verglichen und erklärt. Wo gibt es Übereinstimmungen und wo Differenzen? Was lässt sich daraus ableiten oder lernen oder verändern?

Hinter dem Systemgesetz 3: »Recht auf Gleichgewicht von Geben und Nehmen« steckt immer die Frage: »Wer oder was ist wichtiger als ich?« Bekommt der andere den besseren Kunden oder hat er mehr Zeit für eine andere Person, so kann es zu verletzten Gefühlen kommen.

Aufgabe: Wie sieht es bei Ihnen mit dem Thema des Gleichgewichts aus? Mit welchen Personen oder in welchen Situationen haben Sie das Gefühl, dass es nicht ausgeglichen ist?
Machen Sie sich eine Liste und schreiben Sie alle Punkte hinein, die Ihnen in den Sinn kommen. Und fangen Sie an, das Ungleichgewicht auszusprechen und aufzulösen. Es lohnt sich!

Recht auf Gleichgewicht oder Gerechtigkeit steht in der Reihenfolge der Systemgesetze an dritter Stelle. Verletzte Gefühle durch zu wenig Anerkennung oder durch Ungerechtigkeit lassen sich allein durch Ausgleich wie Gehaltserhöhungen oder materielle Geschenke nicht auflösen.

> Ohne Anerkennung und Zugehörigkeit wird es keinen Ausgleich und kein Gleichgewicht geben.

4. Früher hat Vorrang vor später

»Früher hat Vorrang vor später« kennen wir aus unserem Alltag:

Sie stehen beim Bäcker in der Schlange, und jemand drängelt sich vor. Sofort reagieren Sie mit verletzten Gefühlen, spürbar in der Bauchgegend. Es könnte ja sein, dass der Vordrängler die letzten Brötchen bekommt und Sie leer ausgehen. Die Angst, die aus der Evolution dahinter steht, ist, verhungern zu müssen.

Außerdem bedeutet dieses Gesetz, dass Mitarbeiter, die später in ein Unternehmen kommen, »sich ins gemachte Nest setzen« und von den erbrachten Leistungen der früheren Mitarbeiter profitieren. Dafür brauchen die früheren Mitarbeiter Anerkennung und eventuell einen Ausgleich. Ansonsten werden sie verletzt sein und den Neuen ausschließen wollen, was ich in meiner Coachingarbeit oft als Grund für Mobbing erlebt habe.

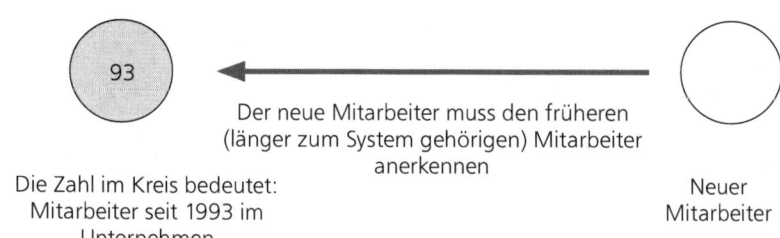

93

Der neue Mitarbeiter muss den früheren (länger zum System gehörigen) Mitarbeiter anerkennen

Die Zahl im Kreis bedeutet: Mitarbeiter seit 1993 im Unternehmen

Neuer Mitarbeiter

In den folgenden Abbildungen bedeuten Zahlen in den Kreisen, ab wann ein Mitarbeiter ins Unternehmen gekommen ist. Die Pfeilspitze gibt an, wohin die Anerkennung gehen muss. Mit »früherer« oder »älterer« Mitarbeiter ist der Dienstältere gemeint, d.h. er ist länger im Unternehmen.

Aufgabe: Wie sieht es bei Ihnen mit der Anerkennung für das Frühere oder dem Früheren aus? Und in welchen Situationen oder von welchen Personen fühlen Sie Ihren Vorrang des Früheren vor dem Späteren verletzt?
Machen Sie sich eine Liste und schreiben Sie alle Punkte hinein, die Ihnen zu den beiden Fragen einfallen. Und fangen Sie an, Ihre Punkte durch das »Aussprechen, was ist« und durch Anerkennung aufzulösen. Es lohnt sich!

---

5. Höhere Verantwortung / höherer Einsatz hat Vorrang

 Selbst in Teams mit flachen Hierarchien gibt es Menschen, die sich verantwortlicher fühlen und mehr Einsatz für das Ganze zeigen als andere. Ein Beispiel: Es gab ein Projektteam mit sechs Mitgliedern. Sie hatten sich verabredet, dass sie bei ihren Treffen basisdemokratisch arbeiten wollten und alle gleichberechtigt sein sollten. Im Coaching kam nun einer dieser Projektmitarbeiter zu mir und berichtete von seinem Dilemma: »Das Projekt fährt gerade gegen die Wand. Wir müssen uns unbedingt zu einem Projektmeeting treffen, aber es ist keines anberaumt. Ich würde sofort alle zu einem Meeting einladen, aber wenn ich das tue, dann habe ich die Teamleiterrolle und stehe mit den anderen nicht mehr auf einer Stufe. Was soll ich machen?« Er befürchtete den Ausschluss aus diesem Team.

Jedes System benötigt über kurz oder lang eine Führungsperson, die Verantwortung übernimmt oder mehr Einsatz für das System zeigt als die übrigen. Ansonsten ist das System nicht handlungsfähig. Mitarbeiter oder Teammitglieder genauso wie Schüler oder Kinder wollen eine starke, ausgeglichene, gerechte und menschliche Führung, damit sie wissen, wo die Grenzen sind.

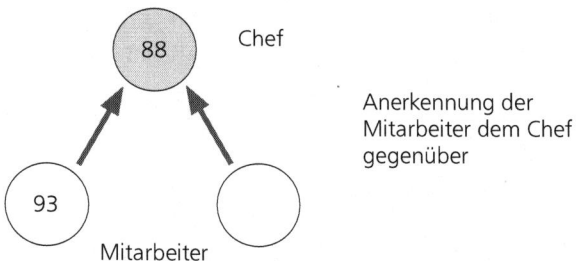

Allerdings gilt: Ein Chef muss Chef sein. Nimmt er die Rolle nicht an, indem er nicht nur Aufgaben, sondern auch Chefentscheidungen wegdelegiert oder seine Verantwortung nicht trägt, so verliert er seine Position und seinen Respekt bei den anderen. Andererseits müssen alle übrigen Mitarbeiter den Chef als Chef anerkennen, wenn er seine Führungsrolle lebt, auch wenn sie nicht immer seiner Meinung sind oder sogar auf ihrem Gebiet mehr Wissen und Kompetenz besitzen.

Es gibt einen Vorrang, eine Anerkennungsrichtung zwischen Systemgesetz 4, 5 und 6, die im Folgenden erklärt wird.

Anerkennungsrichtung von Gesetz 5: »Höhere Verantwortung / höherer Einsatz hat Vorrang« zu Gesetz 4: »Früher hat Vorrang vor später«, das heißt Gesetz 4 hat Vorrang vor Gesetz 5:
Kommt ein neuer Geschäftsführer in ein Unternehmen, so will er vielleicht erst einmal »aufräumen«. Alles Alte ist seiner Meinung nach ungenügend, er leitet eine Reihe sinnvoller Maßnahmen ein und ist überrascht, dass sie nicht dauerhaft greifen. Die Mitarbeiter werden lustloser. Was ist passiert?

Der neue Geschäftsführer hatte eine positive Absicht, hat jedoch die Anerkennungsrichtung von Gesetz 5: »Höhere Verantwortung / höherer Einsatz hat Vorrang« zu Gesetz 4: »Früher hat Vorrang vor später« missachtet. In dieser Ordnung steht er – obwohl Chef (s. Gesetz 5: »Höhere Verantwortung / höherer Einsatz hat Vorrang«) – auf dem letzten Platz, da er neu dazugekommen ist. Erst wenn er anerkennt, dass viele Mitarbeiter schon jahrelang dort gearbeitet haben und er dann nach deren Erfahrungen und Gewohnheiten fragt, kann er als Chef vom letzten Platz aus die Führung übernehmen und loyale Mitarbeiter bekommen.

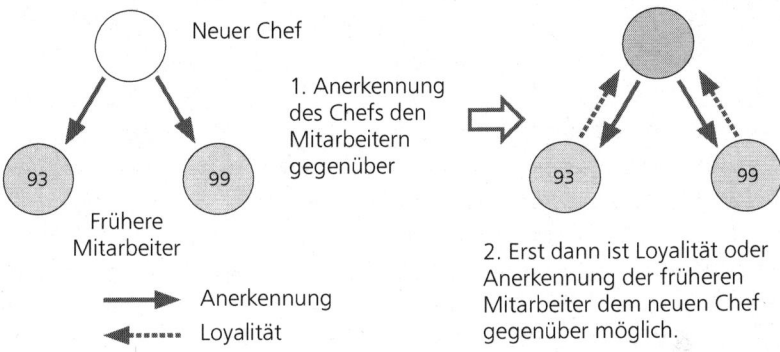

Ansonsten passiert Folgendes: Die Mitarbeiter bilden Seilschaften und enthalten dem Chef wichtige Informationen vor. Der neue Chef fühlt sich von den Mitarbeitern gemobbt und fordert Loyalität ein.

Die Mitarbeiter haben das Ziel, den neuen Chef auszuschließen. Dieser entlässt daraufhin oft die direkte Führungsebene unter sich und besetzt sie mit neuen Führungskräften, die ihm loyal sind. Dadurch stellt er für sich die Ordnung 4. und 5. her. Leider werden dann die neuen Führungskräfte Probleme mit den Mitarbeitern haben, weil sich das Problem der fehlenden Anerkennung nur eine Ebene tiefer verlagert hat, und die negativen Auswirkungen potenzieren sich.

> **Aufgabe:** Wie sieht es bei Ihnen mit der Anerkennung der höheren Verantwortung aus? Inwieweit erkennen Sie Ihren Partner, Ihre Eltern oder Ihre Vorgesetzten an? Und fühlen Sie sich in Ihrer Rolle als Verantwortlicher genügend wertgeschätzt?
> Machen Sie sich eine Liste und schreiben Sie alle Punkte hinein, die Sie wertschätzen und anerkennen. Und fangen Sie an, Ihre Wertschätzung auszudrücken.
> Da, wo Sie sich nicht genügend anerkannt fühlen, sprechen Sie es aus. Es lohnt sich!

6. Höhere Kompetenz / höheres Wissen hat Vorrang

 Kollegen, die mehr Wissen oder Kompetenz besitzen, haben Vorrang vor denen, die weniger aufweisen. Weniger kompetente Mitarbeiter müssen die kompetenteren Kollegen anerkennen.

Anerkennungsrichtung von Gesetz 6: »Höhere Kompetenz hat Vorrang« zu Gesetz 5: »Höhere Verantwortung hat Vorrang«, das heißt Gesetz 5 hat Vorrang vor Gesetz 6:
Genauso gilt, dass ein kompetenterer Mitarbeiter seinen Chef anerkennt, selbst wenn dieser auf dem Fachgebiet weniger Kompetenz oder Wissen besitzt. Der Chef hat andere Aufgaben und braucht anderes Wissen und andere Kompetenzen. Ansonsten fühlt sich der Chef nicht anerkannt und kann die höhere Fachkompetenz des Mitarbeiters nicht anerkennen. Dann kommt es vielleicht sogar zu Mobbing.

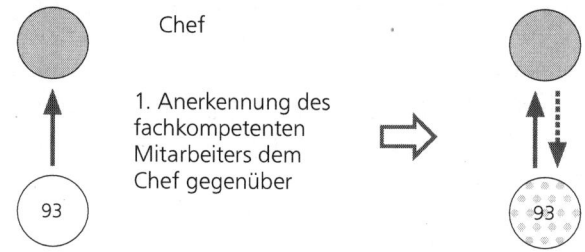

Chef

1. Anerkennung des fachkompetenten Mitarbeiters dem Chef gegenüber

93

Fachkompetenter Mitarbeiter

2. Erst dann ist die Anerkennung des Chefs dem fachkompetenteren Mitarbeiter gegenüber möglich.

Ein Beispiel: Ein untergebener Mitarbeiter meinte, er müsste eigentlich Chef sein. Der Chef gab ihm daraufhin ein Projekt, in das er seine ganze Kompetenz einbringen konnte. Eine Woche vor Projektende strich der Chef das Projekt. Der Mitarbeiter fühlte sich gemobbt. Die Ursache lag bei ihm selbst, da er seinen Chef nicht anerkannt hatte. Der Chef versuchte durch diesen Ausschluss unbewusst, die Hierarchie wieder herzustellen, indem er dem Mitarbeiter zeigte, dass er über die Nutzung des Wissens entscheiden konnte. Dieses ist aber keine Lösung.

Lösung: Ich erarbeitete mit dem Mitarbeiter, wofür er seinen Chef anerkennen kann und welche Kompetenzen der Chef seiner Ansicht nach hat. Er sagte, dass sein Chef sehr gut die politischen Spielchen »dort oben« beherrsche oder sich immer vor seine Mitarbeiter stelle. Dann machte ich ihm klar, dass Kompetenz nicht nur Fachkompetenz meint, sondern auch Führungskompetenz und Sozialkompetenz.

Der Mitarbeiter konnte dann seinem Chef sagen, dass er ihn anerkennt und sein Mitarbeiter ist, obwohl er eine höhere Fachkompetenz als sein Chef besitzt. Daraufhin sagte der Chef, dass er auch fachkompetentere Mitarbeiter als sich selbst brauche und er andere Kompetenzen dafür habe. Danach war deren Zusammenarbeit geklärt, und der Chef konnte das Wissen des Mitarbeiters nutzen.

Anerkennungsrichtung von Gesetz 6: »Höhere Kompetenz / höherer Einsatz hat Vorrang« zu Gesetz 4: »Früher hat Vorrang vor später«, das heißt Gesetz 4 hat Vorrang vor Gesetz 6:
Werden neue Mitarbeiter eingestellt, so müssen diese alle vorhandenen Kollegen anerkennen, auch wenn diese weniger fähig sind. Was bedeutet, dass sich ein neuer Mitarbeiter am Anfang mit eigenen Ideen oder Erfahrungen von seiner früheren Arbeitsstelle zurückhält.

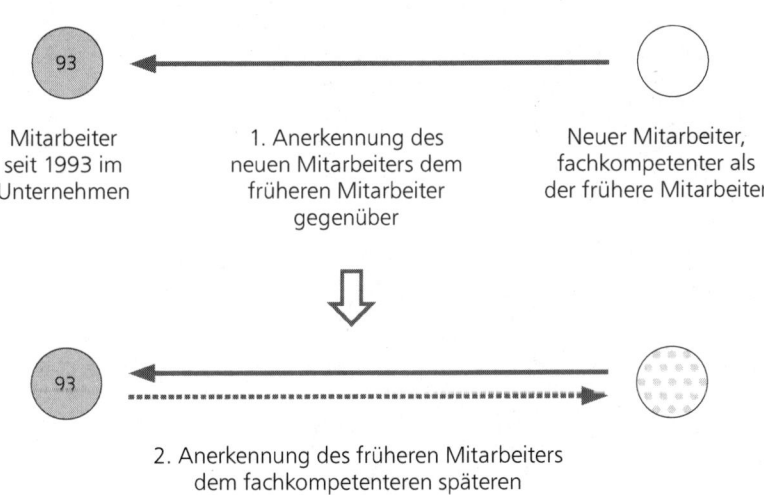

| 93 | Mitarbeiter seit 1993 im Unternehmen | 1. Anerkennung des neuen Mitarbeiters dem früheren Mitarbeiter gegenüber | Neuer Mitarbeiter, fachkompetenter als der frühere Mitarbeiter |

2. Anerkennung des früheren Mitarbeiters dem fachkompetenteren späteren Mitarbeiter gegenüber

Beispiel: In einem Unternehmen kam es zwischen zwei Mitarbeitern zu Spannungen. Der eine war seit zehn Jahren und der andere seit einem halben Jahr im Unternehmen. Es stellte sich heraus, dass der neue Mitarbeiter gleich am ersten Tag die Datenbank des Unternehmens, wofür der langjährige Mitarbeiter zuständig war, kritisiert hatte.

 Der langjährige Mitarbeiter sagte: »Sachlich hat er vollkommen Recht, dem stimme ich zu, wir sind dabei, bekommen es gerade nicht besser hin. Aber nicht gleich am ersten Tag eine solche Aussage!«

Hier sieht man, wie wichtig die dritte Ebene der Systemgesetze unterhalb der Sach- und Beziehungsebene ist, denn sachlich gab es eine Übereinstimmung, trotzdem fühlte sich der frühere Mitarbeiter verletzt. Der neue Mitarbeiter hatte die positive Absicht, sein Wissen ins Unternehmen einzubringen. Leider hatte er die Feedbackregeln und die Systemgesetze dabei nicht beachtet. Der neue Mitarbeiter konnte dann nach einem Gespräch sagen, dass es nicht seine Absicht war, den früheren Mitarbeiter zu verletzen und dass es ihm Leid tue. Danach konnten Sie gut zusammen arbeiten.

Aufgabe: Wie sieht es bei Ihnen mit der Anerkennung der höheren Kompetenz oder des Wissens aus? Beachten Sie dabei das vierte Systemgesetz: »Früher hat Vorrang vor später« und das fünfte Systemgesetz: »Höhere Verantwortung / höherer Einsatz hat Vorrang«? Und fühlen Sie Ihre Kompetenz genügend wertgeschätzt?
Machen Sie sich eine Liste und schreiben Sie alle Punkte hinein, die Sie wertschätzen und anerkennen. Und fangen Sie an, Ihre Wertschätzung auszudrücken.
Da, wo Sie sich nicht genügend anerkannt fühlen, sprechen Sie es aus. Es lohnt sich!

Sitzordnung: Wenn ein System in Ordnung ist, die Systemgesetze eingehalten werden und die offizielle mit der inoffiziellen Hierarchie oder Ordnung übereinstimmt, so fühlen sich nach meiner Erfahrung alle Beteiligten am besten, wenn folgende Sitzordnung eingenommen wird:

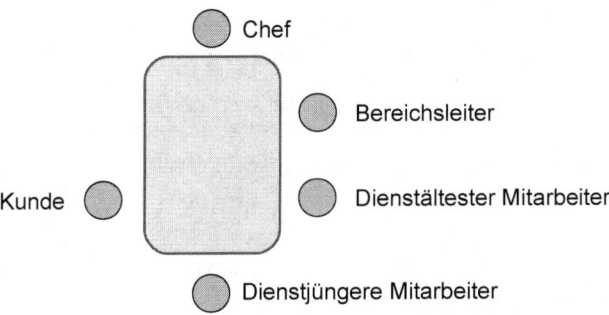

Nach dem Uhrzeigersinn sitzt der Chef bzw. der Dienstälteste auf 12 Uhr, der zweite Chef bzw. der Zweitdienstälteste auf ein Uhr und so fort. Der Mitarbeiter, der als Letzter ins System gekommen ist, sitzt auf dem letzten Platz (in der Abbildung auf sechs Uhr). Ein Kunde besetzt die freien Plätze danach. Neben dem Chef muss auf der rechten Seite ein Platz frei bleiben, damit er sich wohl fühlt.

Wieso sich die Menschen mit dieser Sitzordnung am wohlsten fühlen, ist nicht bekannt. Sie zeigt sich aber immer wieder.

Meine Erklärung dafür ist, dass der Chef wie in früheren Zeiten rechts Platz braucht, damit er notfalls mit der rechten Hand sein Schwert ziehen/bewegen kann.

Diese Sitzordnung wird meistens außerdem in Familien eingehalten, auch wenn dies konservativ wirkt: der Vater sitzt auf 12 Uhr, die Mutter auf 1 Uhr, das älteste Kind auf 2 Uhr und so weiter.

Wird die »normale« Sitzordnung nicht eingehalten, so können verschiedene Gründe dafür vorliegen.

Äußere Gründe: Wird diese »normale« Sitzordnung aus äußeren Gründen, beispielsweise aus Unwissenheit, aus räumlichen Gründen oder wegen Zuspätkommens nicht eingehalten, so fühlen sich die Beteiligten nicht wohl, und es kann zu Konflikten kommen, deren Ursache nichts mit der Sachebene zu tun hat.

Innere Gründe: Gibt es innerhalb des Systems Systemgesetzverletzungen oder gibt es eine Schattenhierarchie, so zeigt sich dieses normalerweise in der Sitzordnung.

Unbewusst setzen sich die Menschen so hin, dass die inoffizielle Ordnung abgebildet wird. Deshalb kann die Sitzordnung auch als Hinweis und Diagnose für Systemgesetzverletzungen bezogen auf die Ordnung zwischen den Systemgesetzen 4: »Früher hat Vorrang vor später«, 5: »Höhere Verantwortung hat Vorrang« und 6: »Höhere Kompetenz hat Vorrang« genutzt werden.

Probieren Sie einmal eine Sitzordnung, die der Uhr entspricht: Wie fühlen Sie sich als Beteiligter?

Oder nutzen Sie es in der Mediation, im Coaching oder als Führungskraft. Wie sitzen die Mitarbeiter in einem Meeting?

Lassen Sie außerdem alle Mitarbeiter in einem Meeting oder im Büro den »richtigen« Platz einnehmen.

7. Neues System hat Vorrang vor altem System

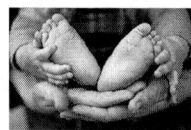 Werden Firmen fusioniert oder Abteilungen neu zusammengelegt, so entsteht ein neues System. Die früheren Systeme oder Untersysteme bleiben aber erhalten.

In der Familie ist die Ursprungsfamilie, beispielsweise der Sohn S mit seinen Eltern, das alte System. Das neue System besteht aus ihm, seiner Frau F und seinen Kindern. Das neue System muss dem Sohn wichtiger sein, da es im archaischen Sinn ums Überleben geht. Fragt die Frau aus gutem Grund ihren Mann S, sind dir deine Eltern oder ist dir deine Mutter wichtiger als ich, so deutet das auf eine Verletzung des Systemgesetzes »Neues System hat Vorrang vor altem System« vom Sohn hin. Fazit: Dem Sohn müssen seine Frau und seine Kinder wichtiger sein als seine Ursprungsfamilie.

Umgekehrt werden und müssen die Eltern den Sohn mit seiner Frau und seinen Kindern ebenfalls anerkennen. Gäbe es z.B. eine Hungersnot, so würden die Großeltern sich für das Überleben der Nachkommen opfern. Das neue System soll überleben. Dieses wird es aber nur dann tun, wenn sich alle im neuen System anerkannt und respektiert fühlen.

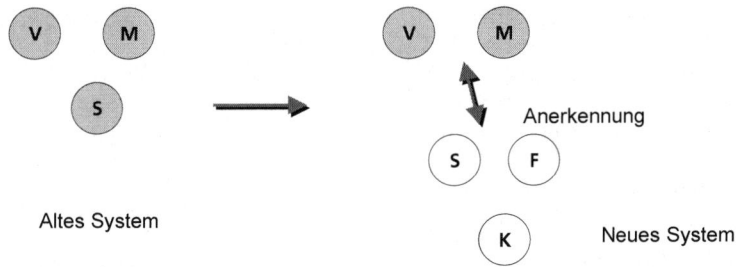

Altes System

Neues System

Beispiel: Werden zwei Abteilungen zusammengelegt, so gilt System-gesetz 7, also das neue System, die neue Abteilung hat Vorrang. Trotz-dem muss Gesetz 4: »Früher hat Vorrang vor später« beachtet werden. Alle fangen gemeinsam neu in der neuen Abteilung an, aber die Gesamtzugehörigkeit des Einzelnen und der jeweiligen Abteilung zum Unternehmen muss beachtet und anerkannt werden. Systemgesetz 4: »Früher hat Vorrang vor später« ist wichtiger als Gesetz 7: »Neues System hat Vorrang vor altem«.

Hier erkennt man, wie vielschichtig die Systeme werden können und wie komplex die Anwendung der Systemgesetze zur Auflösung von Verletzungen werden kann.

Ein weiteres Beispiel sind die Patchworkfamilien: Ein Ehepaar hat ein gemeinsames Kind. Trennen sich diese Eltern und die Mutter geht z.B. eine neue Beziehung ein, so muss der neue Partner das frühere Eltern-paar anerkennen, aber auch, dass das Kind mit der Mutter ein früheres System bildet. Er muss sich zurück stellen.

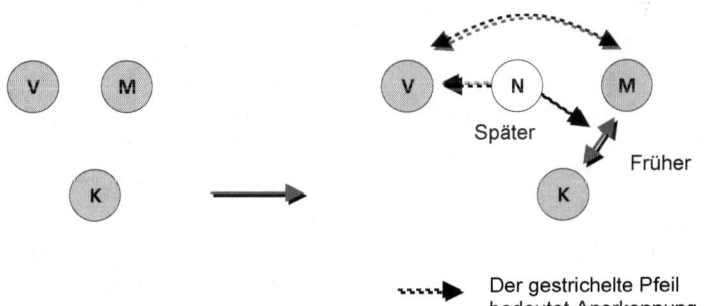

Der gestrichelte Pfeil bedeutet Anerkennung

> Beim Kind muss das Gefühl ankommen, dass es für die Mutter wichtiger ist als der neue Mann. Erst dann kann ein neues System mit Mutter, Kind und neuem Mann entstehen, das auf gegenseitige Wertschätzung beruht. Fühlt sich das Kind von der Mutter oder vom neuen Mann nicht genügend wertgeschätzt, beziehungsweise verliert es die Position des Früheren, so wird das Kind probieren, den neuen Mann auszuschließen.

In den Beispielen wird deutlich, dass das Gesetz 7: »Neues System hat Vorrang vor altem System« nur dann funktioniert, wenn alle sechs vorherigen Systemgesetze eingehalten werden!

> **Aufgabe:** Wie sieht es bei Ihnen mit der Anerkennung des neuen Systems vor dem alten System aus? Und werden alle sechs vorherigen Systemgesetze beachtet?
> Machen Sie sich eine Liste und schreiben Sie alle Punkte hinein, die Sie noch zu klären haben. Es lohnt sich!

8. Gesamtsystem hat Vorrang vor Einzelperson oder Untersystem

 Im Mannschaftssport zeigt sich, dass das Gesamtsystem für den Erfolg wichtiger ist als die einzelnen Mannschaftsmitglieder. Genauso ist es in den Unternehmen.

> **Beispiel Untersystem Einkaufsabteilung:** In vielen Unternehmen kommt der Einkauf der pünktlichen Beschaffung von Material nicht nach, wofür es verschiedene Gründe geben kann. Die Abteilungen Produktion oder Arbeitsvorbereitung bestellen dann oft direkt selbst, ohne den Einkauf zu informieren, und erhalten so oft schneller ihre benötigten Materialien. Sie übernehmen dadurch Verantwortung für das Unternehmen, was als positive Absicht gemeint ist. Die negative Auswirkung ist, dass fast alle Systemgesetze dadurch verletzt werden: Ausschluss des Einkaufs, fehlende Anerkennung, früher vor später, höhere Verantwortung und Kompetenz.
> Lösung: Hätte der Produktionsleiter dem Einkaufsleiter mitgeteilt, dass die Produktion nun direkt ihre Materialien vom anderen Zulieferer besorgt, so wäre es zumindest nicht zum Ausschluss und zu fehlender Anerkennung gekommen.

Beispiel Chef: Übernimmt der Chef keine Verantwortung, so entsteht ein Führungsvakuum. Mitarbeiter stehen dann vor der Schwierigkeit, selbst Entscheidungen fällen zu müssen, mit dem Wissen, dass es einerseits nicht richtig ist, es aber doch weitergehen muss, wenn der Chef nicht handelt. Oder wenn der neue Chef alle früheren Mitarbeiter missachtet, so versuchen diese, den neuen Chef auszuschließen. In beiden Fällen stört der Chef das Gesamtsystem, und deshalb handeln die Mitarbeiter entsprechend.

Ein Führungskräfte-Coaching hat oft zum Ziel, dass die Führungskraft selbstbewusster wird und mehr Verantwortung übernimmt, konsequenter wird und »Nein-sagen« lernt (vgl. dazu Bischop 2012) – erst dann kann sie als Chef ihre Rolle im Sinne der Systemgesetze, beispielsweise Gesetz 5: »Höhere Verantwortung hat Vorrang«, übernehmen.

Aufgabe: Wie sieht es bei Ihnen mit der Anerkennung des Gesamtsystems vor einer Einzelperson oder eines Untersystems aus? Und welche vorherigen Systemgesetze (1–7) wurden evtl. nicht beachtet? Machen Sie sich eine Liste und schreiben Sie alle Punkte hinein, die Sie noch zu klären haben. Es lohnt sich!

Systemgesetze zur Ordnungsumkehr der Gesetze 4–6 und zum Auflösen von Systemgesetzverletzungen

Die beiden folgenden Systemgesetze werden kurz vorgestellt und dann anhand eines ausführlichen Beispiels erklärt.

9. Aussprechen / anerkennen, was ist

 Die Ordnung, die die Systemgesetze 4–6 bilden, lässt sich auch umstellen. Bedingung ist aber, dass sowohl die alte Ordnung ausgesprochen wird als auch Anerkennung und Ausgleich gegeben werden.
Bevor aber über Ausgleich nachgedacht wird, muss zuerst die Anerkennung beim Gegenüber angekommen sein.

10. Ausgleich schaffen

 Wird die Ordnung vertauscht, wenn beispielsweise jemand, der als Letzter ins System gekommen ist, befördert wird, so müssen dafür Anerkennung und Ausgleich den Früheren gegeben werden, damit die Beziehung weiterhin gut bleiben kann.

Ausgleich heißt auch, Verantwortung für eine Verletzung zu übernehmen, damit ein Leid oder deren Folgen ausgeglichen werden.

Beispiel neuer Stellvertreter: In einer Abteilung gibt es einen Abteilungsleiter und mehrere Mitarbeiter. Der ehemalige Stellvertreter ist in Pension gegangen, und ein neuer Stellvertreter wird gesucht.

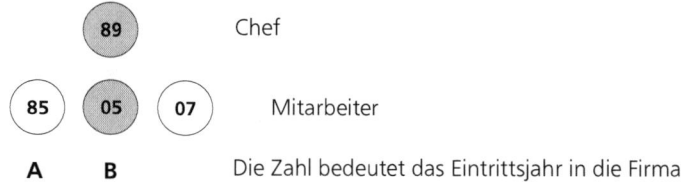

Nach dem Systemgesetz 4: »Früher hat Vorrang vor später« müsste A der neue Stellvertreter werden, da er am längsten dabei ist.

Der Chef möchte aber B, der gegenüber A aus seiner Sicht eine höhere Kompetenz hat, zu seinem neuen Stellvertreter benennen. Kann er dieses ohne weiteres tun?

Er kann – so wie es viele aus Unwissenheit auch tun. Er verstößt aber gegen die Systemgesetze 4: »Früher hat Vorrang vor später« und auch gegen Gesetz 1: »Recht auf Zugehörigkeit (kein Ausschluss)«, Gesetz 2: »Recht auf Anerkennung, Wertschätzung und Respekt«, Gesetz 3: »Recht auf Gleichgewicht«, Gesetz 9: »Aussprechen / anerkennen, was ist« und Gesetz 10: »Ausgleich schaffen« und eventuell gegen Gesetz 5: »Höhere Verantwortung / höherer Einsatz hat Vorrang« und Gesetz 6: »Höhere Kompetenz / höheres Wissen hat Vorrang«, falls er nicht Gesetz 9: »Aussprechen / anerkennen, was ist« und Gesetz 10: »Ausgleich schaffen« anwendet (siehe weiter unten). Der Chef muss dann mit den Konsequenzen leben, beispielsweise damit, dass A den neuen Stellvertreter nicht anerkennt, ihn auflaufen lässt, solange bis der Stellvertreter aufgibt. Oder A wird krank oder verlässt die Abteilung.

Besser ist folgendes Vorgehen: Die Reihenfolge ist wichtig. Sechs Schritte sind notwendig:

Schritt 1. Der Chef spricht mit A: »Du bist viel länger im Unter-

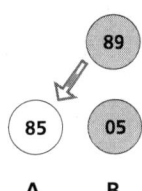

nehmen als B, danach müsstest du mein neuer Stellvertreter werden. B ist später dazu gekommen. Du, A, hast viel mehr Fachkompetenz. B hat mehr Führungskompetenz oder Managementkompetenz. Aus diesem Grund möchte ich B zu meinem neuen Stellvertreter ernennen.«

Nun gibt es drei Szenarien:

a) A kann die Kompetenzunterschiede nicht sehen und will Stellvertreter werden. Dann sollte der Chef sich nicht für B entschei-

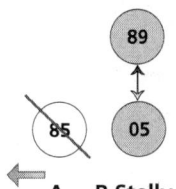

den. Denn mögliche Folgen könnten die fehlende Anerkennung mit allen Konsequenzen sein. Falls der Chef sich doch für B entscheidet, würde A eventuell gehen, denn es fühlt sich wie eine Kündigung und Ausschluss an. Der Chef kann den Konflikt nicht durch Ausgleichsversuche wie eine besondere Aufgabe oder ein Projekt auflösen. Normalerweise führt es dann zu einer inneren Kündigung des Mitarbeiters, oder er wird krank.

b) A gibt eine unstimmige Zustimmung, indem er »Ja« sagt und mit dem Kopf schüttelt (siehe dazu die Ausführungen im Kapitel »Grundlagen des Coaching«). Er stimmt zu, meint aber nein. Hier ist es wichtig, dass der Chef genau auf die Antwort achtet und genau nachfragt, damit er eine eindeutige Antwort erhält. Entweder ist A dagegen wie unter a) oder dafür wie unter c) beschrieben.

c) A sieht es genauso wie sein Chef und will auch gar nicht Führungsverantwortung übernehmen. Sein Chef hat aber seine längere Zugehörigkeit und seine höhere Erfahrung und Fachkompetenz ausgesprochen. Das tut A gut.

Für das weitere Vorgehen wird das Szenario c) vorausgesetzt:

Schritt 2. Der Chef fragt A: »Welchen Ausgleich brauchst du, damit du mit der Entscheidung gut leben kannst und B als neuen Stellvertreter anerkennen kannst?« B drängelt sich ja an A vorbei vor.

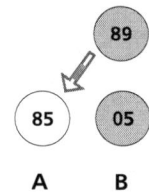

Wichtig: Der Chef kann und braucht sich keinen Ausgleich für A auszudenken – besser ist es, **er fragt** A, und sie verhandeln dann beide gemeinsam über dessen Wünsche.
Folgende Ausgleichswünsche wurden in meiner Arbeit ausgesprochen:

- A darf seine Statusattribute behalten, etwa sein Büro, seinen Parkplatz neben dem Geschäftsführer, seinen Namen ganz oben auf dem Türschild, seinen Dienstwagen oder andere Vorzüge.
- A steht im Organigramm etwas höher als die weiteren Mitarbeiter.
- A bekommt eine Spezialaufgabe oder ein Projekt.
- Gehaltsfragen sind nie aufgetaucht!

Schritt 3. Der Chef spricht erst dann mit B.

Schritt 4. Der Chef lädt zu einer Abteilungsbesprechung ein und erklärt allen, dass B Stellvertreter wird. Er erzählt auch, dass er mit A darüber vorher gesprochen hat und A auch die Entscheidung unterstützt.

Schritt 5. B ist Stellvertreter, aber er muss immer A dafür anerkennen und respektieren, dass A länger im Unternehmen ist als er.

Schritt 6. Der Chef hat darauf zu achten, dass sich A und B gegenseitig anerkennen. Wenn das nicht der Fall ist, ist es Chefaufgabe, diese Dinge auszusprechen und zu versuchen, eine Lösung zu finden. Notfalls durch externe Unterstützung.

Der Schlüssel zum Auflösen von Systemgesetzverletzungen

Kein Täter- / Opfer-Denken

In meiner Arbeit mit Konflikten höre ich immer wieder, dass einer Mobbingopfer geworden ist und ein anderer der Täter sei. Dieses Denken ist zur Lösung von Systemgesetzverletzungen jedoch nicht hilfreich.

In komplexen Systemen, beispielsweise bei Konflikten in Teams oder Unternehmen, ist nicht mehr eindeutig zu sagen, welche Ursache der Konflikt hatte und was die Auswirkungen sind. Denn eine Wirkung kann aus einer Ursache resultieren, die gleichzeitig, aber für uns unbewusst, an anderer Stelle auftritt und selbst Wirkung derselben oder einer dritten Ursache ist. Von unserer Vorstellung der Kausalkette kommen wir also zu einem vernetzten komplexen Bild, in dem Ereignisse synchron an verschiedenen Stellen auftreten und zu Ergebnissen und Ereignissen führen. Das ist die so genannte **systemische Wechselwirkung**. Ausführlicher wird die dazugehörige Selbstorganisations- und Chaostheorie im letzten Kapitel »Systemik« behandelt.

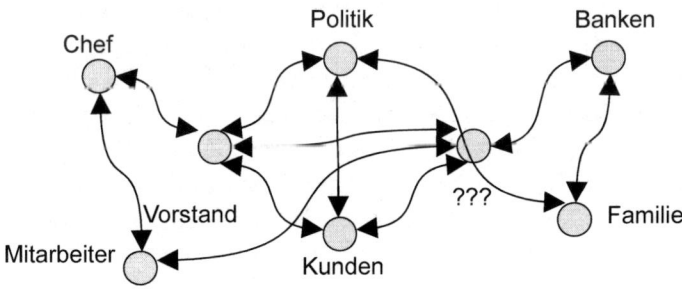

> In einem System von Täter und Opfer zu sprechen, ist hinderlich und nicht hilfreich.

Es gibt Handlungen, Verantwortungen und die resultierenden Konsequenzen. Es gibt aber keine klare kausale lineare Ursache-Wirkungs-Kette. Nur wenn der Blickwinkel auf zwei Personen oder auf einen Zeitausschnitt eingeschränkt wird, sehen Handlungen und Ereignisse wie eine lineare Kette aus, aus der dann der Ursache-Wirkungszusammenhang und dadurch Täter und Opfer abgeleitet werden können. Dieses Vorgehen ist jedoch nicht hilfreich, um Konflikte dauerhaft zu lösen.

Fragen, die sich stellen:

* Wie groß muss ich den Ausschnitt wählen?
* Wie weit muss ich in der Kausalkette zurückgehen?
* Welche Wechselwirkungen oder Rückkopplungen hat es gegeben?

Zum Auflösen von Systemgesetzverletzungen ist es außerdem wichtig, sorgfältig auf die Ausdrucksweise zu achten, denn Sprache schafft zumindest auf der Gefühlsebene Realität.

Ursache-Wirkung in der Kommunikation berücksichtigen

Oft verbinden wir zwei Handlungen miteinander, als gäbe es einen kausalen, ursächlichen Zusammenhang zwischen den beiden. In der Realität besteht jedoch lediglich ein zeitlicher Zusammenhang. Es besteht oft die Annahme, dass jemand durch sein Handeln beim anderen Gefühle oder Veränderungen des inneren Zustandes hervorrufen kann. Solange wir dieses glauben, sind wir abhängig vom Verhalten anderer und geben unsere Eigenverantwortung ab. So trifft man Aussagen, die möglicherweise wie folgt geäußert werden:

- Er macht mich wütend, weil er so unpünktlich ist.
- Das ewige Genörgel meiner Frau macht mich krank.
- Sie macht mich sehr glücklich.

In Situationen, in denen diese Ursache-Wirkungs-Aussagen zu hören sind, ist es hilfreich, folgende Auflösungsfragen als Coach (oder für sich selbst) zu stellen:

➥ *Wie schafft er es durch seine Unpünktlichkeit, dass Sie wütend werden?*
➥ *Wie genau erreicht Ihre Frau, dass Sie krank werden? Wollen Sie damit sagen, dass das Nörgeln Sie zwingt, krank zu werden?*
➥ *Wie macht sie das? Was genau tut sie, dass Sie sich glücklich fühlen?*

Tipp: Durch gezieltes Hinterfragen können wir unseren Gesprächspartner zu seiner Eigenverantwortlichkeit zurückführen. Die Voraussetzung ist, dass die Beziehung stimmt oder dass es die Erlaubnis zum Nachfragen gibt.

Präzisionsfragen:
Wie verursacht x ... genau y?
Wie genau schafft er mit seinem Verhalten x, dass Sie mit y reagieren?
Wie macht er das?
Wollen Sie damit sagen, dass x Sie notwendigerweise zu y zwingt?
Probieren Sie das mal aus, und fragen Sie Ihr Gegenüber als Betroffener, beispielsweise als Ehepartner.
Und werden Sie sich selbst als Betroffener bewusst, wann Sie Ihre Eigenverantwortung wieder einmal abgeben!

Als Coach, Mediator oder Führungskraft sollten Sie Ursache-Wirkungs-Aussagen immer hinterfragen. Wenn Sie derartige Aussagen der Klienten einfach so im Raum stehen lassen, erzeugen diese Aussagen eine Realität und Sie stimmen dieser »falschen« Ursache-Wirkungs-Realität zu.

Kein Schuld-Denken

In einem System von Schuld zu sprechen, ist hinderlich und nicht hilfreich.

»Schuld« ist meiner Meinung nach eine Erfindung von Menschen, um eigene und politische Interessen oder Macht durchzusetzen. In der Natur, im Tier- und Pflanzenreich gibt es keine Schuld. Es gibt dort Handlungen, Ereignisse und Verantwortung und daraus entstehende Konsequenzen. Es wird hier also unterschieden: Schuld versus Verantwortung.

Es geht nicht darum, wie in der Rechtssprechung über Schuldunfähigkeit zu sprechen oder dass die »Opfer« selbst »mitschuldig« sind. Das Ziel ist, dass jeder seine Verantwortung übernimmt und für die Konsequenzen aufkommt. Also das entstandene Leiden sieht und anerkennt und Ausgleich für eine Tat herstellt.

Ein gewaltiger Unterschied: »Entschuldigung« und »Es tut mir Leid«

Beide Begriffe werden im normalen Sprachgebrauch synonym verwendet. In schwerwiegenden Fällen wie beim Mobbing oder bei Systemgesetzverletzungen sind beide in der Anwendung zu unterscheiden:

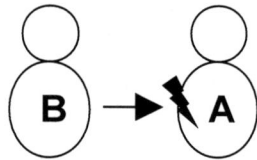

Vergleich zwischen der Wirkung von »Entschuldigung« und »Es tut mir Leid«

»Entschuldigung«	»Es tut mir Leid«
B's Handlung -> Schaden für A B hat die Grenze von A überschritten	B's Handlung -> Schaden für A B hat die Grenze von A überschritten
B sagt »Entschuldigung« – Bitte »**entschulde**« mich bzw. nimm die Schuld von mir zu dir -> B hat ein zweites Mal die Grenze von A überschritten, denn: A hat die Verantwortung von B bekommen und muss antworten: entweder mit »Ja« oder »Nein« Egal wie A antwortet: B hat den Schaden, die Schuld und die Verantwortung abgegeben	B sagt »Es tut mir Leid« mit der entsprechenden inneren Haltung, da A sofort merkt, ob die Aussage ehrlich gemeint ist! - Dadurch wahrt B die Grenze, da A nicht antworten muss - B übernimmt Verantwortung B fragt, ob und wie er die Grenzüberschreitung ausgleichen kann A kann den Ausgleich annehmen und evtl. vorhandene Wut zurückgeben
»Entschuldigung« zu sagen, ist nicht sinnvoll, da es bei A zu keiner Auflösung der Verletzung kommt, sondern eher zu einer Vertiefung der Verletzung.	**»Tut mir Leid« zu sagen, ist sinnvoll, da es die Verletzung aufhebt.**

Der Schlüssel zum Auflösen von Systemgesetzverletzungen ist das Gesetz 9 »Aussprechen / anerkennen, was ist« und das Gesetz 10 »Ausgleich schaffen«.

Schritt 1. Aussprechen / anerkennen, was ist:

»Ich habe ... (Systemgesetz Nr. ?) nicht beachtet, es tut mir Leid!« Oder: »Ich sehe deine verletzten Gefühle, es war nicht meine Absicht, es tut mir Leid (– ich sehe dein Leid oder Leiden)!«

Entscheidend ist hier die innere und äußere Haltung, die zeigt, ob es ehrlich gemeint ist. Es geht letztendlich darum, dass das Gesagte und das Sehen der Verletzung beim Gegenüber ankommt. Im Zweifelsfall sollte die Person B, die eine Verletzung bei Person A ausgelöst hat, nachfragen, ob die Anerkennung aufgenommen wurde.

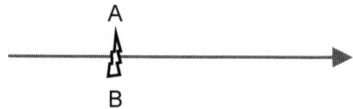

Erhält B als Antwort ein Nein, so ist die Haltung von B zu überprüfen. Es kann eine frühere Verletzung in umgekehrter Richtung vorliegen, d.h. A fühlt sich zeitlich gesehen schon vorher verletzt.

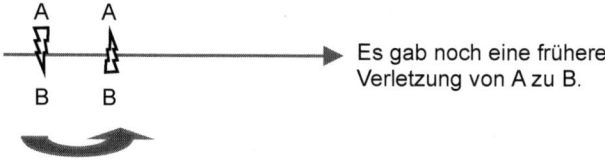

Es gab noch eine frühere Verletzung von A zu B.

Erst wenn die Verletzung aufgelöst und die Anerkennung beim Gegenüber angekommen ist, wird die Frage nach dem Ausgleich gestellt: »Was brauchst du als Ausgleich, damit es wieder gut werden kann?«

Handwerkszeug: Systemgesetzverletzungen als Coach oder Mediator auflösen

Ein Beispiel: A und B sind die Konfliktpartner.

Der Mediator M motiviert A, seine Gefühle auszudrücken.

A spricht seine Verletzung aus: »Ich fühle mich nicht respektiert, nicht gesehen, übergangen, nicht wertgeschätzt, ...«

Kommt die Aussage: »verletzt« – dann wird hinterfragt: Welches Gefühl steckt dahinter? Verletzt, weil missachtet... Oder verletzt, weil übergangen...

Wird nur »verletzt« als Gefühl beschrieben, so ist diese Aussage meistens zu ungenau, und B kann sich nicht richtig hineinfühlen, was aber nötig ist, damit es ihm Leid tun kann.

M an B: »War es Ihre Absicht, dass die Gefühle bei A ... entstehen?«

B sagt dann normalerweise: »Nein, es war nicht meine Absicht! Es tut mir Leid!«

M an A: »Ist B's Aussage angekommen?«

Wenn ja – wunderbar! Wenn nein – dann finden Sie auf den folgenden Seiten einen Lösungsweg dafür.

WICHTIG!
Bitte entschuldige mein Verhalten – diese Aussage hat keine Wirkung!

WIRKUNGSVOLL:
Es tut mir Leid – ich sehe dein Leid / deine verletzten Gefühle!

Bitte ersetzen Sie:

Entschuldigung -> Es tut mir Leid!

Mein Verhalten -> verletzte Gefühle beim anderen!
(positive Absicht -> negative Auswirkung)

Wie schon am Anfang des Kapitels zum Thema »Positive Absicht« erörtert, kann das Verhalten nicht entschuldigt werden oder kann das Verhalten jemandem nicht Leid tun, da das Beste in dem Moment (positive Absicht) getan wurde. Sehr wohl sollte ihm die daraus entstandenen verletzten Gefühle Leid tun. Es ist auch für den Konfliktpartner nicht wichtig zu wissen, welche sachlichen Gründe oder positive Absicht hinter dem Verhalten standen – er möchte nur hören und fühlen, dass der Konfliktpartner seine verletzten Gefühle ansieht, anerkennt und dass sie ihm Leid tun.

Nun kommen wir zum obigen Beispiel zurück.

Antwortet A auf die Frage: »Ist es angekommen?« mit Nein, dann bitte die Haltung von A und B überprüfen!

Einerseits könnte es sein, dass A so voller Wut steckt, dass nichts ankommen kann. Dann muss zuerst die Wut abgebaut werden, wie im nächsten Abschnitt beschrieben.

Andererseits könnte es sein, dass es vor der Systemgesetzverletzung von B zu A noch eine frühere Verletzung von A zu B gibt, die der Grund dafür ist, weshalb B nicht aus ganzem Herzen sagen kann, es tue ihm Leid. Diese frühere Verletzung muss ans Licht geholt werden.

M an B: »Was brauchen Sie, B, damit Sie aus vollem Herzen sagen können, dass es Ihnen Leid tut? Gab es noch eine Verletzung davor?«

Falls ja, so vertauschen sich die Rollen und Sie beginnen mit Schritt 1 erneut, so dass sich die frühere Verletzung bei B auflöst.

Danach kehren Sie zu A als Verletzten zurück. B kann dann aus der inneren Haltung heraus »es tut mir Leid« sagen, so dass es bei A ankommt.

WICHTIG!
Klagt A über eine Verletzung und das »Tut mir Leid«
von B kommt bei A nicht an, so niemals A fragen,
was er von B braucht!

Angenommen, A braucht mehr Wertschätzung und Anerkennung von B. Wird A vom Coach gefragt, was er von B braucht, so kann A nicht darauf antworten, da sein Wunsch nach mehr Wertschätzung dann wertlos wird – es ist ein Dilemma. Denn spricht A seinen Wunsch aus und B fängt an, ihn mehr wertzuschätzen, so bleibt bei A das Gefühl, B handelt nur so, weil er es ihm gesagt hat. Es ist bestimmt nicht ganz echt.

Das Dilemma: Eine Frau sagt zu ihrem Mann: »Zeig mir, dass du mich lieb hast und zeige es dadurch, dass du mir Blumen schenkst.« Bringt der Mann nun Blumen mit, so könnte die Frau sagen: »Die schenkst du mir nur, weil ich es dir gesagt habe, du liebst mich doch nicht.« Bringt er keine mit, da er schon vermutet hat, wie seine Frau darauf reagiert, wenn er welche mitbringt, so könnte die Frau sagen: »Jetzt habe ich dir schon den Tipp gegeben, aber du bringst mir keine Blumen mit, du hast mich nicht lieb.« Der Mann kann nur verlieren.

Würde A auf die Frage hin: »Was brauchst du von B?«, antworten: »Mehr Anerkennung«, so wäre es das Gleiche wie im obigen Beispiel.

Ist die Aussage »es tut mir Leid« mit der entsprechenden Haltung beim Gegenüber angekommen, so geht es mit folgenden Schritten weiter:

Schritt 2. A lässt eventuell vorhandene Wut, Trauer oder andere Lasten heraus und B nimmt sie auf. Dieses heilt die Verletzung von A.

Schritt 3. Nun ist es normalerweise so, dass A wegen seiner, in der damaligen Situation, verletzten Gefühle seinerseits B in einer darauffolgenden Situation verletzte usw.

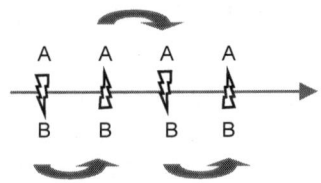

Diese verletzten Gefühle gilt es jetzt aufzulösen. Also durchläuft B jetzt den Prozess, den A vorher durchlaufen hat. So wird auch seine Verletzung geheilt.

Schritt 4. Von da an gehen beide Partner mit den Schritten 1–3 durch jede Konfliktsituation bis zur Gegenwart hindurch. Damit lösen sich alle Verletzungen auf.

Schritt 5. Die beiden Partner gehen noch ein paar Schritte in die Zukunft und durchleben mit den geheilten Gefühlen mögliche neue Situationen und wie sie sich dort angemessen verhalten.

Handwerkszeug: Systemgesetzverletzungen als Betroffener auflösen

Hierfür ein typisches Beispiel: Ein Paar hat sich zu einer festen Zeit verabredet. Dem Partner B kommt etwas dazwischen, beispielsweise trifft er eine ihm wichtige Person, so dass er nicht pünktlich zur Verabredung kommt. Der andere Partner A fühlt sich schlecht und übergangen und weniger wert.

Wie kann nun eine optimale Kommunikation zur Auflösung der Systemgesetzverletzungen aussehen?

Optimales Gespräch:
1. Partner A spricht B darauf an: »Wir hatten eine feste Verabredung, und du warst nicht zur verabredeten Zeit da. Ich fühle mich übergangen und habe ein Grummeln im Bauch.«
2. Partner B sieht und fühlt die Verletzung bei A und sagt dann zu A: »Oh, es war nicht meine Absicht, dass du dich schlecht fühlst oder dass du dich übergangen fühlst. Es tut mir Leid.«
Wenn vorher keine Verletzungen beim Paar vorlagen, so kommt diese Aussage mit der entsprechenden ehrlichen Haltung beim Partner an und die Verletzung ist aufgehoben.
3. Gemeinsam sucht man nun nach Lösungen und Wegen, damit so etwas nicht mehr passiert.

Wie Sie sehen, sind für die Auflösung nur wenige Worte nötig. Auch wird keine Rechtfertigung gegeben.

Nun drei typische Gespräche, wie das Gespräch **nicht** verlaufen sollte, denn derart würde es zu einer Eskalation oder Resignation führen.

Missglücktes Gespräch 1:

1. Partner A spricht B mit einem vorwurfsvollen Ton an: »Wir hatten eine feste Verabredung und du warst nicht da. **Warum?**«

2. B fühlt sich angegriffen und verteidigt sich: »Ich habe einen Geschäftskunden getroffen, und der war mir sehr wichtig.«

3. Partner A fühlt sich noch mehr verletzt, da der Geschäftskunde wichtiger war als A: »Du hättest mit ihm einen neuen Termin abmachen können und ihm sagen können, dass du mit mir eine Verabredung hast.«

4. B fühlt sich noch mehr in die Ecke gedrängt und reagiert auf diesen Vorwurf mit Gegenangriff oder mit Rückzug, also Resignation.

Das Gespräch befindet sich verbal auf der Sachebene und gefühlsmäßig auf der Systemgesetzebene. B hatte eine positive Absicht hinter seinem Verhalten, denn er hat für sich das Beste in dem Moment getan. Wenn A nun nach dem Grund des Verhaltens von B fragt, so führt es oft zu einer weiteren Verletzung oder es kommt als Rechtfertigung an. B fühlt sich angegriffen, und das Gespräch eskaliert.

Missglücktes Gespräch 2:

In diesem Gespräch hat A dazugelernt und weiß, dass es nicht sinnvoll ist, nach den Gründen, beispielsweise mit »Warum«, zu fragen. Außerdem weiß A, dass er seine Gefühle aussprechen soll. Trotzdem kommt es zu einer Eskalation im Gespräch.

1. Partner A spricht B darauf an: »Wir hatten eine feste Verabredung und du warst nicht zur verabredeten Zeit da. Ich fühle mich verletzt, weil **du mich ausschließt.**«

2. B hört einen Vorwurf oder eine Unterstellung und reagiert mit Gegenangriff oder Verteidigung. Warum?

Der Satz: »Ich fühle mich verletzt, weil **du** mich ausschließt« ist eine Interpretation von A und dadurch ein Vorwurf. A weiß nicht, ob B ihn wirklich ausschließen wollte und ob es sich um Absicht von B handelte. Normalerweise hat B nicht die Absicht, A auszuschließen. Hätte A gesagt: »Ich fühle mich ausgeschlossen«, so hätte er nur über sich und seine Gefühle gesprochen, keinen Vorwurf gemacht und B keine böse Absicht unterstellt. B hätte dann auf sein Gefühl eingehen können und es wäre zu einer Auflösung gekommen.

Missglücktes Gespräch 3:
In diesem Gespräch weiß A nun genau, wie er es ausdrücken muss, und macht es auch richtig.

1. Partner A spricht B darauf an: »Wir hatten eine feste Verabredung und du warst nicht zur verabredeten Zeit da. Ich fühle mich übergangen und habe ein Grummeln im Bauch.«
2. Partner B sieht und fühlt die Verletzung bei A und sagt: »Oh, es war nicht meine Absicht, dass du dich schlecht fühlst oder dass du dich übergangen fühlst. Es tut mir Leid.«
Bis hierher hat B es auch richtig gemacht. Hört aber B an dieser Stelle nicht auf zu reden, so kann er das Gespräch zum Kippen bringen. Spricht B nach dem »Es tut mir Leid« sofort weiter, indem er seine positive Absicht und seine Gründe mitteilt, so kommt dies als Rechtfertigung bei A an.
3. Was B A nicht sagen darf: »Es tut mir Leid. Ich will dir nur kurz erklären, warum ich zu spät gekommen bin. Ich habe einen Geschäftskunden getroffen, und der war mir sehr wichtig. Du weißt, zukünftige Geschäfte. Es ist ja auch wichtig für uns als Paar.«
Dadurch wird die Wirkung von »Es tut mir Leid« aufgehoben, und A fühlt sich wie im ersten missglückten Gespräch verletzt, da weniger wertgeschätzt. Es kommt dann zu einer Eskalation oder Resignation.

Zusammenfassung:

Folgende Aussagen führen zum Ziel und sind konfliktlösend	Folgende Aussagen wirken eskalierend	Erklärung
Wir hatten eine feste Verabredung und du warst nicht zur verabredeten Zeit da.	Wir hatten eine feste Verabredung und du warst nicht zur verabredeten Zeit da. **WARUM?**	Warum? fragt nach Gründen und kommt als Vorwurf an.
Ich fühle mich ausgeschlossen und habe ein Grummeln im Bauch.	Ich fühle mich verletzt, weil **du mich ausschließt**.	Interpretation und Unterstellung.
	Du hättest auch …	Vorwurf. B hat das Beste in dem Moment getan, deshalb nicht sinnvoll.
Oh, es war nicht meine Absicht, dass du dich schlecht fühlst oder dass du dich übergangen fühlst. Es tut mir Leid.	Oh, es war nicht meine Absicht, dass du dich schlecht fühlst oder dass du dich übergangen fühlst. Es tut mir Leid. **Ich will dir nur kurz erklären, wieso** ich zu spät gekommen bin. Ich habe einen Geschäftskunden getroffen und …	Erklärung kommt als Rechtfertigung an.

Die Frage nach Gründen, Vorwürfe, Unterstellungen oder Rechtfertigungen wirken eskalierend. Bleiben Sie im Gespräch bei sich und auf der Gefühlsebene, so kann der Partner die Sachebene verlassen und auch auf die Gefühlsebene gehen.

Handwerkszeug: Systemgesetzverletzungen als Verursacher auflösen

Oft werden Systemgesetzverletzungen nicht direkt vom Betroffenen ausgesprochen, sondern in ironischen Äußerungen verpackt. Falls Sie die Vermutung oder Interpretation haben, dass Sie durch Ihr Verhalten eine andere Person auf der Systemgesetzebene verletzt haben, so können Sie folgendes Vorgehen probieren:

Schreiben Sie einen Brief oder sprechen Sie die Person direkt an.

»Falls ich Sie in der damaligen Situation verletzt haben sollte oder Sie sich verletzt fühlen sollten, so war und ist es nicht meine Absicht und es tut mir Leid!«

Verwenden Sie bitte den Konjunktiv und das Wort »falls« im ersten Teil des Satzes, da es sich ja um eine Interpretation handelt. Im zweiten Teil des Satzes »so war und ist es nicht meine Absicht und es tut mir Leid!«, ist der Konjunktiv nicht geeignet, werden Sie jetzt ganz konkret. Denn auch hier entscheidet Ihre Haltung darüber, ob Sie es ehrlich meinen und ob dadurch Ihre Aussage bei der anderen Person ankommt.

Denken Sie hier an das Autobahnbeispiel. Nun sind Sie der Fahrer, der sich vordrängelt. Heben Sie die Hand, so lösen sich die Verletzungen sehr wahrscheinlich beim Überholen auf.

Handwerkszeug: Wut / Stress und körperliche Symptome durch Systemgesetzverletzungen auflösen

 Treten Verletzungen – verursacht durch andere Menschen – auf und werden diese Verletzungen nicht angesprochen, so wird die Lebensenergie Schritt für Schritt eingefroren. Sie wandelt sich in Wut und Trauer um.

Im Tierreich wird eine Systemgesetzverletzung sofort ausagiert, indem gekämpft wird – dort entsteht keine eingefrorene Energie wie Wut. Wir Menschen handeln oft nicht sofort, sondern schlucken die Verletzung herunter.

Diese eingefrorene Energie, die Wut, staut sich immer mehr auf.
Bei einigen Menschen kommt es dann irgendwann zu einem unkontrollierten Wutausbruch mit entsprechenden negativen Folgen.
Sie schießen dann über das Ziel hinaus und erreichen nicht, was sie
ursprünglich wollten, oder sie bekommen Angst vor sich selbst und
dem eigenen unkontrollierten Verhalten.

 Bei anderen Menschen richtet sich diese Wut – dieser
Stress – gegen sich selbst. Sie werden krank, von Wut
zerfressen, bekommen Bluthochdruck oder einen Herzinfarkt.
    Es kann auch zu Muskel-Verspannungen kommen,
damit nicht unkontrolliert die Wut ausgelebt werden kann. Weitere
Auswirkungen sind:
- Nackenverspannung, um das Zuschlagen zu unterdrücken,
- Gesichtsverspannungen, um Schreien oder Beißen zu unterdrücken
- Beinprobleme, um das Zutreten zu unterdrücken

Welche körperlichen Symptome konkret zu dieser Thematik passen, muss natürlich individuell herausgefunden werden.
    Unser Körper schützt uns vor dem unkontrollierten Verhalten
des Wutausbruchs, aber mit einem entsprechenden Preis, den wir
dafür bezahlen müssen. Diese Thematik und wie man damit erfolgreich umgehen kann, wird in Kapitel 2 näher behandelt.
    Außerdem führt diese eingefrorene Energie, die Wut, dazu, dass
der Mensch energetisch und kräftemäßig geschwächt wird. Einerseits kann daraus resultieren, dass die Person sehr schwer Emotionen zeigen kann, denn es besteht ja die Gefahr, dass dann die Wut
unkontrolliert hervortreten könnte. Andererseits fehlt die Stärke,
um als Führungskraft optimal führen zu können.

Deshalb ist es so wichtig, diese Wut kontrolliert und in einem geschützten Raum in »flüssige Energie oder Kraft« umzuwandeln.

Stressabbau durch »Wut herauslassen«

Eine sehr effektive Vorgehensweise zum Stressabbau ist folgende:

1. Besorgen Sie sich einen Boxsack oder etwas anderes, worauf Sie einschlagen können, beispielsweise ein Kissen, ein Handtuch, ...

2. Visualisieren Sie vor Ihrem *inneren* Auge die Person, gegen die sich die Wut richtet oder die anderen Auslöser oder Verursacher der Wut. Dieses ist unbedingt erforderlich.

3. Entscheidend ist, dass die Person, auf die sich die Wut richtet, so **stark** ist, dass sie die Wut aushalten kann! Auch dieses ist ebenfalls unbedingt erforderlich.

Wenn Sie diese Person bemitleiden oder Angst vor ihr haben, werden Sie Ihre Wut nicht los. In beiden Fällen ist die Person nicht ausgeglichen stark.

In diesem Fall hilft möglicherweise ein Coaching mit dem Ziel, die visualisierte Person zu stärken. Ein Coachingformat dafür ist: »Kräfte der Ahnen – innere Aufstellung« zur Stärkung der Kräfte und zum Aufbau von Selbstvertrauen (vgl. Bischop 2012).

4. Schlagen Sie auf den Sack ein, schreien Sie, beißen Sie, solange, bis sich Ihr Wut-Gefühl in Ruhe, Trauer oder in ein anderes Gefühl verändert hat.

Weiteres Vorgehen:
Durch das Herauslassen der Wut hat sich ein Teil der eingefrorenen Energie wieder in Lebensenergie umgewandelt. Es geht Ihnen wieder besser und Sie empfinden weniger Stress. Die Gefahr, unkontrolliert zu explodieren, ist somit geringer.

Jetzt sollte die Gelegenheit genutzt werden, die Verletzungen mit dem Verursacher direkt anzusprechen.

Nutzen Sie dazu die Feedbackregeln (Kapitel III: Führungsfähigkeiten) und die Lösungsanleitungen aus den Systemgesetzen.

Geschieht dieses nicht, so sammelt sich die Wut wieder neu an, und der Stresspegel steigt erneut.

>>Das Einhalten der Systemgesetze ist oberste Führungsaufgabe!<<

>>Es geht nicht darum, Mitarbeiter zu motivieren, sondern darum, aufzuhören, sie zu demotivieren!<<

Zeit haben heißt Anerkennung!
Anerkennung zeigt sich nicht allein durch Aussagen, sondern durch die Haltung und die Handlung!

Im Folgenden eine Sammlung von Fällen, in denen Systemgesetzverletzungen auftreten. Mit diesem Wissen können Sie dann selbst Ihr System betrachten und nach ähnlichen Fällen suchen. Vielleicht werden Ihnen dadurch einige Ursachen für unerklärliche Konflikte deutlich. Gleichzeitig steckt hinter jeder Systemgesetzverletzung, wenn sie erkannt wird, eine Lösungsmöglichkeit. Diese dann anzugehen, ist Ihre Aufgabe, entweder allein oder mit Unterstützung eines Coaches oder Mediators.

Dynamiken, an denen Systemgesetzverletzungen erkannt werden können

Ausschluss und fehlende Anerkennung:

 Ein Geschäftsführer, der ein Werk in Übersee aufgebaut hat, wird unehrenhaft vom neuen Holdingchef entlassen. Unehrenhaft heißt hier, dass ohne Vorankündigung der neue Geschäftsführer präsentiert wird. Andere Beispiele sind: dem alten Geschäftsführer wird eine

hierarchisch niedrigere Position angeboten oder dem alten Geschäftsführer wird eine höhere Chefebene übergestülpt.

Der Holdingchef erkennt den alten Geschäftsführer nicht als Person an und auch nicht, was der alte Geschäftsführer alles für das Unternehmen geleistet hat, auch nicht den Aufbau des Werkes.

Selbst wenn auf der Sachebene gute Gründe für eine Entlassung bestehen, kommt es auf die Art und Weise an, wie sie ausgesprochen wird und wie gehandelt wird, denn es muss Anerkennung deutlich werden und beim Geschäftsführer und den Mitarbeitern ankommen. Fühlt sich der alte Geschäftsführer gewürdigt, so ist eine Kündigung kein Ausschluss. Eine Entlassung führt dann zu Ausschluss, wenn sie ohne Anerkennung geschieht und über den alten Geschäftsführer nicht mehr geredet werden darf.

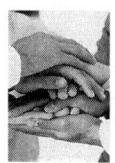

Loyalität:

Die Folge eines solchen Ausschlusses ist, dass die Mitarbeiter sich ebenfalls ausgeschlossen und nicht anerkannt fühlen. Sie werden dadurch loyal dem Alten gegenüber, selbst wenn es sachlich gesehen negative Aspekte gab! Gleichzeitig entsteht Angst bei den Mitarbeitern, denn sie fragen sich, wen es als Nächsten treffen mag.

Eine Folge davon ist Demotivation, die soweit gehen kann, dass man unbewusst die Firma in den Ruin treibt. Das Werk könnte ab diesem Zeitpunkt rote Zahlen schreiben. Manchmal arbeiten die Mitarbeiter gerade so viel, dass das Werk überleben kann, der Holdingchef aber nicht erfolgreich wird. So wird gezeigt, dass der frühere Chef es doch besser konnte.

Vergifteter Platz:

Betrachtet man den Platz des ausgeschlossenen alten Geschäftsführers, so ist dieser Platz vergiftet.

Die Person, die diesen Platz einnimmt, hat in den meisten Fällen keine Chance, etwas Positives zu bewirken und zufrieden arbeiten zu können. Sei es, dass die alten Mitarbeiter ihr keine Chance lassen. Sei es, dass sie Verhaltensweisen oder Symptome des alten Geschäftsführers übernimmt und sich dadurch Ärger mit dem Holdingchef einhandelt.

Das System will keinen Ausschluss und tut alles dafür, Ausschluss aufzuheben oder auszugleichen.

Alles »Negative«, wie Demotivation oder dem Neuen keine Chance zu geben, hat den positiven Sinn, den Ausschluss aufzuheben.

Dies kann nur auf folgendem Weg passieren: Die Ehre des alten Chefs muss wieder hergestellt wird. Dafür ist es notwendig, dass ihm von Herzen Anerkennung für seine Leistung ausgesprochen wird, dass weiterhin gut über ihn geredet wird und werden darf und dass er einen entsprechenden Ausgleich erhält.

> Auch hier ist wie immer entscheidend, dass die Anerkennung und Würdigung von Herzen kommt, wirklich ernst gemeint ist und auch beim Gegenüber ankommt.

Ein weiteres Beispiel aus der Praxis: Eine Firma hat kein »Glück« mit ihren Vertriebsleitern. Die aktuelle Situation ist, dass sie keinen Vertriebsleiter hat. Der Letzte ist von sich aus gegangen und war nur drei Monate dort. Davor war ein Mitarbeiter aus dem Vertriebsteam zum Leiter aufgestiegen, der ebenfalls nach sechs Monaten das Unternehmen verließ oder verlassen musste. Wie sich herausstellte, wurde ein früherer langjähriger Vertriebsleiter ausgeschlossen, da er dem neuen Geschäftsführer zu mächtig war.

Natürlich kann der Geschäftsführer den Vertriebsleiter entlassen, er muss es aber mit Anerkennung tun. Da er das aber nicht tat, hat er mit den negativen Konsequenzen zu leben.

Die Reaktion des Systems darauf war, dass keiner diesen vergifteten Platz einnehmen wollte und ausfüllen konnte.

 **Beförderung:**
Ein Mitarbeiter wird befördert und gehört als Führungskraft nicht mehr zu den Mitarbeitern. Wenn die Führungskraft zur Frühstückspause kommt, so verstummen alle Anwesenden.

Viele Führungskräfte, die aus den eigenen Reihen aufgestiegen sind, fühlen sich dann ausgeschlossen und unwohl. Das kann verschiedene Folgen haben:

- Die Führungskraft will dazugehören und führt nicht, sondern wird wieder zum Mitarbeiter. Das führt dann zu einem Führungsvakuum und zu Ärger.
- Die Führungskraft wird durch den Ausschluss und die Verletzung hart und ungerecht und zahlt es den Mitarbeitern heim.
- Die Führungskraft sucht bei den anderen Führungskräften Anschluss und ist nicht mehr für die Mitarbeiter da. Sie schließt die Mitarbeiter aus. Der Ausschluss wird durch Ausschluss ausgeglichen. Auf Ausschluss mit Ausschluss zu reagieren, ist das Negativste, was einem System passieren kann, und führt zu Mobbing.

Resignation:
Resignation ist auch eine Art von Ausschluss. Wenn einer der Konfliktpartner meint, dass es keinen Sinn mehr macht, miteinander zu reden oder zu streiten, so fällt jegliche Anerkennung weg. Konflikt und Kampf ist immer noch eine Art von Anerkennung, in dem Sinne, dass man den anderen noch sieht. Fällt das jedoch auch weg, fehlt jegliche Art der Anerkennung und ein Ausschluss liegt vor.

Projektleiter oder Matrixorganisation:

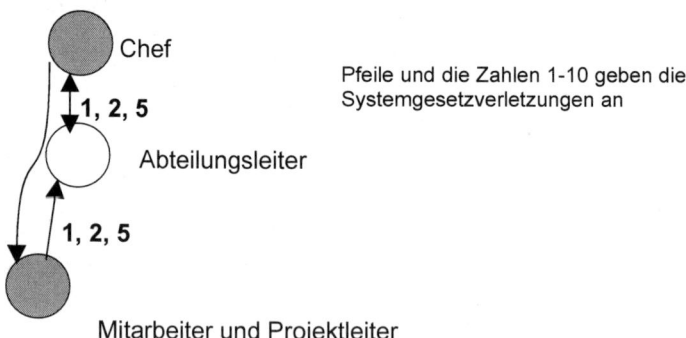

Chef

1, 2, 5

Abteilungsleiter

1, 2, 5

Mitarbeiter und Projektleiter

Pfeile und die Zahlen 1-10 geben die
Systemgesetzverletzungen an

Ein Abteilungsleiter hat einen Mitarbeiter, der gleichzeitig ein Projekt leitet. Der Chef spricht am Abteilungsleiter vorbei direkt mit dem Projektleiter auch über Themen, die nicht zum Projekt gehören, sondern zur Abteilung. Dadurch wird der Abteilungsleiter ausgeschlossen. Auch der Chef muss die Systemgesetze einhalten. Er muss die hierarchischen Wege beachten, und zwischen den Dreien muss Klarheit herrschen, welche Kommunikationswege für sie Gültigkeit haben.

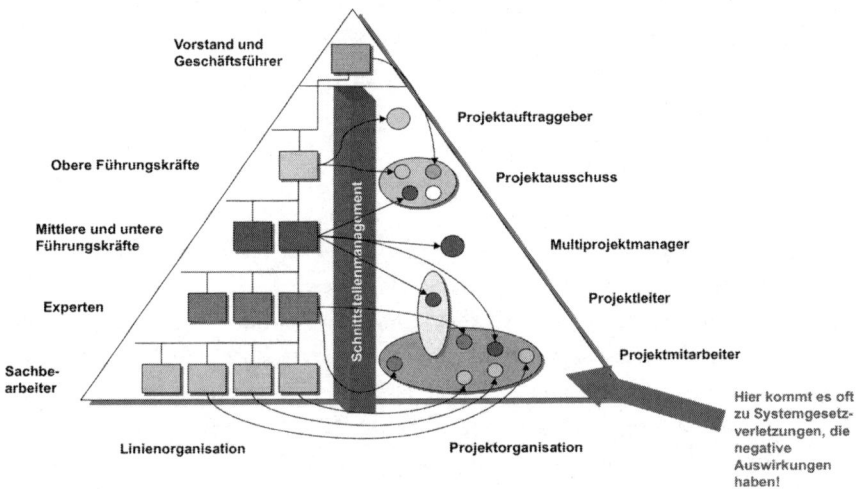

Oft treten solche Unklarheiten in Matrixorganisationen auf, denn dort übernehmen die Mitarbeiter mehrere Rollen gleichzeitig. Daher ist es oftmals schwierig, die verschiedenen Hierarchien ohne Ausschluss einzuhalten.

Fazit: In Matrixorganisationen oder bei Projekten muss besonders auf die Einhaltung der Systemgesetze geachtet werden, und es dürfen keine Systemgesetzverletzungen vorliegen.

In einer linearen Organisation, wo die Systemgesetze nicht eingehalten werden, ist es ratsam, so wenig Projekte wie möglich zu vergeben, denn sie sind potenzielle Ursachen für weitere Systemgesetzverletzungen.

Wird ein Projekt eingeführt, so muss vorher die Systemgesetzebene geklärt werden. Liegen Verletzungen vor? Wenn ja, so müssen sie vorher gelöst werden. Erst wenn Vertrauen zwischen den Beteiligten herrscht und die Systemgesetzebene stimmt, ist das Fundament für ein erfolgreiches Projektmanagement gegeben.

Für eine bestimmte Zeit aus dem Unternehmen ausgeschieden (beispielsweise Elternzeit):
Kommt der für eine Zeit ausgeschiedene Mitarbeiter wieder, so erwartet er oft, dass er seine alten Arbeiten, seinen Schreibtisch oder seine Kunden wiederbekommt. Das ist nicht immer der Fall, da das Unternehmen den Mitarbeiter und seine Arbeiten ja ersetzen musste. Dadurch kann sich der Mitarbeiter ausgeschlossen fühlen, was dann die oben genannten Auswirkungen zur Folge haben kann.

Für eine bestimmte Zeit von der Arbeitsstelle (Position) ausgeschieden (beispielsweise Projektleiter):
Mitarbeiter aus einer Linienorganisation, die für eine festgelegte Zeit Projektleiter sind, haben es oft schwer, sich wieder in die Abteilung einzugliedern, wenn das Projekt beendet ist. Durch ihre Projektleitung sind sie hierarchisch aufgestiegen, haben Kontakte geknüpft, die ihnen aus der Linie heraus nicht offen standen. Nun sollen sie wieder »normal« in der Abteilung funktionieren. Viele fühlen sich dann heruntergestuft und von den Führungskräften ausgeschlossen. Das könnte ein versteckter Grund dafür sein, dass viele Projekte nicht beendet werden, denn die Mitarbeiter wollen ihre Projektleiterposition unbewusst beibehalten.

Fusion oder feindliche Übernahme:
Die Mehrzahl aller Fusionen oder Übernahmen scheitern. Ich sehe darin als Hauptgrund den Ausschluss der Identität und Kultur des übernommenen Unternehmens. Dadurch fühlen sich die Mitarbeiter schlecht und werden demotiviert. Die Identität/CI, der Name, das Logo und die Kultur sind unbedingt zu würdigen und möglichst zu integrieren, damit es zu keinem Ausschluss kommt.

Welche Beispiele und eigene Erfahrungen fallen Ihnen ein?

Familiennachfolge (Ausschluss des Früheren):
Die meisten aller Familiennachfolgen scheitern, wenn das Familienunternehmen in die zweite Generation, die Enkelgeneration, übergeht. Oft wird der Junior durch ein BWL-Studium auf die Übernahme vorbereitet. Der alte Chef war noch einer, der mit anpacken konnte, selbst entwickelt hat, in den Werkshallen herumlief, die Mitarbeiter noch persönlich kannte. Der Junior macht alles anders. Ihm sind Zahlen oder neue Strukturen wie EDV, Kostenrechnung oder neue Umgangsformen wichtig. Auch hat er kein Gefühl für die Forschung und Entwicklung, zu den Produkten und keinen direkten Kontakt zu den Mitarbeitern.

Die Mitarbeiter und der Senior fühlen sich und die alte Kultur nicht mehr gewürdigt und ausgeschlossen. Die Mitarbeiter sind dem Alten und dem Senior gegenüber loyal, wollen ihn behalten und den Junior hinaus mobben. Der Senior kann in so einer Situation nicht loslassen und muss für das Alte eintreten. Das führt unweigerlich zum Kampf zwischen Senior und Junior.

Ausgleich – es reicht nie:

Kommt es zu einer Trennung zwischen zwei Geschäftsführern oder einem Ehepaar, und der Trennungsprozess ist geprägt von fehlender Anerkennung, Wertschätzung und Respekt, so kommt es letztendlich zum Ausschluss. Ruhe herbeizuführen, indem die eine Seite der anderen Seite finanzielle Zugeständnisse macht, ist ein untauglicher Versuch, denn es wird niemals reichen. Die andere Seite will immer mehr. Ziel ist es nicht, mehr zu erhalten, sondern dass die andere Seite ausspricht, was ist. Also Anerkennung zeigt und den Ausschluss, beispielsweise durch Schweigen, wieder aufhebt. Danach lösen sich die Ausgleichsstreitigkeiten in Luft auf!

Familienunternehmen und Scheidung:

 Gehen Eltern auseinander und schließen sich aus, indem sie schlecht übereinander reden, so kommen dieser Ausschluss und die fehlende Anerkennung bei den Kindern an. Beispielsweise sieht die Mutter immer einen Teil des Vaters im Kind. Bleibt das Kind bei der Mutter, so führt das oft dazu, dass das Kind nach einer bestimmten Zeit zum Vater zieht, um den Ausschluss aufzulösen. Das funktioniert jedoch nicht. Später verlässt es dann beide. Übernimmt dieses Kind später das Unternehmen eines Elternteils, so kann es unbewusst als Reaktion auf den Ausschluss und die fehlende Anerkennung das Unternehmen zu Grunde richten.

Vergifteter Auftrag vom Chef:

Ein Buchhaltungsleiter oder IT-Leiter bekommt einen geheimen Auftrag vom Chef. Das EDV-System muss dafür an den Wurzeln umgangen werden, und kein anderer darf davon erfahren. Dieses kann zum Ausschluss von anderen Mitarbeitern führen, die auch auf das System Zugriff hätten, da der Zugriff unterbunden werden muss.

»Schuld« oder Geheimnis – kein Erfolg oder Sabotage:

Hat eine Person oder ein Unternehmen keinen Erfolg oder bringt sich selbst immer wieder um den Erfolg, so kann ein Grund darin liegen, dass die Person oder das Unternehmen früher eine Schwäche ausgenutzt hat, indem sie oder es ein in Not geratenes Unternehmen oder ein Haus bei einem Konkurs unter Wert gekauft hat. Ein weiterer Grund könnte sein, dass die Person oder das Unternehmen einer anderen Person geschadet oder ausgeschlossen hat. Beide Fälle können dazu führen, dass die Person oder das Unternehmen in Schwicrigkeiten gerät, da das System diesen Ausschluss oder diese Schuld aufheben und die geschadeten Menschen anerkannt haben will. Der Misserfolg ist als Zeichen oder Signal zu verstehen, sich mit den Systemgesetzverletzungen der Vergangenheit zu befassen und sie aufzulösen.

Ideen eingebracht und abgelehnt:
Ein Mitarbeiter bringt einen Verbesserungsvorschlag oder eine Idee ein. Der Chef lehnt diese ab. Ein halbes Jahr später präsentiert der Chef die Idee als seine. Der Mitarbeiter fühlt sich schlecht, denn es war ja ursprünglich seine Idee. Er fühlt sich ausgeschlossen. Die Systemgesetze 1,2,3,4,5 und 6 wurden verletzt.

Open Space oder Vorschlagswesen – Mitarbeiter werden einbezogen:
Werden Mitarbeiter wie beim Open Space oder durch ein Vorschlagswesen mit einbezogen, so fühlen sie sich gut, zugehörig und anerkannt. Jetzt passiert es leider oft, dass die Geschäftsführung die erarbeiteten Vorschläge nicht weiter bearbeitet und nicht kundtut, was damit passiert. Die Mitarbeiter fühlen sich dadurch ausgeschlossen, werden demotiviert und werden beim nächsten Mal nur ungern daran teilnehmen.

Fazit: Ein Open Space oder eine Mitarbeiterbefragung, wie das Vorschlagswesen oder Feedbackprogramme, sollte nur dann durchgeführt werden, wenn sichergestellt ist, dass auch hinterher damit weitergearbeitet wird und die Mitarbeiter Feedback erhalten.

Mobbing:
Aus meiner Sicht hat Mobbing als Ziel, eine Person auszuschließen – meistens als Folge vom Systemgesetzverletzungen. Allen voran Gesetz 1: »Recht auf Zugehörigkeit / kein Ausschluss« und Gesetz 4: »Früher hat Vorrang vor später« wurden verletzt. Weiter hinten im Kapitel gehe ich ausführlich auf das Thema Mobbing ein.

Unternehmensberatung / Ausschluss Mitarbeiter / Selbstausschluss Chef:

 Beziehen Unternehmensberater die Mitarbeiter nicht in die Lösungsfindung mit ein, sondern verstehen sich als Experten, die die beste Lösung kennen, so kommt es dadurch zum Ausschluss der Mitarbeiter.

Oft werden die Berater in die Unternehmen geholt, weil der Chef seine Verantwortung an sie abgeben will. Danach ist der Chef nie wieder richtig Chef, denn er hat sich selbst von seiner Verantwortung und seiner Führungsrolle ausgeschlossen.

Selbstausschluss:
Selbstausschluss ist auch Ausschluss. Wenn ein Mitarbeiter sich aus einem Team zurückzieht, obwohl die Teammitglieder ihn einladen, wirkt dieser Rückzug als Ausschluss.

»Früher vor später« verletzt (Ausschluss):
Wird im Falle eines neuen Projektes einem Dienstjüngeren oder einem Externen die Projektleitung gegeben und mit dem Dienstältesten wurde nicht gesprochen, so fühlt er sich ausgeschlossen. Er wird den Externen oder Dienstjüngeren ablehnen. Der Externe wird von Anfang an, ohne den Grund zu kennen, Probleme haben.

Leistungsorientierte Bezahlung oder Incentive-System (Ausschluss):

 Leistungsorientierte Bezahlung führt häufig zu Ausschluss, fehlender Anerkennung und Demotivation, da die Bewertungskriterien ungenau sind und immer ein persönlicher Faktor mitspielt. Die Mitarbeiter empfinden die Bewertung oft als ungerecht und unausgeglichen, auch wenn es abgesprochene Kriterien dafür gibt. Sie fühlen sich nicht richtig gesehen und ausgeschlossen.

Dienst nach Vorschrift oder ein Mitarbeiter lässt Dinge mitgehen:
Sind die ersten drei Systemgesetze – »Recht auf Zugehörigkeit / kein Ausschluss«, »Recht auf Anerkennung« und das »Recht auf Gleichgewicht« – verletzt, so macht der Mitarbeiter »Dienst nach Vorschrift« oder er stiehlt ohne schlechtes Gewissen. Beides ist als versuchter Ausgleich für die Verletzungen anzusehen. Es reicht jedoch nie aus, um die Verletzungen aufzuheben.

Zu wenig Zeit:

 Heutzutage reden viele Menschen davon, dass sie zu wenig Zeit haben oder dass das Leben immer hektischer und schneller wird. **Zeit haben heißt, Anerkennung geben!** Nehmen Sie sich genügend Zeit für den Mitarbeiter, den Kunden, den Zulieferer und auch für sich selbst, damit drücken Sie Anerkennung aus, und das kommt positiv bei dem anderen an. Das Argument, keine Zeit zu haben, ist untauglich, denn es ist vielleicht auf der Sachebene begründet, führt aber zu Systemgesetzverletzungen, zu fehlender Wertschätzung und zu Ausschluss.

Verschiebung oder Doppelung:

Es kommt immer wieder vor, dass ein Mitarbeiter und sein Chef Probleme miteinander haben. Die Ursache kann eine Systemgesetzverletzung in der Familie des Mitarbeiters sein, die er unbewusst auf das Firmensystem überträgt oder verschiebt.

Beispiel:

Mitarbeiter »A« hat mit seinem Vater Probleme. Der Vater ist in seinem Verhalten seinem Sohn gegenüber nicht wirklich Vater, und der Sohn kann den Vater dadurch nicht richtig anerkennen. Dieses Problem kann er als Mitarbeiter auf seinen Chef übertragen. Der Chef steht dann unbewusst für den Vater. Der Mitarbeiter kann dann auch den Chef nicht richtig anerkennen, und es entstehen die entsprechenden Auswirkungen.

Generell kann gesagt werden, dass Systemgesetzverletzungen im Familiensystem einer Person oft unbewusst auf Firmensysteme übertragen werden – mit der Hoffnung des Familiensystems, diese Verletzungen aufzuarbeiten (vgl. Bischop 2012).

 **Konflikt austragen vor Gericht:**

Nach meiner Erfahrung stehen in den meisten Fällen Systemgesetzverletzungen hinter Konflikten, die vor Gericht ausgetragen werden. Ansonsten hätten die Parteien ihren Konflikt schon selbst gelöst. Als Beispiel können Sie an Nachbarschaftskonflikte denken.

Mahnsachen (»Nicht einmal gemeldet hat er sich«):
Gehen Menschen vor Gericht, so geht es meistens nicht darum, dass der Schuldner nicht bezahlen kann. Wenn der Konflikt eskaliert, liegt es meistens an Systemgesetzverletzungen. Meldet sich der Schuldner nicht von sich aus oder nicht nach dem ersten Erinnerungsschreiben, so fühlt sich die andere Seite nicht respektiert. Oft höre ich dann: »Er hätte sich nur melden zu brauchen und seine schwierige Situation erklären können, dann hätten wir eine Lösung gefunden. Aber so? Nicht einmal gemeldet hat er sich!«

Beschwerden und Servicequalität
Hinter Beschwerden stecken unerfüllte Wünsche und Bedürfnisse von Kunden. Werden Beschwerden von den Unternehmen als Chance für Verbesserungen und als Kundenbindung genutzt, so erfährt der Kunde Anerkennung und Wertschätzung. Oft sehen Unternehmen und deren Mitarbeiter Beschwerden aber als lästiges Übel oder Angriff an. Es kommt dadurch zu einer Eskalation der Situation, denn der Kunde sowie der Mitarbeiter fühlen sich gegenseitig nicht wertgeschätzt.

Eine Servicequalität lässt sich effektiv aufbauen, wenn die Systemgesetze beachtet werden (vgl. Bestmann und Leyer 2007).

Anstand und Respekt:
Ein Geschäftsführer und einer seiner Abteilungsleiter kamen nicht mehr miteinander zurecht. Dem Geschäftsführer platzte immer wieder der Kragen, und er ließ seine Wut an dem Abteilungsleiter aus, wofür er sich aber sogleich entschuldigte. Nachdem alle möglichen Systemgesetzverletzungen wie »Früher vor später« oder »Ausschluss« abgeklärt und keine weiteren zu erkennen waren, fand der Geschäftsführer auf die Frage: »Gab es eine Zeit, wo es noch gut war?« keine Antwort. Es blieb ein Rätsel, wo die Ursachen für den Konflikt zu finden waren. Der Abteilungsleiter hatte seit

seiner Einstellung ins Unternehmen bis zum ersten Wutausbruch des Geschäftsführers das Gefühl, das alles in Ordnung war. Auf mehrmaliges Nachfragen, wie sie sich denn kennen gelernt hätten, wurde dem Geschäftsführer klar, was der Auslöser für sein Verhalten gewesen war.

Beim Einstellungsgespräch des Abteilungsleiters waren beide Geschäftsführer anwesend. Der Abteilungsleiter sprach beide jeweils mit »Sie« an; redete er aber vom Unternehmen und sprach beide Geschäftsführer an, so verwendete er das Wort »ihr«, denn er hatte die positive Absicht, Nähe und Einsatz für das Unternehmen zu zeigen.

Dieses »ihr« empfand der Geschäftsführer als eine respektlose Grenzüberschreitung. Das Systemgesetz Nr. 2: »Recht auf Anerkennung, Wertschätzung und Respekt« war verletzt worden. Allerdings war der Geschäftsführer in der Situation nicht stark genug, sein Missfallen gleich auszusprechen. Er schluckte es hinunter. Auf diese Verletzung und seine Schwäche sammelten sich immer mehr Verletzungen, und es kam zum ersten großen Knall, einem Wutausbruch. Der Abteilungsleiter wusste nicht, wie ihm geschah und war sich keines Fehlverhaltens bewusst.

Als der Geschäftsführer dann seine Verletzung aussprach, war der Abteilungsleiter sehr überrascht. Er konnte sagen, dass es nicht seine Absicht war, den Geschäftsführer zu verletzen und dass es ihm Leid tat!

Dadurch wurde die Verletzung aufgehoben, das unangenehme Gefühl im Bauch löste sich auf. Umgangssprachlich sage ich gerne: »Die Faust wurde aus dem Bauch herausgezogen«. Der Geschäftsführer konnte dann die Spirale rückwärts aufräumen. Er sagte: »Dann wäre ich später auch nicht explodiert. Es tut mir Leid, dass ich Sie damit verletzt habe. Und ich habe einen Fehler gemacht, denn ich hätte es sofort aussprechen müssen!«

Auf der Sachebene sagte der Abteilungsleiter noch: »Ich wollte durch das »ihr« Nähe und Einsatz zum Unternehmen zeigen; dass dieses so eine Auswirkung haben konnte, ist mir nie in den Sinn gekommen.« Die Sachebene auszusprechen ist jedoch nicht nötig, um eine Verletzung aufzulösen, es kommt eher beim Verletzten als Rechtfertigung an. Wichtiger ist es, das verletzte Gefühl zu sehen und anzusprechen.

Immer wieder kommt es – ohne böse Absicht und ohne bewusstes Wissen – zu Systemgesetzverletzungen. Wendet der Verletzte dann nicht das Systemgesetz Nr. 9: »Aussprechen / anerkennen, was ist«, an, so verändert er seinen Blick. Als Metapher ausgedrückt, ersetzt er seine rosarote durch eine schwarze Brille und sammelt fleißig weiter Verletzungen. Außerdem schlägt er durch Verletzungen auf der anderen Seite zurück, welches zu einer Abwärtsspirale führt.

Viele Menschen müssen jedoch erst lernen:
- Verletzungen bewusst wahrzunehmen und sie einzuordnen
- genügend Kraft und Selbstvertrauen zu haben – um
- ihr Gefühl der Verletzung auszusprechen (ohne Anschuldigung oder Vorwurf – nur das Bauchgefühl mitteilen)
- zeitnah Verletzungen zu lösen
- weit zurückliegende Systemgesetzverletzungen nicht zu unterdrükken, sondern sie ebenfalls auszusprechen, denn Systemgesetzverletzungen wirken zeitlos.

In einer Organisation kommt es nicht nur zwischen einzelnen Mitarbeitern oder zwischen der Führungskraft und dem Mitarbeiter zu Verletzungen auf der Systemgesetzebene, sondern auch durch Veränderungen in der Organisation. Beispiele dafür wurden oben angeführt, wie Fusionen oder Nachfolge. Deshalb werden nun die Systemgesetze im Zusammenhang mit der Organisationsentwicklung vorgestellt. Auch hier sind sie das Fundament.

Die Systemgesetze und die Organisation

Eine systemische und integrale Organisationsentwicklung ist eingebettet in ein Dreieck. Eine Ecke steht für Strategie/Vision/gemeinsamer Geist. Die zweite Ecke bedeutet Struktur (beispielsweise Linien-, flache Hierarchie, Abläufe) und die dritte Ecke stellt die Kultur (Kommunikation, Beziehung, Teamgeist) dar.

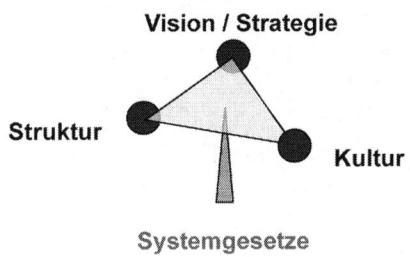

Vision / Strategie: Wofür steht die Organisation? Werte, Vision, Leitbild, was wird gelebt?
Darunter wird die Ausrichtung des Unternehmens, die langfristige Zukunft und Planung verstanden, beispielsweise ob eine Fusion durchgeführt oder wie die Firma am Markt positioniert werden soll.

Struktur: Hierarchie, Zuständigkeit, Rollen, Perspektiven, Arbeitsabläufe, Prozesse, Informationsfluss
Damit sind die Hierarchieebenen und -ordnungen sowie die Prozessabläufe gemeint, etwa Outsourcing oder Projektmanagement.

Kultur: Fehlerkultur, Feedback, Verlässlichkeit, Offenheit, Motivation
Dahinter verbergen sich die interne und externe Kommunikation, die zwischenmenschlichen Beziehungen, welcher Team- oder Unternehmensgeist gelebt wird.

Systemgesetze: Betrachtet man das Dreieck als ein Mobile, so sieht man, dass dieses Dreieck durch Verletzung der Systemgesetze aus dem Gleichgewicht gebracht wird.

Ein Beispiel: Eine Firma führt eine Software zur Zeiterfassung ein.
- Dazu wird die Struktur, also die Prozesse sowie die EDV, verändert. Diese Einführung kann zu Systemgesetzverletzungen führen:
- Wurden die Mitarbeiter nicht genügend eingebunden, so fühlen sie sich übergangen.
- Wurde die alte Kultur berücksichtigt? Wenn die alte Struktur ohne Zeiterfassung lief und die Kultur freie Zeiteinteilung und Vertrauen bedeutete, so kann diese neue Zeiterfassung zu Ängsten führen. Die Mitarbeiter fühlen sich überwacht. Sie fühlen sich und ihre alte Kultur ausgeschlossen.

Wird durch externe Berater, z.B. Softwarefirmen zur Einführung einer neuen Software oder klassische Unternehmensberater zur Umstrukturierung, dieses Dreieck von Vision, Struktur und Kultur, und vor allem die Systemgesetze, nicht berücksichtigt, so kommt es zu Verletzungen.

Erst wenn alle drei Ecken des Dreiecks sowie die Systemgesetze bei Veränderungen in Organisationen integriert werden, kann es zu einer erfolgreichen und nachhaltigen Lösung kommen.

Handwerkszeug: Fragen zur Auftragsklärung

Hier eine Liste von möglichen Fragen zur Auftragsklärung als Coach für ein Erstgespräch in einem Unternehmen oder einer Organisation, die alle drei Ecken und die Systemgesetze berücksichtigen:

Vision / Strategie:

Vision / Werte
- Wofür steht das Unternehmen?
- Welche Werte sind vorherrschend?
- Was ist die Vision? [Nicht nur Geld als Vision!]

Leitbild
- Was ist das Leitbild?
- Wenn vorhanden, wird es gelebt?
- Wie viel davon wird gelebt?
- Verbesserungen

Strategie
- Welche Strategie verfolgt die Organisation?
- Welche strategische Ausrichtung liegt vor?

Struktur:

Informationsfluss
- Werden Informationen weitergegeben?
- Wie rechtzeitig geschieht dieses?
- Gibt es Engpässe?
- Liegen kritische Schnittstellen vor?
- Verbesserungen?

Zuständigkeiten / Rollen
- Welche Rollen gibt es?
- Arbeitsplatzbeschreibung?
- Wofür gibt es Zuständigkeiten?
- Verbesserungen?

Verantwortlichkeiten
- Hierarchieebene – liegt eine lineare oder gestufte Verantwortung vor?
- Wie ist das Selbstverständnis?
- Wird delegiert und kontrolliert?
- Welche Aufgaben könnten delegiert werden?

Kompetenzen
- Sind die Kompetenzen erkannt?
- Werden die Kompetenzen richtig eingesetzt?
- Was machen die Mitarbeiter besonders oder gar nicht gerne?
- Sind berufliche Perspektiven vorhanden?
- Welche Schulungen werden gebraucht?

Abläufe und Strukturierung
- Sind die Arbeitsabläufe optimal?
- Gibt es Doppelarbeit?
- Verbesserungen?
- Sollte eine Umstrukturierung erfolgen?

Kultur:

Fehlerkultur
- Dürfen Fehler gemacht werden?

Feedback
- Gibt es ein 360-Grad-Feedback, d.h. Feedback vom Vorgesetzten, vom Kollegen auf gleicher Ebene, vom Mitarbeiter und vom Kunden?
- Wie wird Feedback gegeben?
- Wie ist die Feedbackhaltung? Ist sie wertschätzend?
- Wird Lob ausgesprochen?
- Was macht der Vorgesetzte oder der Mitarbeiter besonders gut?

Verlässlichkeit
- Werden Absprachen eingehalten und pünktlich erledigt?
- Verbesserungen?

Offenheit
- Wie offen ist das Unternehmen, die Abteilungen in sich und untereinander und auf den Hierarchieebenen?

Motivation
- Wie motiviert sind die Mitarbeiter und Chefs auf der Skala von 0–100?
- Verbesserungen?
- Lassen sich Demotivationspunkte ausmachen?

Systemgesetze als Fundament:
- Werden die Systemgesetze eingehalten?
- Welche Systemgesetzverletzungen liegen vor?

Umgang mit Konflikten und Mobbing

Mobbing

Im englischsprachigen Raum gibt es für den Begriff Mobbing (engl. mob: Meute, Bande) noch folgende Bezeichnungen:
- Bossing: Chef (Boss) mobbt einen Mitarbeiter
- Staffing: Mitarbeiter (Staff) mobben den Chef
- Bullying (engl. bully: Rüpel, gemeiner Kerl): Hauptsächlich als Bezeichnung für Mobbing in der Schule benutzt (und in England allgemein für Mobbing benutzt)

Systemgesetzverletzungen als Ursache für Mobbing

Mobbing sind Konflikte, deren Ursache nicht auf der Sachebene zu finden ist.

Symptome für Mobbing: Ausschluss, schlecht machen, behindern, verletzen, bloßstellen, Informationen zurückhalten, unterschwellige, versteckte oder offene Aggressionen. Das Ziel ist Ausschluss!

Folgen von Mobbing: Rückzug, Täter/Opfer-Denken, Schuld-Denken oder Krankheit

Mögliche Ursachen für Mobbing:
1. **Systemgesetze (1–10),** die direkt oder indirekt verletzt werden, z.B. unklare Zuständigkeiten, Rollen, Verantwortung, Aufgaben oder Kompetenzen, ungerechte Arbeitsverteilung, Über- und Unterforderung, Schattenhierarchie, widersprüchliche Anweisungen, mangelnder Handlungsspielraum, Kooperationszwänge, Mängel in der Kommunikationsstruktur, tiefgreifende organisatorische Veränderungen, Führungsschwäche, fehlende Anerkennung für den Chef...

2. **Beziehungsebene wirkt auf die Systemgesetzebene:**
Konflikte auf der Beziehungsebene wirken sich auf die Systemgesetzebene aus und gehen dort in die Konfliktschleifen.

3. **Unbewusster oder nicht ausgesprochener Konflikt:**
Der Konflikt und seine Ursache sind entweder nicht bewusst oder sie sind bewusst, werden aber totgeschwiegen.

Handwerkszeug: Was tun, wenn ein Mitarbeiter einen Konflikt in der Gruppe meldet oder wenn Mobbing vorliegt?

Es ist hilfreich, als Personalabteilung, Betriebsrat, Führungskraft, Coach oder Mediator nicht in Schubladen wie Täter/Opfer oder Schuld zu denken, sondern zu wissen, dass es viele Ursachen und Verantwortliche gibt.

Sie lernen im Folgenden ein von mir in der Praxis erprobtes Vorgehen kennen. Zuerst als Überblick, danach die jeweiligen Details.

Mögliches Vorgehen im Überblick:

I.   Ursachen finden
II. Systemogramm (Systemgesetze) ausarbeiten   } Einzelarbeit
III. Zeit/Ursachen-Diagramm ausarbeiten   oder im Team
IV. Weiteres Vorgehen klären
V. Konflikt auflösen in/mit der Gruppe mit Hilfe der Methoden von I.–IV. und/oder anderen weiteren Methoden
VI. Gruppen-/Teamentwicklung

Wichtig:
Aussprechen und anerkennen, was ist! – Jederzeit, wenn es sich ergibt, durchführen!

Um die Vorgehensweise zu verdeutlichen, folgendes Beispiel:
Ein Mitarbeiter bezeichnet sich als Mobbingopfer. Ich arbeite zunächst nur mit diesem Mitarbeiter.

I. Ursachen finden

- Auf welcher Ebene liegt der Konflikt? Auf der Sach-, Beziehungsebene oder Systemgesetzebene
- Systemgesetze vorstellen

II. Systemogramm ausarbeiten

- Organigramm aller Konfliktbeteiligten aufzeichnen, Dienstalter eintragen
- Inoffizielle Hierarchien wie Schattenebenen aufzeichnen
- Konfliktpfeile mit Richtung aufzeichnen und mit den entsprechenden Nummern der Systemgesetze, die verletzt wurden, beschriften. Im folgenden Bild wird ein Systemogramm verdeutlicht.

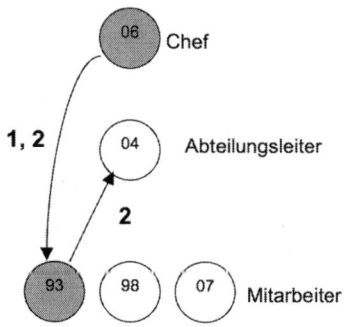

Pfeile und die Zahlen 1-10 geben die Systemgesetzverletzungen an. Die Pfeilrichtung verläuft vom Verursacher zum Betroffenen.

In der Abbildung fühlt sich der Mitarbeiter, der seit 1993 im Unternehmen ist, vom Chef ausgeschlossen (1) und nicht respektiert (2). Der Abteilungsleiter fühlt sich vom Mitarbeiter, der seit 1993 im Unternehmen ist, nicht anerkannt (2).

Das Aufzeichnen des Systemogramms mit den entsprechenden Systemgesetzverletzungen wirkt erleichternd und lösend, denn hier wird das neunte Systemgesetz: »Aussprechen / anerkennen, was ist« durchgeführt. Gleichzeitig werden die Zusammenhänge deutlich und es ergibt sich ein umfassenderes Bild. Jeder kann so seine Verantwortlichkeiten und auch die der anderen erkennen.

Als Personalabteilung, Betriebsrat oder Konfliktvermittler gilt es, auch unangenehme Aspekte aufzudecken und auszusprechen.

Beim Mobbing werden oft gerade die wichtigen und entscheidenden Dinge nicht ausgesprochen, wodurch der Konflikt weiter anschwillt.

III. Zeit / Ursachen-Diagramm ausarbeiten

- Welchen zeitlichen Verlauf hat die Konfliktgeschichte genommen?
- Wann fing es an? Es gilt, den ersten Auslöser zu finden.
- Gab es eine Zeit, in der noch alles in Ordnung war? Ressourcen finden.

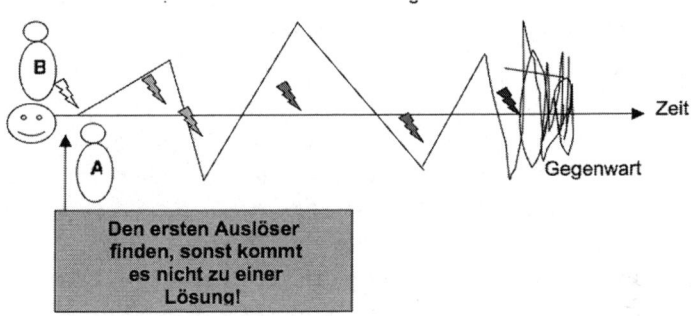

Die Konfliktenergie ist kurz vor oder in der Gegenwart sehr hoch. Deshalb ist es nicht sinnvoll, sich den Konflikt um die Gegenwart herum beschreiben zu lassen, da es sonst zu einem »Durchbrennen« kommen kann und die Lösung so verhindert wird. Deshalb ist die Frage: »Wann war es noch gut?« notwendig, um weiterarbeiten zu können.

Wird der erste Auslöser gefunden, und sind die gegenseitigen Verletzungen, die durch Reaktion auf Reaktion auf Reaktion entstanden sind, nicht zu groß, so lässt sich weiterarbeiten.

Wichtig ist, dass der Mitarbeiter erkennt, welchen Anteil er an der Situation hat und welche Anteile die anderen tragen. Er sollte erkennen, dass es keine Schuld oder Täter und Opfer gibt, gleichwohl aber jeder sich seiner Verantwortung bewusst wird und sie trägt.

Sind jedoch die Verletzungen so groß, dass sehr viel Wut beim Betroffenen vorhanden ist, so muss zuerst das weiter oben beschriebene Vorgehen zum Wutabbau durchgeführt werden. Sonst hindert diese vorhandene Wut ein weiteres Vorgehen.

IV. Weiteres Vorgehen klären

- Beispielsweise weitere Mitarbeiter oder Chefs mit einbeziehen (Einzelgespräche mit den anderen Konfliktpartnern und dann zusammen als Paare oder im Team)
- Ist ein Coaching sinnvoll?
- Förderer, Verbündete, Kritiker, Betroffene ausfindig machen und »ins Boot holen«
- Mediation oder Moderation mit der gesamten Gruppe oder zuerst mit Teilgruppen

Ursachen für Konflikte in Gruppen und Mobbing liegen oft darin, dass die zuständigen Führungskräfte sich Ihrer Verantwortung für bestimmte Abläufe und Auswirkungen von Systemgesetzverletzungen nicht bewusst sind. Oder die führungsschwachen Chefs können nicht ihre Verantwortung übernehmen.

Umso wichtiger ist es, die Führungskräfte mit einzubeziehen. Damit sie das nötige Wissen erlangen und evtl. durch Coaching führungsstärker werden.

V. Konflikt auflösen

- Die Konfliktbeteiligten, also die Gruppe, erarbeiten gemeinsam die Schritte I bis III. Sie finden die Ursachen und stellen ein Systemogramm sowie ein Zeit-/ Ursachen-Diagramm auf.
- Aussprechen lassen, was ist!
- »Es tut mir Leid« mit der entsprechenden Haltung aussprechen lassen
- Ausgleich finden lassen
- **Lernschritte und Aufgaben ausarbeiten.** Beispielsweise strukturelle Verbesserungen, der Chef nimmt die Chefhaltung an, Rollen werden festgelegt oder der Mitarbeiter lernt, den Chef anzuerkennen, obwohl er fachlich kompetenter ist. Diese Themen lassen sich im Coaching bearbeiten.
- Themen auf der Beziehungsebene und auf der Sachebene werden geklärt und aufgelöst, und daraus ergeben sich Handlungsanweisungen, z.B. eine To-do-Liste oder ein Aktionsplan.

Systemgesetzverletzungen entstehen in der Regel aus einer positiven Absicht – auf der Sachebene oder sogar auf der Systemgesetzebene.

Die daraus resultierende Auswirkung und Verletzung auf der Systemgesetzebene aufzudecken und dann auszusprechen, dass diese nicht beabsichtigt war, wirkt Wunder.

Wiederholung: Systemgesetzverletzungen auflösen

> Der Schlüssel zum Auflösen von Systemgesetzverletzungen ist das Gesetz 9: »Aussprechen und anerkennen, was ist« und das Gesetz 10: »Ausgleich«.

Beispiel: A und B sind die Konfliktpartner, die beide stark und ausgeglichen sind im Sinne der Kräfte ihrer Ahnen. A wurde von B in einer Situation, die er schildert, verletzt. Es ist die früheste Verletzung.

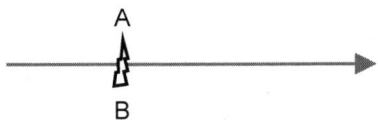

Schritt 1. Der Mediator M motiviert A, seine Gefühle in der damaligen Situation auszudrücken.

A spricht seine Verletzung aus: »Ich fühle mich nicht respektiert, nicht gesehen, übergangen, …, mein Hals schnürt sich zu, ich habe Magenschmerzen, …«

M zu B: »War es Ihre Absicht, dass die Gefühle bei A entstehen?«

B normalerweise: »Nein, es war nicht meine Absicht! Es tut mir Leid!«

(B sollte hier nicht auf der Sachebene erklären, was seine positive Absicht war oder warum er so gehandelt hat, denn dieses kommt meistens als Rechtfertigung beim Betroffenen an und hebt die Wirkung der Aussage: »Es tut mir Leid« wieder auf.)

M zu A: »Ist B's Aussage angekommen?«

Sagt A ja, geht es weiter mit Schritt 2.

Sagt A nein, so beschreibe ich das weitere Vorgehen nach Schritt 5.

Schritt 2. A lässt eventuell vorhandene Wut, Trauer oder andere Lasten heraus und B nimmt sie auf. Dieses heilt die Verletzung von A vollständig.

Schritt 3. Nun ist es normalerweise so, dass A wegen seiner in der damaligen Situation verletzten Gefühle seinerseits B in einer darauf folgenden Situation verletzte. Die gilt es jetzt aufzulösen.

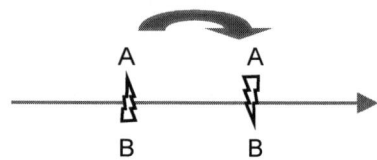

Also durchläuft B jetzt den Prozess, den A vorher durchlaufen hat. So wird auch seine Verletzung geheilt.

Schritt 4. Von da an gehen beide Partner mit den Schritten 1–3 durch jede Konfliktsituation bis zur Gegenwart hindurch. Damit lösen sich alle Verletzungen auf.

Schritt 5. Die beiden Partner gehen noch ein paar Schritte in die Zukunft und durchleben mit den geheilten Gefühlen mögliche neue Situationen und wie sie sich dort angemessen verhalten.

 Sind alle Verletzungen aufgelöst, so kann langsam Vertrauen wachsen. Es ist wie mit einer ganz kleinen Pflanze, die gesät wurde und die dann vorsichtig gehegt und gepflegt werden muss. Ein falscher Schritt kann alles zunichte machen.

Deshalb ist es so wichtig, selbst die Fähigkeiten zum Auflösen von Systemgesetzverletzungen zu erlernen. Denn es wird immer wieder zu Verletzungen kommen.

(**A sagt nein**) Sagt A auf die Frage des Mediators: »Ist B's Aussage angekommen?« nein, so können zwei mögliche Gründe dafür vorliegen.

Einerseits könnte es sein, dass A so voller Wut steckt, dass nichts ankommen kann. Dann muss zuerst die Wut von A abgebaut werden, wie weiter oben beschrieben.

Andererseits könnte es sein, dass vor dieser Systemgesetzverletzung B von A verletzt wurde, was beiden nicht mehr bewusst ist.

Es gab doch noch eine frühere Verletzung von A zu B

Hier gilt es, diese herauszufinden und dann im oben beschriebenen Format (beginnend mit Schritt 1, bei vertauschten Rollen) weiterzumachen.

Beispiel: Es gibt zwei Teams, jedes mit einem Teamleiter. Nach einer Umstrukturierung im Büro überlässt der Abteilungsleiter den beiden Teamleitern die Entscheidung, wer welchen Büroplatz erhält.

Aus sachlichen Gründen bekommt der dienstältere Teamleiter den schlechteren Platz. Er macht dem Geschäftsführer gegenüber die spaßig verpackte Aussage: »Da muss ich ja ein Oberlicht einbauen lassen.«

Der Geschäftsführer und der Abteilungsleiter sind im Gespräch mit mir. Beide kennen die Systemgesetze. Der Geschäftsführer berichtet von der Bemerkung des Teamleiters. Daraufhin sage ich zum Abteilungsleiter: »Sie haben Ihre Verantwortung zur Lösung an Ihre Teamleiter abgegeben, denn Sie haben den beiden die Entscheidung überlassen. Es wäre besser gewesen, das Dienstalter zu berücksichtigen und dem Dienstälteren die Wahl zu überlassen!«

Der Abteilungsleiter spricht daraufhin mit dem Teamleiter. »Es war nicht meine Absicht, dass es Ihnen nicht gut geht, es tut mir Leid. Sie sind länger hier in der Firma, Sie haben Vorrang und hätten den Platz auswählen dürfen!« Daraufhin verändert sich die Haltung des Teamleiters, und er fühlt sich wieder gut. Die sachliche Platzvergabe bleibt bestehen, aber die Beziehung zwischen dem Teamleiter und dem Abteilungsleiter ist wieder in Ordnung.

Handwerkszeug: Ein Coachingformat für die Ressourcenarbeit

Voraussetzung für die Auflösung von Systemgesetzverletzungen sind ausgeglichen starke Menschen im Sinne der Kräfte der Ahnen. Anhand von Führungskräfteverhalten werden die Kräfte der Ahnen dargestellt. Führungskräfte, die als weich bezeichnet werden, versuchen mit allen eine gute Beziehung zu leben, gehen dafür aber oft Konflikten aus dem Weg oder übernehmen nicht genügd Verantwortung.

Führungskräfte, die als hart bezeichnet werden, haben vor allem Ziele und Zahlen im Fokus, vernachlässigen aber oft die menschliche Seite.

Unausgeglichen kraftvolle Führungskräfte, also zu harte oder zu weiche, werden Verursacher von Systemgesetzverletzungen.

Ausgeglichen kraftvoll sind Führungskräfte, die die weiche und die harte Seite gleichzeitig zur Verfügung haben. Sie können dann liebevoll konsequent sein oder nett und streng.

Ausgeglichen starke Menschen fühlen sich sicher und sind voller Selbstvertrauen.

Diese Kräfte der Ahnen werden von den Eltern jeweils an die Kinder weitergegeben. Voraussetzung für eine vollständige Weitergabe ist jedoch, dass keine gravierenden Systemgesetzverletzungen bei den Eltern oder weiteren Vorfahren vorliegen. Diese Systemgesetzverletzungen lassen sich jedoch in einer Aufstellung oder einer inneren Aufstellung vom Betroffenen bearbeiten, so dass die Kräfte ihm danach voll zur Verfügung stehen.

Ist die Voraussetzung, dass beide Konfliktpartner stark und ausgeglichen sind im Sinne der Kräfte ihrer Ahnen, nicht gegeben, so muss der Coach mit jedem einzeln die Formate »Kräfte der Ahnen« und »Neuprägung« durchführen (vgl. Bischop 2012).

Erst danach kann dann mit den oben beschriebenen Schritten mit beiden Partnern weitergearbeitet werden.

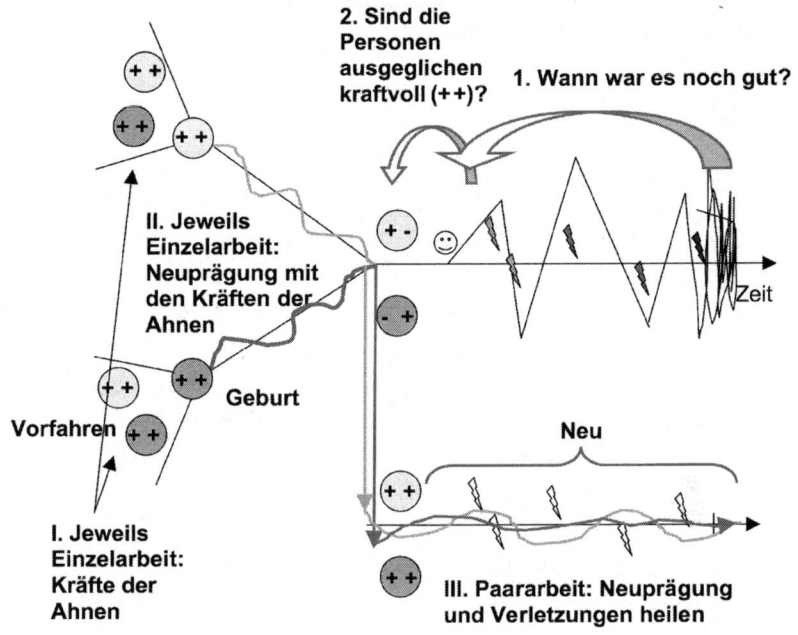

VI. Gruppen- und Teamentwicklung

Nachdem der Konflikt gelöst ist, sollen die Zusammengehörigkeit, das gemeinsame Ziel, die Vision gefördert werden. Methoden wie Teamcircle, Gruppenmindmap, Visionsarbeit oder Teammetapher sind dafür geeignet.

Im nächsten Abschnitt wird die Erweiterung der klassischen Mediation durch die Systemgesetze und die Systemgesetzebene vorgestellt.

Systemische Mediation: Die klassische Mediation, um die Systemgesetze verändert und erweitert

Die klassische Mediation besteht aus fünf Phasen:

1. Auftragsklärung
2. Themen und Positionen
3. Interessen (Sachebene und Beziehungsebene)
4. Lösung
5. Vereinbarung

Diese klassische Herangehensweise ist abgeleitet vom Verhandlungsmodell des Havardkonzeptes. Im Havardkonzept werden die Positionen, also der jeweilige Standpunkt, getrennt von den Sach-Interessen, die hinter den Positionen stehen.

 **Ein Beispiel aus dem Havardkonzept:**
Zwei Töchter streiten sich um eine Orange. Sie gehen zu ihrer Mutter, damit sie es klärt. Die Positionen der Töchter lauten jeweils: Ich will die Orange.

 Sachebene
Denken
Positionen
Sachinteressen

Frage ich Menschen, wie sie diese Sache angehen würden, so erhalte ich sehr oft die Antwort: Teilen – jeder bekommt die Hälfte.

Gehen wir nun einen Schritt weiter und fragen nach den Sachinteressen, also warum es für die jeweilige Tochter wichtig ist, die Orange zu besitzen. Da gibt es folgende Interessen:
Die eine Tochter möchte den Saft trinken, und die andere Tochter benötigt die Schale zum Kuchenbacken. Die Lösung ist also ganz einfach: Die eine Tochter erhält den Saft, die andere die Schale.

So lässt sich auf der Sachebene eine Gewinner-Gewinner-Situation herstellen. Hätten beide nur die Hälfte erhalten, wäre keine wirklich zufrieden gewesen.

Diese Lösungsstrategie befindet sich noch auf der Sachebene, auch wenn nach den Sachinteressen hinter den Positionen gefragt wird.

Betrachten wir nun die Beziehungsebene und die dortigen Interessen, so geht es häufig um: »Wir wollen auch weiterhin zusammen arbeiten.« Oder: »Wir wollen eine gute Beziehung behalten oder wieder bekommen.«

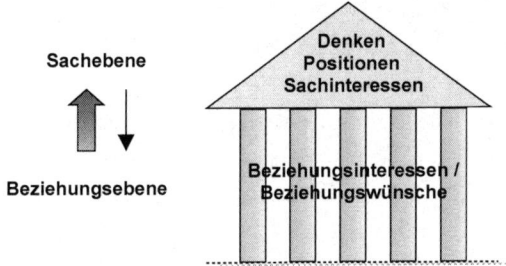

Diese 5-Phasen-Vorgehensweise ist sinnvoll, solange es sich nicht um Konflikte auf der Ebene der Systemgesetzverletzungen handelt.

Wie wir gesehen haben, treten jedoch sehr viele Konflikte auf der Systemgesetzebene auf.

Deshalb erweitere ich das Orangenbeispiel nun um die Systemgesetzebene.

 Liegt zwischen den Töchtern eine Systemgesetzverletzung vor, hat vielleicht die eine in der letzten Zeit alle Orangen bekommen (das Gleichgewicht stimmt nicht), oder die andere wurde wiederholt übergangen, so wird die Frage nach den Sachinteressen nicht zu einer Lösung führen.

Es ist dann egal, ob die eine den Saft zum Trinken möchte, denn dann sagt die andere, dass sie den Saft auch zum Backen brauche, selbst wenn sie ihn nicht benötigt. Unbewusst will die Verletzte den Konflikt aufrecht erhalten, damit es zu einer grundlegenderen Lösung, also zur Auflösung der Systemgesetzverletzungen, kommt.

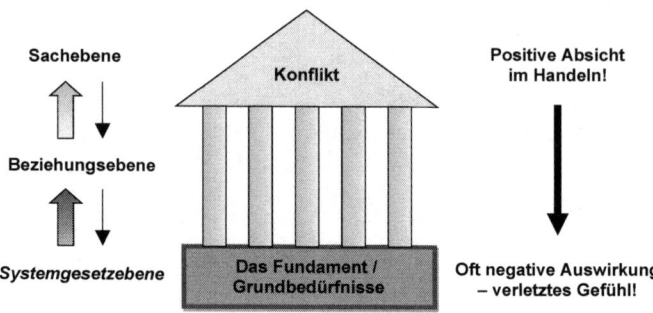

Solange Systemgesetzverletzungen und die verletzten Gefühle nicht aufgelöst werden, ist es nicht sinnvoll, nach Interessen zu fragen, denn sie führen nicht zu einer wirklichen Lösung. Das Fundament bleibt brüchig.

In diesem Fall ist die 5-Phasen-Vorgehensweise nicht sinnvoll. Hier geht es nicht um die Sammlung von Themen und Interessen, sondern darum, herauszufinden, wann die früheste Verletzung geschah. Wie man diese Verletzungen heilt, ist weiter oben beschrieben.

Klassische Mediation	Systemische Mediation
Auftragsklärung	Auftragsklärung
Themen und Positionen Interessen Lösung	Systemgesetzebene sowie System- gesetzverletzungen aussprechen und auflösen
Vereinbarung	Aktionsplan

In der systemischen Mediation, die die Systemgesetzebene berücksichtigt, fallen die drei klassischen Ebenen – Themen und Positionen, Interessen und Lösung – in einer zusammen. Das Aussprechen einer Systemgesetzverletzung ist gleichzeitig ein sehr wichtiges

Thema, ein Interesse und auch ein Teil der Lösung. Geht der Konfliktpartner nun auf diese Verletzung ein, indem es ihm Leid tut, so kommt es zu einer generellen Klärung und Lösung.

Fazit: Klären Sie in einer Mediation, in einer Verhandlung oder in einem Mitarbeitergespräch zuerst, auf welcher Ebene der Konflikt liegt, auf der Sach-, Beziehungs- oder Systemgesetzebene. Liegt er auf der Sachebene, dann können Sie die klassische Mediation mit den fünf Phasen anwenden. Befindet er sich aber auf der Beziehungs- oder Systemgesetzebene, so sollten Sie die fünf Phasen nicht mehr anwenden, sondern das oben beschriebene Vorgehen.

Systemgesetzverletzungen werden oft in Systemaufstellungen aufgedeckt und gelöst. Deshalb erfahren Sie nun mehr über das Verfahren von Systemaufstellungen in ihren unterschiedlichen Anwendungsweisen.

Systemaufstellungen

Wenn das Verhalten immer wieder unvernünftig erscheint, es dennoch nicht geändert werden kann, kann dieses mit verborgenen Systemgesetzen in der Familie, der Organisation und einem selbst zu tun haben. Wenn eine Person keine langfristige feste Beziehung eingehen kann oder wenn jemand ohne ersichtlichen Grund immer wieder von Verlassenheits- oder Todesangst überfallen wird und bislang alle anderen Coaching- oder Therapiemittel nicht weiter geholfen haben, dann bieten die System-Aufstellung und die innere Aufstellung eine Lösungsmöglichkeit.

In einer System-Aufstellung wird das eigene Anliegen mit der Unterstützung anderer Teilnehmer im Raum aufgestellt. Durch Befragung der Repräsentanten und systemische Prozessarbeit entwickelt sich ein kraftvolles Lösungsbild, eine handlungsweisende Metapher, die wichtige Hinweise und neue Ansätze für zukünftiges Handeln gibt.

In den System-Aufstellungen fühle ich mich nicht als Leiter, sondern als Gastgeber.

Im Gegensatz zu Hellinger und seinen direkten Schülern sollten keine direktiven Angaben oder Vorgaben vorgegeben werden, denn oft führt es zu einem Stillstand des Lösungsprozesses, und gleichzeitig stecken hinter den direktiven Vorgaben Interpretationen des Aufstellungsleiters. Auch bin ich der Meinung, dass der Aufstellungsleiter nicht seine eigenen Vorstellungen in die Arbeit einbringen muss, wie oft gelehrt wurde. Die Erfahrung zeigt, dass das direktivische Vorgehen eher hinderlich ist und das System am besten selbst seine Lösung findet. Passt die direktivische Angabe nicht ins System, so wird das System nicht darauf reagieren oder es ablehnen.

Physik, allen voran die Selbstorganisationstheorie (s. dazu das Kapitel 5: Systemik) zeigt, dass ein komplexes System nur aus sich selbst heraus eine gute Lösung finden kann. Der Aufstellungsleiter, Coach oder Mediator sollte nur Gastgeber sein, den Raum für eine Veränderung ermöglichen und das System anregen.

Eines der wichtigsten Prinzipien ist die Ökologie (s. Kapitel II), das heißt, dem System wird nichts aufgezwungen. Außerdem muss man darauf achten, dass jede Person, sei es die, die das Thema hineingebracht hat, seien es die Repräsentanten oder die Zuschauer, mindestens in der gleich guten Verfassung nach Hause gehen, in der sie gekommen sind. Hier liegt jedoch eine Schwachstelle der Aufstellungsarbeit, da sich ein Aufstellungsleiter nie sicher sein kann, dass das geschieht. Deshalb bevorzuge ich die innere Aufstellung im Einzelcoaching, die die gleiche Wirkung in der Arbeit erzeugt, jedoch ohne mögliche Nebenwirkungen auf Repräsentanten oder Zuschauer.

Drei verschiedene Aufstellungsarten und deren Kombinationen

• **Familienaufstellungen:** Hier werden unbewusste Familiendynamiken aufgedeckt und gelöst. Die Repräsentanten stehen für Familienmitglieder.

• **Organisationsaufstellungen:** In Organisationen gelten prinzipiell die gleichen Dynamiken wie in Familiensystemen. Hier stehen die Repräsentanten für die Mitglieder der Organisation, beispielsweise Chef, Mitarbeiter oder Kunde.

• **Strukturaufstellungen:** Hierunter fallen alle anderen Arten von Aufstellungen. Es lassen sich Körperteile, krankhafte Symptome (z.b. Magengeschwür), Ziele, Wünsche, Vergangenheit, Gegenwart oder Zukunft durch Repräsentanten aufstellen. Dadurch kommt es zu Informationen und Lösungswegen.

System-Aufstellung lässt sich neben der »Luxus«-Ausführung mit Repräsentanten auch im **Einzelcoaching** mit Klienten anwenden. Verschiedene Vorgehensweisen sind:

Arbeit mit Objekten auf dem Tisch:
beispielsweise mit Figuren (s. das Familienbrett), Zetteln oder im Restaurant mit der Zuckerdose, dem Bierdeckel und was sonst noch so greifbar ist.

Der Klient geht dann mit seiner Hand zum jeweiligen Objekt und spürt, wie normalerweise der Repräsentant, welche Mitteilung aus dem Feld oder System zu entnehmen ist.

Arbeit mit Platzhaltern auf dem Boden:
beispielsweise Zettel oder Stühle. Der Klient (auch der Coach hat die Möglichkeit dazu) begibt sich auf die Platzhalter und wird jeweils zum Repräsentanten.

Die Vorgehensweise nach 1. und 2. kann sehr langwierig und anstrengend sein, da der Klient durch alle Positionen hindurch geht.

Innere Visualisierung oder innere Aufstellung:
Der Klient macht eine innere Aufstellung und visualisiert innerlich die entsprechenden Personen. Meine Erfahrung damit zeigt, dass der Klient sich die Bilder nicht ausdenkt, sondern dass das innere Abbild die gleichen unbewussten Informationen hergibt wie eine äußere Aufstellung.

Besonders deutlich wird das, wenn die vorher fehlende oder zu wenig vorhandene »Kraft der Väter und Männer« und »Kraft der Mütter und Frauen« durch Auflösen von Systemgesetzverletzungen und durch Versöhnung mit dem Vater und der Mutter zum Fließen kommt.

Menschen, die als weich bezeichnet werden, versuchen mit allen eine gute Beziehung zu leben, gehen dafür aber oft Konflikten aus dem Weg oder übernehmen nicht genügend Verantwortung. Diese haben die Kräfte der Mütter und Frauen, jedoch zu wenig der Kräfte der Väter und der Männer erhalten.

Menschen, die als hart bezeichnet werden, haben vor allem Ziele und Zahlen im Fokus, vernachlässigen aber oft die menschliche Seite. Diese haben die Kräfte der Väter und Männer, jedoch zu wenig der Kräfte der Mütter und Frauen bekommen.

Ausgeglichen kraftvoll sind Menschen, die die weiche und die harte Seite gleichzeitig zur Verfügung haben. Sie können dann liebevoll konsequent oder nett und streng sein.

Die Eltern stehen in der inneren Vorstellung beide als Paar nebeneinander und hinter ihnen die weitere Ahnenreihe. Der Klient spürt diese Kräfte sehr deutlich im Körper, er richtet sich auf und weitere individuelle Veränderungen sind wahrnehmbar. Diese Kraft führt dann dazu, dass der Klient als Führungskraft seine Verantwortung übernehmen und Entscheidungen rechtzeitig fällen kann. Außerdem braucht die Führungskraft auch eine gute Verbindung zur mütterlichen Ahnenreihe, damit das Führungsverhalten nicht zu hart wird, sondern auch Beziehungen und Menschlichkeit einen Platz haben (vgl. Bischop 2012).

Warum diese innere Aufstellungsarbeit funktioniert, ist für mich genauso ein Rätsel wie die anderen Aufstellungsarten.

Der Vorteil der inneren Aufstellung ist, dass keine Stellvertreter benötigt werden, da diese oftmals auch noch ihre eigenen Themen mit einbringen. Außerdem kann eine äußere Aufstellung mit Stellvertretern auch unökologisch sein, da man befürchten muss, dass bei den Stellvertretern oder Zuschauern schwere eigene Themen »angeschoben« werden, mit denen sie dann allein nach Hause gehen.

Organisationsaufstellungen

Was sind die Besonderheiten an den Aufstellungen von Organisationen?

- Es gibt unterschiedliche Formen der Zugehörigkeit und Bindung in Familien und Organisationen, beispielsweise Zugehörigkeit auf Zeit – per Vertrag.
- In Organisationen gibt es eine partielle Austauschbarkeit der Systemelemente. Die Identität einer Fußballmannschaft beispielsweise bleibt auch nach dem Austausch aller Spieler erhalten.

Aus den oben genannten Punkten folgert Matthias Varga von Kibed: »Personen in Organisationen repräsentieren stets etwas und sind nie nur als Person im System.«

In folgenden Bereichen und für folgende Fragen können Organisationsaufstellungen eingesetzt werden:
- für die Auswahl neuer Mitarbeiter/innen
- zur Veranschaulichung von Auswirkungen bei Umstrukturierungen oder von Kündigungen,
- zur Verbesserung der Kommunikationsstruktur,
- zur Prüfung, ob die Kundenorientierung ausreichend berücksichtigt wurde,
- zur Überprüfung der Auswirkung von Outsourcing,
- zur Prüfung der Platzierung eines Produkts am Markt,
- zur Verdeutlichung der Beziehungen zwischen Lieferanten, Organisation und Kunden,
- zur Veranschaulichung des Annäherungsprozesses an ein Ziel,
- als Hilfe für multiple Entscheidungssituationen,
- zur Konfliktlösung bei Auseinandersetzungen im Team und unter Mitarbeitern,
- für Mediationszwecke,
- zur Generierung neuer Ideen und Impulse,
- als Simulationsmethode für zu erwartende zukünftige Entwicklungen in einem Unternehmen.

Fragen, die der Aufstellungsgastgeber / Coach dem Klienten stellen kann:

Ist das **Anliegen** etwas, das aus der Organisation kommt oder eher **ein persönliches Muster?** Gestik, Mimik und Sprache sind gute Hinweise. Bei Sätzen wie: »Ich fühle mich hier ganz einsam« ist eher eine persönliche Dynamik zu vermuten.
Oft ist das Anfertigen eines Systemogramms, wie oben beschrieben, sinnvoll.

Was sind die Hintergründe der Schwierigkeiten in der Organisation?
Bringt jemand **Verstrickungen** aus seiner Familie mit hinein?
Ist jemand in der Organisation in ein länger bestehendes **Beziehungsmuster** geraten (beispielsweise Rivalitäten oder Positionskämpfe um einflussreiche Positionen)?
Gibt es einen dysfunktionalen Organisationsaufbau oder liegt eine Matrix-, Projekt- oder Prozessorganisation vor? Beispielsweise mit überlappenden Aufgabengebieten ohne klare Rollen und Arbeitsplatzbeschreibungen. **Nimmt der Chef seine Führungsaufgaben wahr oder hat er überhaupt die Fähigkeiten dazu?** (vgl. Kräfte der Ahnen in Bischop 2012).
Liegt eine **mangelnde Anpassung** der Organisation an veränderte Umweltbedingungen vor? Beispiel: Veränderungen des Marktes in Bezug auf die Finanzkrise.
Konfliktlösende Sätze und Rituale bei Organisationsaufstellungen:

Benennen der Fakten (Anerkennen dessen, was ist, statt zu hadern und zu haften)
»Ich bin Führungskraft und seit sechs Monaten hier, Sie sind Mitarbeiter und arbeiten hier seit zehn Jahren…«

Würdigung und Anerkennung aussprechen (statt Abwendung und Abwertung)

»Sie sind mein Vorgänger und haben hier fünfzehn Jahre gute Arbeit geleistet.«

Anerkennung von Verantwortung und Leid (statt Verschiebung und Verleugnung)
»Für das, was zwischen uns schief gelaufen ist, übernehme ich meinen Teil der Verantwortung. Es tut mir Leid, ich sehe Ihr verletztes Gefühl, das war nicht meine Absicht.«

Danken, nehmen, bitten (statt zu fordern und zu verweigern)
»Um meine Arbeit hier gut zu machen, brauche ich Ihre Unterstützung, und ich bitte Sie darum.«

Verneigung vor eigener oder fremder Verstrickung oder Auflösen einer versehentlichen Aufstellung (statt Identifikation und Übernahme)
»Ich kann die Verantwortung nicht für Sie tragen. Sie gehört zu Ihnen, und ich gebe Ihnen die Verantwortung oder Last zurück.«

Sich aufrichten und in Würde gehen (statt sich zu beschämen und gedemütigt zu gehen)
»Sie haben mich nicht verdient. Meine Würde bleibt. Ich gehe aufrecht.«

Blick in die Zukunft
»Ich werde Sie in Zukunft über alles für Sie Wichtige informieren und wünsche mir von Ihnen das Gleiche.«

Aufstellungsansätze in Organisationen:
Es ist leicht nachzuvollziehen, dass es in Konfliktsituationen für Aufstellende besonders heikel ist, ihr inneres Bild der Organisation im Rahmen des eigenen Arbeitssystems zu veröffentlichen. Abhängigkeitsgefühle, hierarchisches Gefüge und Gefälle, Ängste vor nachteiligen Konsequenzen, eine oft angekratzte Vertrauensbasis und Zweifel daran, dass man mit dem Wohlwollen der anderen rechnen kann, beeinflussen solche Situationen.

Lösungsansätze dafür sind:

- Nutzung aufstellungsähnlicher Aspekte der Gesprächsführung sowie die Arbeit mit symbolischen Gegenständen und Bodenankern wie in der i^3-Methode vorgestellt.
- Zusammenfassungen von Teams oder Abteilungen statt Einzelpersonen oder die Teilnehmer von Intervisionsgruppen als Repräsentanten nutzen.
- Es besteht eine erhöhte Bedeutung von verdeckten Aufstellungen
- Mehrschichtige Aufstellungen: mehrere Ebenen werden gleichzeitig angesprochen, beispielsweise wenn der Angestellte auf seinen Chef ein »Vaterthema« überträgt.

Die verdeckte Aufstellung wird wie geschildert durchgeführt. Die Repräsentanten stehen jedoch nicht für sich selbst, sondern sind verdeckt vom Klienten gewählt. Die Repräsentanten erhalten dann Nummern oder Buchstaben, so dass keiner der Stellvertreter weiß, wer wer ist.

Hier nun ein von mir entwickeltes Aufstellungsformat, welches Sie für sich allein oder auch mit mehreren Personen anwenden können.

Handwerkszeug: Die i^3-Methode

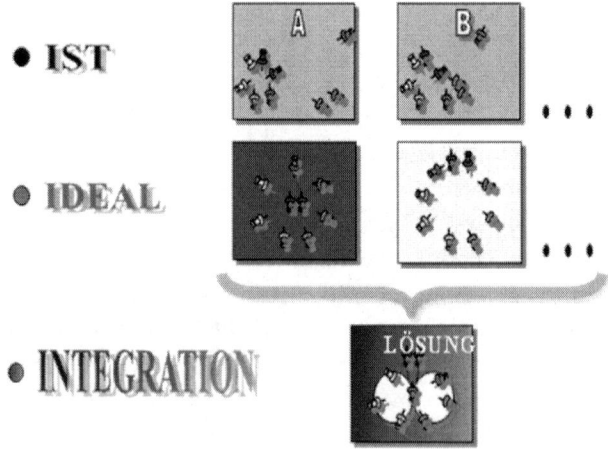

Die i^3-Methode ist bei der Teamentwicklung und bei der Konfliktlösung von mehreren Menschen wie Teams oder in Organisationen sehr hilfreich.

> **IST-Zustand:** Visualisierung oder Aufstellung des gegenwärtigen Zustandes. Erst einmal jeder für sich, und anschließend findet ein gemeinsamer Austausch statt.
>
> **IDEAL oder SOLL-Zustand:** Aufstellung des Ideal- oder Ziel-Zustandes. Wieder jeder für sich und dann der gemeinsame Austausch.
>
> **INTEGRATION:** Alle zusammen entwickeln aus den Idealbildern eine gemeinsame Lösung.

Diese Methode der systemischen Aufstellung lässt sich spontan überall anwenden. In einem Restaurant können ein Salz- und Pfefferstreuer, der Bierdeckel, die Kaffeetassen, Löffel, Gabeln als Stellvertreter herhalten. Ich verwende häufig Post-it-Zettel in verschiedenen Farben oder auch Pinnnadeln.

Praxisbeispiel mit der i^3-Methode

Im Rahmen einer systemischen Organisationsentwicklung in einem Kleinunternehmen mit 25 Mitarbeitern wurde während der Meetings ein unausgesprochener Konflikt zwischen einem freien Mitarbeiter FM und einem Mitglied des Vorstandes V1 deutlich.

Wie war nun vorzugehen?

Hintergrund der Umstrukturierung war, dass das Unternehmen einen Geschäftsführer GF aus den eigenen Reihen einsetzte. Im Zuge dessen erarbeiteten wir zusammen mit dem ganzen Unternehmen, welche Aufgaben der Geschäftsführer hat, wie die neue Aufgabenverteilung und Kommunikation zwischen ihm, dem Vorstand, den Mitarbeitern und freien Mitarbeitern FM sowie den Kunden aussehen sollte, und kamen zu einer aktualisierten Vision und Cooperate Identity. Rechtlichen Rat leistete der Beratungsanwalt des Unternehmens.

Das Besondere an der Beziehung des freien Mitarbeiters zum Unternehmen war, dass er einer der Mitgründer des Unternehmens und bis vor kurzem dort als Angestellter tätig war.

Ich lud also den Vorstand, den Geschäftsführer, den freien Mitarbeiter und weitere Mitarbeiter, insgesamt fünf Teilnehmer, zu einer Mediation ein. Wir trafen uns zu zwei Sitzungen von jeweils zweistündiger Dauer.

Die erste Sitzung
Nachdem alle ihre Zustimmung zur Mediation gegeben hatten, bekam jeder die Gelegenheit, seine Ziele für diese Mediationssitzung zu nennen.

Da ich neben dem visuellen Kanal obendrein das Systemverständnis der Teilnehmer nutzen wollte, forderte ich alle auf, mit Hilfe von Pinnwandnadeln ihr Verhältnis zueinander im Unternehmen darzustellen. Wir legten fest, welche wichtigen Personen oder Themen mit einer Pinnwandnadel dargestellt werden sollten. Jeder der Teilnehmer bekam die gleiche Anzahl und Farbe an Nadeln. Normalerweise benutze ich anstelle der Nadeln gerne Karten dazu, auf denen dann die jeweiligen Namen oder Themen notiert werden. Sie können dann noch die Personenkarten mit einer Nase kennzeichnen, so dass deutlich wird, in welche Richtung die Person schaut.

Folgendes Bild ist ein Beispiel dafür, wobei nicht die genaue Anzahl des Unternehmens, sondern die wichtigsten Personen aufgestellt wurden.

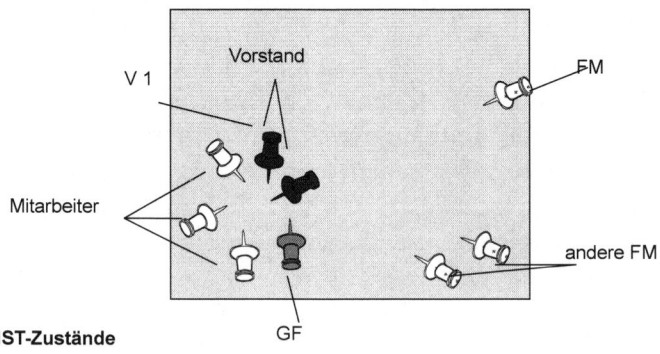

IST-Zustände

Hierbei stellte sich heraus, dass alle im Grundsatz die gleiche systemische Organisationsaufstellung des aktuellen Zustandes aufzeigten. Bei allen war der Abstand zwischen dem freien Mitarbeiter und den anderen sehr groß.

Jeder hatte nun die Aufgabe, den anderen seine Aufstellung zu erklären. Dadurch wurden allen neue Aspekte deutlich, auch der verdeckte Konflikt kam mehr an die Oberfläche. Diese Methode gibt den Konfliktpartnern genügend emotionalen Abstand, so dass sie über ihren Konflikt reden konnten.

Danach forderte ich sie auf, sich eine ideale Vorstellung vom Umgang miteinander auszudenken und allen sichtbar zu machen. Meine Frage war: »**Wie sollen nach ihren Wunschvorstellungen das Unternehmen und die Beziehungen in einem halben Jahr aussehen?**«

Zwei Beispiele der fünf Teilnehmer sind hier aufgeführt.

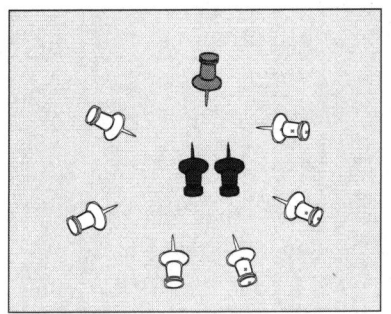 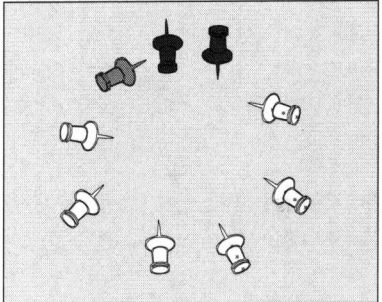

Idealzustände

Jeder stellte wiederum seine Ideen vor, wodurch einige schwierige Punkte vorab geklärt werden konnten. Es wurde lebhaft diskutiert, welche Vor- und Nachteile die jeweilige Struktur hatte und wie die Beziehung zwischen dem freien Mitarbeiter und dem Vorstand sowie mit dem Unternehmen aussehen sollte.

Mit so vielen neuen Ideen (aber noch keiner Lösung) wurde das erste Treffen beendet.

Zweites Treffen

Nach einer kurzen Feedback-Runde der dazwischen liegenden Zeit von einer Woche und einer erneuten Auftragsklärung zur Mediation begannen wir. Die Aufgabe für die aktuelle Sitzung war, eine gemeinsame Aufstellung aus den fünf Bildern zu erarbeiten. Die einzige Bedingung war, dass alle dem Ergebnis auch zustimmen konnten. Die Nadeln lagen in die Mitte des Tisches. Es entstand ein lebhafter Austausch von Ideen. Das Ergebnis dieser Fünferrunde war folgendes Bild:

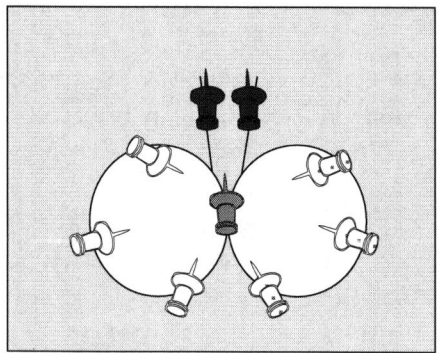

Integration

Das Bild hatte die Struktur eines Schmetterlings. Alle waren von der Symmetrie und dem Symbol sehr angetan. Während der Entwicklung des Schmetterlings wurden die Probleme gelöst. Danach wurden Aufgaben verteilt und ein vorläufiges Vertragswerk in seinen Grundzügen erstellt.

Diese Arbeit war zum einen eine Mediation – der Konflikt wurde aufgedeckt und gelöst – zum anderen eine systemische Organisationsentwicklung, wodurch eine neue Struktur für das Unternehmen gefunden wurde. Diese neue Struktur wurde dann auf eine Flipchart festgehalten und den anderen Mitarbeitern des Unternehmens mitgeteilt. Anschließend wurden deren Zustimmung und eventuelle Änderungswünsche eingeholt.

Nun kommen wir zu einer äußerst wichtigen Dynamik, welches »versehentliche Aufstellung« genannt wird. Die Führungskraft, der Coach oder der Mediator sollten von diesen Dynamiken wissen, denn sonst führen sie zu einer Blockade in der Arbeit.

Handwerkszeug: Versehentliche Aufstellung

Aus den Aufstellungsarbeiten weiß man, dass es zu **versehentlichen Aufstellungen** kommen kann. Ich stelle Ihnen zwei Varianten vor, obwohl es noch weitere gibt.

1. Angenommen, Person A und B sind Freunde, die sich treffen. Wenn Person A von negativen Gedanken an eine Person F aus seiner Familie, seinem Beruf oder Freundeskreis stark gefesselt ist und die Gedanken um diese Person F kreisen, so kann es sein, dass die anwesende Person B als Stellvertreter für diese Person F herhalten muss. Diese versehentliche Aufstellung geschieht unbewusst und kann dazu führen, dass die vorher gute Beziehung zwischen A und B gestört wird, ohne dass es einen offensichtlichen Grund gibt.

    Übung für drei Personen A, B und C: A denkt an eine Person F, die ihn gedanklich stark berührt, mit der vielleicht noch etwas zu klären ist. A kann verdeckt arbeiten, d.h. A sagt B nicht, um welche Person es geht. B ist dann der Stellvertreter für F, d.h. A stellt B und dann sich selbst im Raum auf, so wie es spontan passt. Mit Unterstützung von C fragt A nun B: *»Was ist mit dir?«, »Was fühlst du?«, »Wie geht es dir?«, »Möchtest du mir etwas sagen?«, »Bewege dich frei im Raum und finde eine Stelle, an der es dir sehr gut geht, du kannst aber auch stehen bleiben oder wieder herkommen.«* Dann stellt C A entsprechende Fragen.

2. Es gibt das Systemgesetz »Recht auf Zugehörigkeit (kein Ausschluss)«. Wird eine Person aus der Familie oder Organisation oder aus einem anderen System ausgeschlossen, so will das Sy-

stem einen Ausgleich dafür. Gleichzeitig versucht das System, diese Verletzung aufzulösen, indem es die versehentliche Aufstellung als Signal benutzt: »Bitte schaue hin und löse diesen Ausschluss«.

Normalerweise tritt ein Kind oder jemand, der später in das System hineingekommen ist, auf diesen freien Platz.

Auch hier kann eine versehentliche Aufstellung passieren, wenn sich wieder A und B treffen. Angenommen, in der Familie von A wurde jemand ausgeschlossen, dann kann es sein, dass B auf diesen freien Platz tritt, ohne dass A an diese Person denkt. Auch sind beide über ihre nun in diesem Fall verschlechterte Beziehung ohne ersichtlichen Grund verwundert.

Um diese versehentliche Aufstellung zu lösen, ist eine echte Aufstellung hilfreich.

Das Phänomen der versehentlichen Aufstellungen ist grundverschieden von Projektionen oder Übertragungen. Wenn B sich räumlich von dem Freund trennt, beispielsweise in ein anderes Zimmer geht, so sollte das Gefühl von A nachlassen oder verschwinden. Ist das so, dann war es eine versehentliche Aufstellung.

> Der Coach, die Führungskraft oder die Privatperson sollte solche Übertragungen, Projektionen oder Verwechslungen durch versehentliche Aufstellungen im Hinterkopf haben und gegebenenfalls in Supervisionen, Aufstellungen oder Coaching bearbeiten.

KAPITEL 2: GRUNDLAGEN DES COACHING, DER MEDIATION UND DER FÜHRUNG

Der Begriff Coaching wird im Businessbereich mit zwei verschiedenen Bedeutungen verwendet:

1. **Coaching mittels externer Prozessberater,** die als neutrale Außenstehende entsprechend der Zielsetzung des Klienten Unterstützung liefern.

2. **Coaching als Führungsaufgabe:** die Führungskraft begleitet, fördert und berät ihre Mitarbeiter; sie ist aber normalerweise inhaltlich mit den Zielen des Mitarbeiters verstrickt.

Das Wort »**Coach**« ist eine Übertragung aus dem Sportbereich. Nicht nur einem Boris Becker war und ist bekannt, dass der Gegner im Kopf meistens gefährlicher ist als der Herausforderer hinter dem Netz. Deshalb haben Leistungssportler einen Coach, der sich mit den mentalen Einstellungen befasst und sie in eine erfolgreiche Richtung steuert.

Meine Erfahrungen als Coach, beispielsweise im Profi-Tennisbereich, zeigen, dass es hauptsächlich um fünf verschiedene Themenbereiche geht:

1. Der Coach unterstützt die Spieler, frühere negative Erfahrungen, beispielsweise Niederlagen, positiv zu verarbeiten und dadurch motiviert und voller Energie sich dem Tennis wieder zu widmen.

2. Offene und verborgene Ängste und Bremsen aufdecken und für den Erfolg nutzbar machen (Ökologie). So verrückt es klingen mag – Angst vor dem Erfolg und dessen Folgen, beispielsweise

in der Öffentlichkeit zu stehen, kein Privatleben mehr zu haben, 40 Wochen im Jahr von zu Hause weg zu sein, falsche Freunde nur wegen des Geldes usw. Diese Themen tauchen auf und werden gelöst, so dass 100 Prozent möglich werden.

3. Erfolgsdruck und negativen Stress durch Mentaltraining in langfristige positive Energie und Fitness umzuwandeln.

4. Vorboten von Verletzungen und Burnout frühzeitig selbst erkennen, so dass es gar nicht erst zu langfristigen Zwangspausen kommt.

5. Ziele überprüfen und anpassen – Werden Ziele gesetzt, so ist es wichtig, kurz vor Erreichen des Zieles ein neues und höheres Ziel zu setzen, z.b. das Ziel ist Finalteilnahme, aber was ist mit dem Finalsieg!?

Coaching wird auch im Geschäfts- sowie Privatleben als Impulsgeber zur Entwicklung und Potenzierung persönlicher Energien genutzt. Im Coaching werden Menschen beispielsweise in folgenden Punkten unterstützt:

• persönliche Karriere- und Lebensplanung (Vision, Ziele, …)
• Verbesserung des Kommunikationsverhaltens in Verhandlungen, Konflikten und in der privaten Beziehung
• Stressbewältigung (Workaholics, Burnout oder Alkohol) und Gesundheit
• Persönlichkeitsentwicklung (Selbstvertrauen, »Nein«-Sagen können, Motivation,…)
• Visionsfindung und Strategieentwicklung

Folgender Nutzen kann durch Coaching entstehen:
• Durch Coaching gewinnt man Entscheidungssicherheit. Man lernt, souverän mit Stresssituationen und Erfolgsdruck umzugehen, so dass die Arbeit (wieder) Spaß macht.
• Im Coaching lernt man, Vorboten von körperlichen Leiden und Stresssymptomen frühzeitig zu erkennen und zu nutzen, so dass es erst gar nicht zum Burnout kommt.

- Man träumt nicht nur blauäugig von schönen visualisierten Zielen, sondern man lernt durch Coaching auch, wie man unter Einbeziehung der Hindernisse ans Ziel kommt. Dadurch erreichen Sie Ihre Ziele nicht nur im Traum, sondern auch in der Realität.
- Coaching löst Bremsen und setzt innere Kräfte und Energien frei, mit denen sich der Erfolg einstellt, der gewollt und angestrebt ist. Damit kann Neues bewegt werden.

Die möglichen Coachingebenen – Ebenen der Veränderung

Damit klarer wird, um welche Themen es sich beim Coaching handeln kann, ist es hilfreich, sich folgendes Modell der Coachingebenen anzuschauen. Das hier vorgestellte Modell lehnt sich an das Modell der »neurologischen Ebenen« von Bateson und Dilts an.

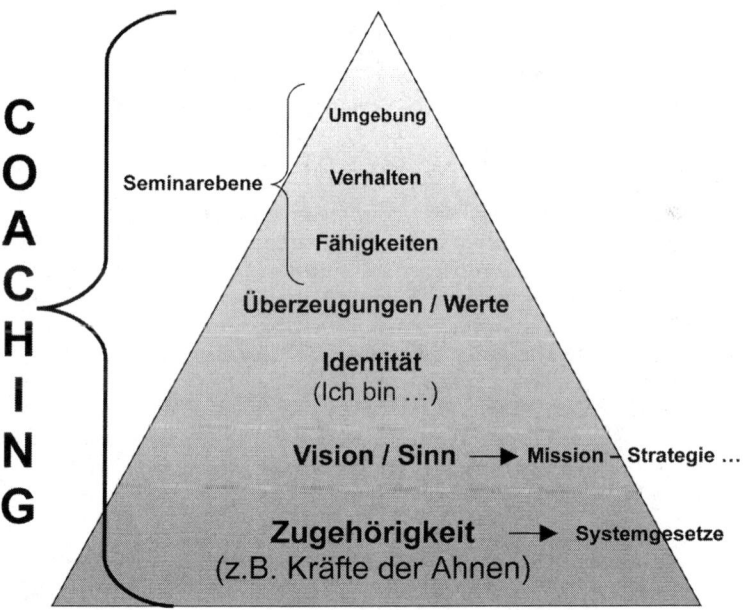

Beispielaussagen für dieses Modell eines Trainers:

- auf der **Umweltebene:** »Es ist leicht, Seminare zu machen, wenn man erstklassige Ressourcen und die Unterstützung der Abteilung hat.«
- auf der **Verhaltensebene:** »In diesem Training habe ich sehr deutlich auf der Flipchart geschrieben.«
- **Fähigkeitsebene:** »Ich habe die Fähigkeit, Bedürfnisse und Wünsche der Trainees sehr schnell herauszufinden.«
- **Glaubensätze und Werte:** »Training macht Spaß und mit Spaß ist das Lernen leichter.«
- **Identitätsebene:** »Ich bin ein guter Trainer.«
- **Visionsebene:** »Menschlichkeit in der Welt ist mir wichtig. Durch meine Trainings bringe ich davon etwas in das Unternehmen.«
- **Zugehörigkeitsebene:** »Ich fühle mich mit dem Unternehmen, meinen Ahnen und der Welt verbunden und schöpfe daraus Energie und Kraft für meine Trainings.«

Beispiel Zeitmanagement: Sicherlich haben Sie schon Menschen kennen gelernt, die x-mal zu einem Zeitmanagementseminar gegangen sind, auf der Umgebungs-, Verhaltens- und Fähigkeitsebene alles Wissen und Können haben und trotzdem nicht in der Lage sind, ihre Zeit zu managen. An dieser Stelle ist es nicht mehr sinnvoll, dass die Person zu einem weiteren Seminar geht, sondern im Coaching die Ursachen dafür findet, weshalb sie ihr Wissen nicht einsetzen kann. Z.B. kann es daran liegen, dass die Führungskraft nicht gut delegieren kann, die Aufgaben lieber selbst erledigt oder auch ihren Vorgesetzten gegenüber nicht »Nein« sagen kann.

Mit diesen Themen befinden wir uns auf der Überzeugungs- und Werteebene, d.h. was darf ich tun und was nicht? Wie wurde ich geprägt? Wie wir alle wissen, haben wir normalerweise für das Zeit, was uns am Herzen liegt, also was zu unserer Vision oder Berufung passt, was uns als sinnvoll erscheint. Kenne ich meine Vision nicht, so fehlt eine wichtige Grundlage für das Zeitmanagement.

Viele Seminare und Bücher konzentrieren sich auf die Umweltebene: Sie beschreiben, wie man den Raum gestalten soll und wie welche Ressourcen, beispielsweise Flipchart oder Beamer, verwendet werden können. Einige Bücher zu Präsentationsfertigkeiten oder Rhetorik fokussieren nur auf die Verhaltensebene, also darauf, was man tun soll, um einen Gegenstand oder einen Inhalt zu präsentieren.

Was oft fehlt, sind die »tieferen« Ebenen: wie Fertigkeiten eingesetzt werden und welche Überzeugungen und Werte dazu beitragen, diese zu stärken und zu erweitern. Ein Training, das von einem guten Selbstwertgefühl des Trainers, einer inneren Aufgabe (Mission) und der rechten inneren Haltung (Zugehörigkeit) getragen ist, wirkt kraftvoll und kongruent.

Coaching befasst sich nun mit allen Ebenen.

Dieses Modell der Coachingebenen lässt sich gut als Diagnoseinstrument für zu bearbeitende Coachingthemen einsetzen. Im Kapitel III »Führungsfähigkeiten« und im Kapitel IV »Selbstmanagement« wird näher darauf eingegangen.

Der Coaching-Ablauf

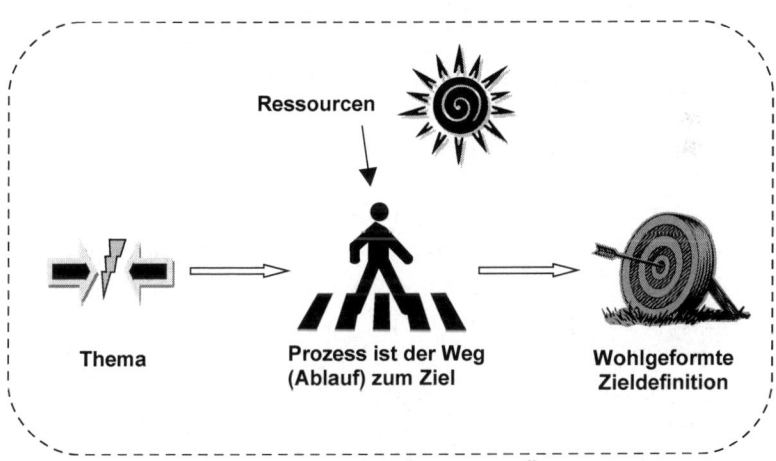

**Der Rahmen ist das System bzw. die Ökologie.
Mögliche Auswirkungen einer Veränderung werden in der
Zieldefinition berücksichtigt.**

Sie finden im Überblick das Modell eines Coachingablaufes. Normalerweise kommt ein Klient mit einem Thema, welches er selbst nicht lösen kann. Der Coach fragt zu Beginn nach dem Ziel des Klienten und unterstützt ihn dabei, zur Zielerreichung Ressourcen zu finden oder mögliche Blockaden aufzulösen. Dabei müssen unbedingt mögliche negative Konsequenzen, die mit der Veränderung verbunden sind, berücksichtigt werden.

Der Ablauf oder der Weg zum Ziel wird häufig als **Prozess** beschrieben.

Prozesse setzen Ziele voraus, bzw. die Erarbeitung von Zielen als Ziel ist ebenfalls schon ein Prozess.

Damit ein **Coachingprozess** gelingen kann, werden im Folgenden die Schritte aufgezeigt, die dafür notwendig sind:

1. Es beginnt mit den so wichtigen **Ökologiefragen.** Darunter versteht man die negativen Auswirkungen, die eine Veränderung haben könnte, und wie diese erfolgreich integriert werden können.

2. An zweiter Stelle steht die **Ebene der Kommunikation.** Dazu gehört beispielsweise das Erkennen einer unstimmigen Kommunikation und wie mit lösungsorientierten Fragen umgegangen werden kann.

3. Das nächste Thema ist die **Wahrnehmung.** Das Ziel ist, dass der Coach weiß, wann er wirklich neutral wahrnimmt und wann eine Interpretation vorliegt. Dieses ist äußerst wichtig sowohl für einen Coach als auch für eine Führungskraft.

4. Der nächste Punkt ist die **wohlformulierte Zieldefinition** (Welche Kriterien müssen erfüllt sein?) und der **Systemcheck,** der dazu dient, keine negative Konsequenzen entstehen zu lassen.

5. Unsere Sprache lässt ein komplettes Verstehen nicht zu, da alle Aussagen in sich unvollständig sind. Um hier mehr Klarheit zu bekommen und zu ermöglichen, dass der Klient selbst mehr Klarheit bekommt, lernen Sie das **Meta-Modell** – präzises Nachfragen – kennen.

Im vorletzten Abschnitt des Kapitels finden Sie noch mal das obige Bild des Coachingablaufs, jedoch mit den möglichen Wahrnehmungszuständen, die ein Coach jeweils erkennen und unterscheiden können sollte.

Ökologie oder Systemcheck

> **Ökologiecheck** bedeutet: Die vorausschauende Berücksichtigung der voraussichtlichen Auswirkungen durch geplante Veränderungen in einem System.

Das System befindet sich in einem dynamischen Fließ-Gleichgewicht (Attraktor). Durch Veränderungen wird dieses dynamische Gleichgewicht aus dem Gleichgewicht gebracht. Vergleichbar mit einem Seiltänzer. Ist die Veränderung »ökologisch«, d.h. systemisch angemessen, so pendelt sich das System sehr schnell auf ein neues und besseres dynamisches Gleichgewicht ein. Ist hingegen die Veränderung, beispielsweise das Erreichen eines Zieles, systemisch unangemessen, d.h. die negativen Auswirkungen sind gravierend, so stürzt unser Seiltänzer, bildlich gesprochen, ab.

Dazu sagte schon vor 2500 Jahren Heraklit (griech. Philosoph, ca. 550–480 v. Chr.): »Sofern wir in die Natur eingreifen, haben wir strengstens auf die Wiederherstellung ihres Gleichgewichts zu achten.«

> Jede Veränderung eines Themas, sei es Verhalten, Zustände, Konflikte, Motivation, Ziele, neue Lösungen, sollte ökologisch sowie systemisch sein und darf andere Bereiche nicht gefährden.

Die Fragen zur Ökologiearbeit beziehen sich einerseits auf ein angestrebtes Ziel (z.B. aus der klassischen Zielarbeit   entwickelt von Thies Stahl, 1995) und andererseits – wie in dieser Arbeit weiterentwickelt – angewendet auf ein Symptom oder Verhalten. Ich beginne mit den Ökologiefragen zur Zielerreichung.

Mögliche Ziele sind beispielsweise: sich selbstständig zu machen, eine Firma umzustrukturieren, seine Vision in die Welt zu bringen, einschränkende Überzeugungen zu verändern, selbstbewusster zu werden, ...

Handwerkszeug: Ökologie hinter Zielen berücksichtigen

Normalerweise hören viele damit auf, ihre Ziele zu definieren und den Nutzen (Was habe ich davon – im Positiven?) zu klären. Liegt mein Fokus jedoch nur auf dem Ziel und lehne ich den aktuellen Zustand ab, so ist es äußerst schwierig, mein Ziel zu erreichen. Die ablehnende Haltung bindet nämlich die benötigte Energie, um frei auf das Ziel zugehen zu können. Deshalb die folgende erste Frage, mit der Intention, den aktuellen Zustand nicht mehr ablehnen zu müssen, sondern sich mit ihm zu versöhnen.

I. Finden oder erfinden Sie mindestens drei Kontexte, Situationen, in denen Sie gerne und auf jeden Fall das Ziel noch nicht erreichen und das Alte behalten möchten!

Warum ist es (in welchem Kontext?) gut, richtig und wichtig, dass Sie:
Das Gute am Alten
Ihr Ziel noch nicht erreicht haben?
Was ist das Gute daran? Was stellt es für Sie sicher?
1. _____
2. _____
Finden oder erfinden Sie mindestens drei positive Punkte!
3. _____

Warum ist es (in welchem Kontext?) gut, richtig und wichtig, dass Sie:
Ihr Ziel noch nicht erreicht haben?
Was ist das Gute daran? Was stellt es für Sie sicher?

Finden oder erfinden Sie mindestens drei positive Punkte!
Beispiel Ziel: Sich-selbstständig-Machen
Das Positive am Alten: sicheres Einkommen, geregelte Arbeitszeiten, ...
Hier gilt es, solange zu fragen und zu suchen, bis Sie Punkte gefunden haben, von denen Sie sagen können:»Okay, also dafür ist es gut«, und sich Ihre innere Einstellung von einer ablehnenden Haltung in eine Versöhnung verwandelt.
Erst dann sollten Sie zur nächsten Frage übergehen. Hier wird nicht herausgefunden, welchen Nutzen das Ziel hat, sondern die Brem-

sen und Bremser werden aufgedeckt, um diese dann intelligent zur Zielerreichung zu nutzen.

II. Finden oder erfinden Sie mindestens drei negative Konsequenzen für Ihr Leben, wenn Sie Ihr Ziel erreichen würden (Risiken)!

Wenn das Ziel (…) voll und ganz erreicht wäre, was wären dann mögliche negative Auswirkungen in der Zukunft?

Beispiel Ziel: Sich-selbstständig-Machen
Negative Konsequenzen: Arbeiten rund um die Uhr, Unsicherheit, …

Negative Konsequenzen?

1. _____

2. _____

3. _____

Wird im Ansatz eine Risikoanalyse durchgeführt und die Konsequenzen betrachtet, so wird nun normalerweise die »Preisfrage« gestellt: Wollen Sie den Preis (negative Konsequenzen) zahlen, oder wollen Sie das Ziel aufgeben oder minimieren? Egal, wie man sich entscheidet, man wird nicht glücklich damit werden, denn entweder erreicht man sein angestrebtes Ziel nur mit den negativen Konsequenzen oder man wird sein Ziel verändern müssen.

Es ist daher wenig sinnvoll, die »Preisfrage« zu stellen. Es gibt einen viel besseren Weg, und zwar folgende Aufgabe:

III. Für jede negative Konsequenz finden Sie jetzt bitte mindestens drei Ideen oder Lernaufgaben, in welchen Lebensbereichen Sie was neu lernen oder verändern oder tun müssen, damit diese Konsequenz nicht eintritt.

Was müssten Sie wo und wann (Kontext?) lernen, verändern oder tun, damit Sie möglichen Risiken und Auswirkungen maximal gut vorgebeugt haben oder diese sogar ausgeschlossen sind?

Beispiel Ziel: Sich-selbstständig-Machen
Negative Konsequenzen: Arbeiten rund um
die Uhr, Unsicherheit, ...
Neu Lernen: Beispielsweise bei dem Thema
»Arbeiten rund um die Uhr« – »Nein«-Sagen
lernen, Work-Life-Balance, ...
Je nachdem, welche Themen gelernt oder verändert werden müssen, kann die Bearbeitung
der Aufgabe im Coaching länger dauern oder
tiefer gehen.

Situation?
1a. _____
1b. _____
1c. _____
2a. _____
2b. _____
2c. _____
3a. _____
3b. _____
3c. _____

Für jede der Ideen und Lernaufgaben suchen Sie bitte eine Situation, in der Sie anfangen werden, sie zu realisieren!

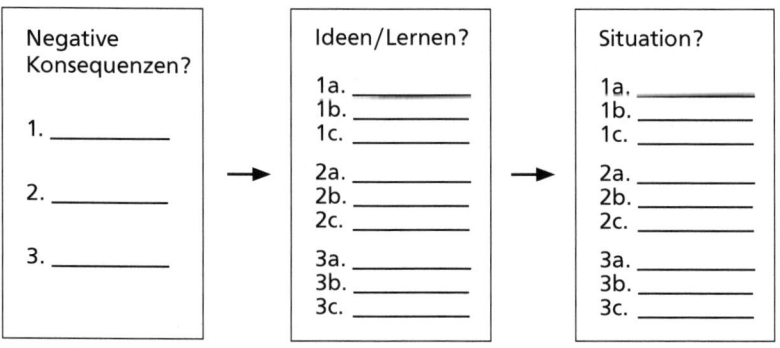

Wenn Sie die negativen Konsequenzen so nutzen, dass Sie daraus
neue Lernaufgaben und neues Handeln entwickeln, so brauchen
Sie einerseits die Preisfrage nicht mehr zu beantworten und andererseits können Sie weiterhin an Ihrem Ziel festhalten.

**Handwerkszeug: Ökologie hinter einem Thema oder Symptom
nutzen**

Jetzt kommen wir zu dem Teil der Ökologiefragen, der sich auf
Probleme oder Symptome bezieht. Natürlich könnte man hier auch

den Weg über die klassische Zielarbeit gehen und daran anknüpfend die Ökologiefragen bezüglich des Zieles stellen. In der Arbeit auf der Suche nach Wirkung habe ich einen schnelleren Weg gefunden, Symptome aufzulösen.

Auch hier geht es im ersten Schritt um Versöhnung.
Mögliche Fragen, die der Coach stellen sollte:

I. Was ist das Positive, das Geschenk am alten Thema? Was könnte ein möglicher Grund sein, weshalb das Thema oder Symptom auftauchte? (Ursprung finden lassen)

Warum war es gut, richtig und wichtig, dass Sie in der Vergangenheit »Das« (Zitat des Klienten) damals gelernt haben?
Was war das Gute daran, dass das Thema dort auftauchte? Was hat es für Sie damals sichergestellt?

Das Gute am Auftauchen?

1. _____

2. _____

3. _____

Übung: Finden oder erfinden Sie mindestens drei positive Punkte!
Bsp.: Thema: Rauchen
Das Positive damals: Dazugehören, Abgrenzung von den Eltern,
...

Ist nun eine Versöhnung mit dem ursprünglichen Auftreten eingetreten, können Sie sich der nächsten Frage widmen.

Die Idee, dass ihre problemhaft erlebten Situationen oder Symptome für etwas »gut« sind, erscheint den meisten Menschen zunächst ungewohnlich.

Oft entwickeln sich im Laufe der Zeit sekundäre Gewinne oder versteckte Vorteile aus einem Symptom oder Verhalten, welches nichts mehr mit dem Ursprünglichem zu tun hat. Beim Rauchen kann z.B. eine Pause machen zu können, ein versteckter Vorteil sein, der sich herausgebildet hat. Zwinge ich mich jetzt dazu, nicht

mehr zu rauchen, so muss mein Pausenbedürfnis anders sichergestellt werden, ansonsten kommt es zu einem Rückfall. Damit es zu
keiner Symptomverschiebung kommt, folgende Frage:

Fragen des Coaches:
**II. Was passiert mit Ihnen und Ihrem Leben im negativen Sinne,
wenn das alte Thema nicht mehr da ist, was stellte es für Sie bislang sicher (versteckter Vorteil oder sekundärer Gewinn)?**

Wenn das Thema (Zitat des Klienten) für Sie
keines mehr ist, worauf müssten Sie dann zukünftig vielleicht verzichten?

Versteckter Vorteil?

Was könnten Sie dann nicht mehr so gut oder
gar nicht?

1. _____

Was würden Sie unter Umständen verlieren?

2. _____

Oder anders gefragt: Wird Ihnen die neue Verhaltensweise mindestens die gleichen Vorteile

3. _____

und Freuden verschaffen wie das alte Muster oder Thema?

Normalerweise erhalte ich bei der ersten Frage »Was passiert, wenn
Sie das alte Thema nicht mehr haben?« als Antwort: »Dann geht es
mir gut, ich freue mich.«
      An dieser Stelle ist es gut, hilfreiche Ideen zu säen, indem der
Coach seine eigene Erfahrung einbringt. Im Fall des Nichtrauchens
mache ich oft folgende Angebote: »Rauchen dient oft am Arbeits-
platz dazu, Pausen machen zu dürfen.« Oder: »Wären Sie dann
noch mit Ihren Raucherkollegen in einem Aufenthaltsraum, um
dazu zu gehören oder die wichtigen Informationen mitzubekom-
men? ...«

Ich gehe davon aus, dass jedes Thema, welches länger besteht und
nicht allein vom Klienten verändert werden kann, sekundäre Gewinne enthält.

Aus diesem Grund fordere ich den Klienten auch dazu auf, falls ihm keine sekundären Gewinne einfallen, sich einfach welche auszudenken! Diese ausgedachten Auswirkungen spiegeln sehr oft wichtige Aspekte wider.

Beispiel: System- oder Ökologiecheck

Beispiel Allergie: Alex kam zu mir, weil er an einer Birkenpollenallergie litt. Nach der Auftragsklärung fragte ich Alex: »Seit wann leidest du an dieser Allergie?« Als Antwort kam: »So circa fünf Jahre, es wurde immer schlimmer, ich habe schon eine Eigenblutbehandlung hinter mir, und jetzt reicht es mir, die Allergie muss weg!«
Da ich davon ausgehe, dass man nicht einfach ein Leiden oder Thema »wegmachen« kann und ein sehr erfolgreicher Weg für eine Veränderung die Versöhnung mit dem Thema ist, fragte ich ihn:»Kannst du dich daran erinnern, wann die Allergie anfing?«,»Ja, als vor fünf Jahren meine langjährige Freundin sich von mir trennte, habe ich mich voll in meine Arbeit gestürzt. Und dann im April, als die ersten Birken anfingen zu blühen, fing es an.«

Ökologie I: Die Frage nach der positiven Absicht

Ich sagte Alex dann:»Ich sage dir jetzt etwas, was sich für dich vielleicht seltsam anhört – so war es wenigstens bei mir, als ich es zum ersten Mal hörte. Dass die Allergie aufgetaucht ist, hatte einen guten Grund für dich. Sie hat im Moment des Auftretens etwas für dich sichergestellt. Oft taucht eine Krankheit auf, weil wir nicht genug Pausen machen, wir mit bestimmten Situationen nicht klar kommen .... Welche weiteren Auswirkungen dann auftreten, das ist eine andere Sache, die können – wie bei deiner Allergie – auch sehr schmerzhaft oder ›negativ‹ sein. Fällt dir etwas ein, das die positive Absicht der Allergie sein könnte, als sie auftauchte? Es kann auch sein, dass dir keine einfällt, das ist auch okay.«
Alex antwortete nach längerem Überlegen:»Im März vor fünf Jahren bekam ich ein neues schwieriges Projekt zu meiner Arbeit hinzu, das wurde mir damals zu viel. Krankfeiern gab es aber für mich nicht. – Ahhh, O.K.« Sein Gesicht hellte sich auf, seine innere Versöhnung wurde deutlich sichtbar. Jetzt begann er die Allergie mit anderen Augen anzusehen, sie war nicht mehr vom Himmel gefallen und hatte ihn heimgesucht, sondern sie hatte damals etwas Wichtiges für ihn getan, indem sie ihn aus dem zu groß gewordenen Stress herausholte.

Ökologie II: Sekundärer Gewinn

»Dein Ziel ist es, die Allergie loszuwerden, was passiert mit dir und deinem Leben, wenn du die Allergie nicht mehr has(s)t?« »Ohh, dann geht es mir endlich auch im April gut. Ich freue mich.«
Ich fragte ihn dann: »Gibt es etwas, was die Allergie jetzt für dich sicherstellt?«
Alex antwortete: »Nein, ich glaube nicht. Ich fahre nur seit drei Jahren immer im April, wenn die Birken blühen, nach Süditalien in den Urlaub, dort gibt es keine Birken.«

Sekundäre Gewinne sind etwas, was sich im Laufe einer Allergie oder eines Themas entwickeln können und für die Person etwas sicherstellen. Im Fall von Alex kann der jährliche Urlaub im April in Süditalien ein sekundärer Gewinn sein. Falls er nicht mehr an der Allergie leiden würde, würde er dann noch nach Italien fahren?

»Alex, wenn deine Allergie nun weg ist, würdest du dann noch im April in Italien Urlaub machen? Wenn es nämlich sehr wichtig für dich ist, aus welchen Gründen auch immer, nach Italien zu fahren, und die Allergie ist nun weg, dann kann es sein, dass sie wiederkommt, um dafür zu sorgen, dass du wieder nach Italien fährst. Wie kannst du die Vorteile, die die Italienreise jedes Jahr für dich bringt, auf eine andere Art und Weise sicherstellen?«

Oft enthält ein Thema (z.B. das Rauchen, eine Allergie, Gewichtsprobleme oder eine Angewohnheit) mehrere sekundäre Gewinne, die sich im Laufe der Jahre entwickelt haben und nichts mehr mit dem ersten Gewinn, d.h. der positiven Absicht des Beginns zu tun haben. Solange die sekundären Gewinne nicht alle gefunden und auf eine andere Art und Weise sichergestellt werden, taucht entweder das alte Thema wieder auf (man fängt wieder an zu rauchen) oder ein anderes Thema, beispielsweise eine andere Sucht, tritt an die Stelle des alten Themas.

Bei Alex war die Italienreise selbst kein großer sekundärer Gewinn. Wir fanden jedoch heraus, dass jedes Jahr im April unternehmensbedingt von allen eine Mehrarbeit zu leisten war und höchstens ein oder zwei Mitarbeiter Urlaub bekommen konnten. Die Allergie befreite Alex von dieser Arbeit, und gleichzeitig erhielt er immer Urlaub, ohne sich dafür einsetzen zu müssen.
An dieser Stelle erarbeiteten wir zunächst neue Wege für seine Arbeit und kehrten dann zur Allergie zurück.

Weitere Erfahrungsbeispiele für so genannte sekundäre Gewinne, die ganz individuell und bei jedem anders sein können.

Übergewicht: Einige wissen z.B. nicht, wie sie mit erotischen Angeboten umgehen sollen und wollen sich hinter ihrem Äußeren verstecken. Neues Lernen wäre hier: »NEIN« sagen zu können, für sich zu wissen, wie man auf einen Flirt angemessen reagieren kann.

Heißhunger auf Schokolade und Süßes: Viele der Klienten essen Schokolade und Süßes, um mit dem Übermaß an Stress in Job und Privatleben fertig zu werden. Schokolade quasi als »Nervennahrung« (wirkliche Nervennahrung ist übrigens das klassische Studentenfutter, also Nüsse und Rosinen!). Wir arbeiten dann daran, die Ursache für den Stress zu finden und zu beseitigen. Ein Lernziel könnte in diesem Zusammenhang sein, Pausen machen zu können.

Rauchen: Z.B. um Pausen bei der Arbeit machen zu können, Stress abzubauen, mit seinen Raucherkollegen oder Freunden zusammen sein zu können oder sich selbst körperlich zu spüren.

Hat man durch die erste Frage: »Was ist das Gute am Alten oder am Symptom?« eine ablehnende Haltung in eine Versöhnung verwandelt und mit der zweiten Frage: »Welche negativen Konsequenzen können auftreten oder welche sekundären Gewinne sind vorhanden?«, mögliche Bremsen oder Bremser aufgedeckt, so ist die dritte Frage die wichtigste:

III. Was müssen Sie lernen, verändern und tun, damit die sekundären Gewinne auf eine andere und sogar bessere Art und Weise sichergestellt sind?

Oder: Was müssen Sie lernen, verändern und tun, damit die negativen Konsequenzen nicht eintreffen?

IV. Können Sie die Ideen und Lernaufgaben selbstständig umsetzen? Falls der Klient mit »Nein« antwortet, so geht es mit dem Coaching weiter.

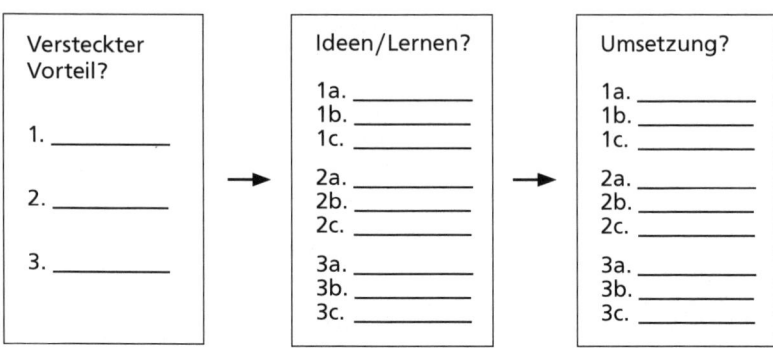

Zusammenfassung zum Ökologiecheck:

Notwendig für eine erfolgreiche Veränderung und die Zielerreichung sind die vorherige Versöhnung mit dem abgelehnten Aspekt des jeweiligen Themas sowie die Berücksichtigung der so genannten sekundären Gewinne oder negativen Konsequenzen. Werden dann noch die möglichen zukünftigen Auswirkungen einer Anpassung im System des Klienten berücksichtigt, so entsteht das, was ich eine **ökologische Intervention** nenne. Ich empfehle den Ökologie-Check zu Beginn einer Beratung durchzuführen.

Wie sich die Berücksichtigung der Ökologie positiv auswirkt:
1. Leichtigkeit des Prozesses
   (»Widerstand« = fehlende Ökologie?)
2. Nachhaltigkeit der Lösungsprozesse
3. Sie schützt den Berater vor einer inhaltlichen Verstrickung
4. Sie klärt, ob der Klient bereit ist, die Verantwortung für die Lösung zu übernehmen.

In der folgenden Abbildung finden Sie einen Überblick über die beiden Ökologiebereiche.

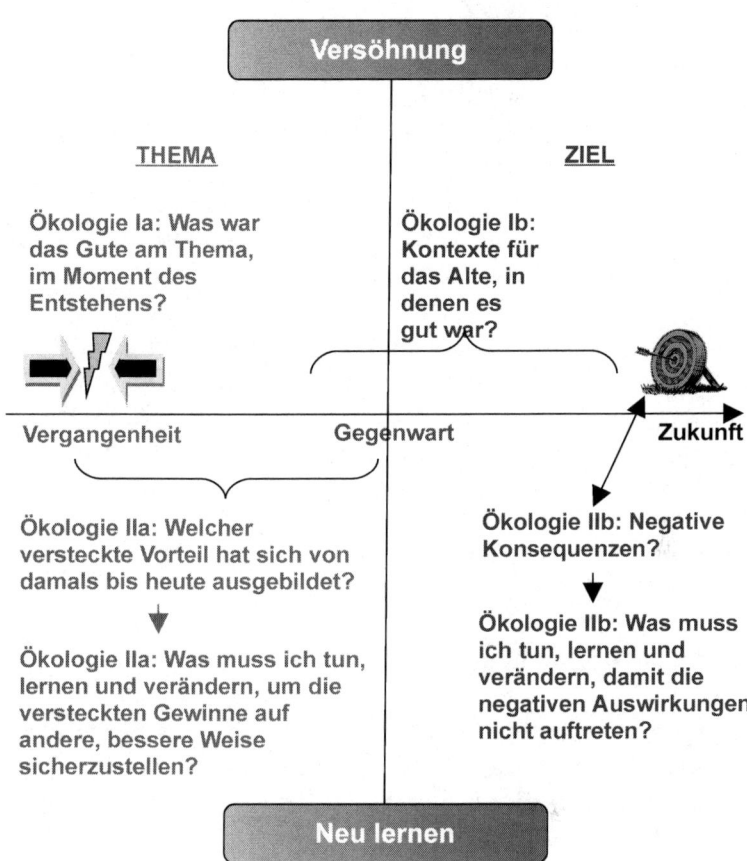

Im Wesentlichen besteht der Ökologie-Check aus der Versöhnung mit dem, was ist, und der Antwort auf die Frage, was neu gelernt und integriert werden muss.

Auf der Zeitachse gesehen, bewirkt Ökologie I a eine Versöhnung mit dem Ursprung des Themas. Ökologie II a stellt sicher, dass die in der Vergangenheit entstandenen versteckten, sekundären Gewinne und Vorteile des Themas zukünftig anders gewährleistet werden.

Die Fragen der Ökologie II b bewegen sich in der Zeit von heute in Richtung Zukunft. Hier bewirkt die Frage I b eine Versöhnung mit der Tatsache, dass das Problem noch ungelöst ist, und die Fragen zu II b, wie negativen Auswirkungen gut vorgebeugt werden kann, indem neu gelernt wird.

Bei den Antworten zu II a / II b ist es hilfreich, dass der Klient die Antworten ganz konkret kontextualisiert, das heißt: Er sagt ganz genau, wo, wann, er wie und mit wem genau was tut.

Ökologiethemen oder eventuelle negative Auswirkungen von Zielen zeigen sich auch in einer unstimmigen Kommunikation. Wie Sie oben gesehen haben, ist es äußerst wichtig, mögliche negative Konsequenzen aufzudecken, damit es nicht ein »Böses Erwachen« gibt. Deshalb gehe ich im Folgenden auf die Kommunikation und die Wahrnehmung ein, damit Sie diese Handwerkszeuge zur Erkennung von Ökologieproblemen zur Verfügung haben.

Die Ebenen der Kommunikation

Kommunikation ist ein Informationsaustausch zwischen zwei und mehreren Personen. Dieser Informationsfluss geschieht mit sprachlichen (verbalen) und nicht-sprachlichen (nonverbalen) Mitteln, die bewusst oder unbewusst eingesetzt werden.

 Überraschend war das Ergebnis des amerikanischen Forschers Argyle (1972): Die nonverbale Ebene (d.h. WIE wird kommuniziert) dominiert im Vergleich zur verbalen Ebene in der Kommunikation stark.

Seine Untersuchungen zeigen, dass im Normalfall der rein sachliche Inhalt des Gesagten nur zu 7 % zählt. Der weitaus größere Anteil von 93 % nonverbaler Kommunikation teilt sich nach seiner Untersuchung auf in 55 % Körpersprache und 38 % Sprechweise, d.h. wie etwas gesagt wird. Da Beobachter durch ihre Fragestellung das System beeinflussen, sind Argyles Zahlen lediglich als Tendenz zu verstehen.

Die Sprechweise lässt sich unterteilen in:
- Sprechrhythmus und -geschwindigkeit
- Stimmlage und Sprachmelodie
- Laut, leise, flüstern, zischen usw (Stimmstärke).

Zur Körpersprache gehört:
- Körperhaltung
- Körperrhythmus (z.B. beim Kopfnicken)
- Bewegungen und Gesten, Haltungsänderungen und
- Mimik, erkennbar durch den Gesichtsausdruck und -farbe, Art des Lächelns, Stirnbewegungen, Mundformung, Augenbewegungen usw.
- Körpersymmetrie
- Atmung

Die Kommunikation erfolgt gleichzeitig auf der verbalen und nonverbalen Ebene. Stimmen das WIE und das WAS der Kommunikation überein, so ist sie stimmig oder kongruent. Ist das nicht der Fall, spricht man von unstimmiger oder inkongruenter Kommunikation.

Beispiele für unstimmige Kommunikation:

- »Ja« sagen und dabei den Kopf schütteln
- »Ja« sagen und eine unsymmetrische Haltung einnehmen
- eine Aussage wie eine Frage betonen
- ein langgezogenes oder zögerndes »Jaaaa«
- das Wort »**eigentlich**«

Folgendes Beispiel ist typisch für eine inkongruente Kommunikation:
Der Coach oder Mediator fragt während einer Veränderungsarbeit den Klienten, ob er mit der Lösung zufrieden sei. Dieser antwortet: »Ja«, gleichzeitig schüttelt er aber unbewusst den Kopf, was ein »Nein« bedeuten kann.

Wenn der Coach dieses nicht wahrnimmt, so entgeht ihm eine wichtige Botschaft.

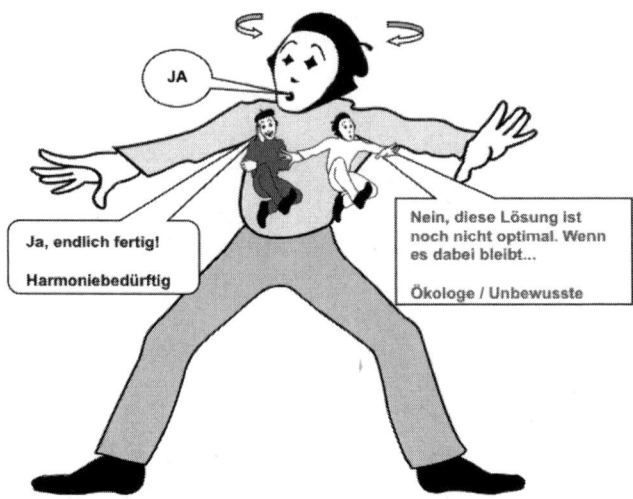

In dem obigen Beispiel kann es sein, dass der Ja-Teil des Klienten der Harmoniebedürftige und der unbewusste Nein-Teil der Ökologe ist, der noch etwas zur Verbesserung der Lösung beitragen will.

> Das Unbewusste ist der Hüter der Ökologie!

Ein anderer Indikator für unstimmige Botschaften ist das »Bauchgefühl«. Jedes Unwohlsein, sei es Kopfschmerzen, Muskelverspannung etc. sollte als etwas Wertvolles betrachtet werden. Was können Sie von Ihrem Bauchgefühl lernen?

> **Unstimmige Kommunikation enthält Potenzial!**
>
> Deshalb ist es die Aufgabe, sich die unbewussten inneren Teile bewusst zu machen, bzw. die eines Coaches, diese dem Klienten aufzuzeigen oder im Coachingprozess zu nutzen!

Das erreichen Sie durch Fragen, wie:
Angenommen, die Lösung ist zu 99 % okay, was wäre das eine Prozent, das die Lösung noch besser machen würde?

Welche Bedingungen müssen erfüllt sein, damit wir hier gemeinsam zu einer Lösung kommen können?

Was würde Ihnen helfen, damit es besser wird?

Das Wahrnehmen und das Ansprechen von Inkongruenzen ist überaus wichtig für den Coach, um den Klienten dabei zu unterstützen, ökologische Lösungen zu finden. Genauso gilt dieses für den Mediator und die Führungskraft.

Im Falle einer Inkongruenz hat der Coach die Möglichkeit, dem Klienten die Inkongruenz zurückzugeben, indem er auf ein inkongruentes »Ja« antwortet: »Das freut mich«, und dabei ebenfalls mit dem Kopf schüttelt und abwartet, was passiert.

Allgemein lässt sich Folgendes feststellen: Je kongruenter die Kommunikation verläuft, desto mehr stimmen die verbale und die nonverbale Ebene überein, und die Körperhaltung und Gesten des Klienten werden symmetrischer zur Mittellinie seines Körpers.

Am Beispiel zweier Sportler wird dieses deutlich. Ein Verlierer ist inkongruent mit sich und steht unsymmetrisch, das Gewicht auf einem Bein, gebeugte Haltung und lässt den Kopf hängen. Ein Sieger ist kongruent mit sich und steht symmetrisch, das Gewicht auf beide Beine verteilt, aufrechte Haltung und den Kopf aufgerichtet.

Eine weitere Möglichkeit besteht darin, dem Klienten lösungsorientierte Fragen zu stellen:

Handwerkszeug: Lösungsorientierte Fragen

»Warum?« ist in der Beratung und anderen Situationen die am wenigsten nützliche Frage. Als Antwort auf Warum-Fragen erhalten Sie in der Regel Rechtfertigungen und wenig nützliche oder neue Informationen.

»Warum?« wird häufig als Anklage aufgefasst, und dementsprechend gehen die Menschen in die Defensive.

Beispiel: »Ich glaube, dass das Verhältnis von Kosten und Nutzen nicht stimmt.«

Sie sollten nicht fragen: »Warum nicht?«, sondern vielmehr:

»**Wie** stellen Sie das Kosten-Nutzen-Verhältnis bei anderen Produkten fest?«,

»**Was** ist für Sie der Maßstab für das Verhältnis von Kosten und Nutzen?«

Wenn ein Unfall passiert ist, ist es natürlich sinnvoll, nach dem Warum zu fragen. Zusätzlich sollte jedoch auch nach möglichen Lösungen gefragt werden.

Lösungsorientierte Fragen sind:
- **Was kann helfen, …?**
- **Wie könnte eine Lösung aussehen?**
- **Wie lässt sich Entsprechendes verbessern?**
- **Welche Bedingungen müssen erfüllt werden, damit … ?**
- …

Welche Fragen fallen Ihnen ein?

Bekommen Sie eine eher allgemeine Antwort auf die lösungsorientierte Frage, so ist es hilfreich, eine konkrete Umsetzungsfrage zu stellen: »**Was müssten Sie tun, damit Sie … erreichen können?**«

Beispiel: »Ich bin mit meinem Auto nicht ganz zufrieden.«
Die problemorientierte Frage wäre: »Warum nicht?« – die lösungs-
orientierte Frage lautet: »Was müsste anders sein, damit Sie mit Ihrem
Auto zufriedener werden?«
»Es müsste ein Sonnendach haben.«
Umsetzungsfrage: »Was müssten Sie tun, damit Ihr Auto ein Sonnen-
dach erhält?«

Lösungsorientierte Fragen anstelle von problemorientierten Fragen zu stellen, bedeutet für die meisten Menschen ein Umdenken.

Es ist, als lerne man eine neue Sprache. Am Anfang ist es ein ste-
tiges Sich-daran-Erinnern und Ausprobieren. Nach einer gewissen
Zeit wird es immer leichter und geht ins Unbewusste über. Erinnern Sie sich, wie Sie Autofahren oder ähnliches gelernt haben…

Ein weiterer wichtiger Vorteil der lösungsorientierten Fragen, gerade für Führungskräfte, ist, dass dadurch die Verantwortung beim
Klienten bzw. Mitarbeiter bleibt.

Beispiel 1: Problem- und Chef-orientiert: Ein Mitarbeiter hat ein Problem und geht zum Chef.
Der Chef fragt: »Was ist das Problem?«, »Wie kann **ich** Ihnen helfen?«
So erhält der Chef Aufgaben, die nicht unbedingt seine sind. Gleichzeitig nimmt er die Verantwortung für die Lösung des Problems vom Mitarbeiter weg. Als Folge fühlt sich der Mitarbeiter normalerweise nicht
gut (»Ich konnte das Problem nicht lösen«).

Beispiel 2: Lösungs- und Mitarbeiter-orientiert: Ein Mitarbeiter hat
ein Problem und geht zum Chef.
Der Chef fragt den Mitarbeiter: »Wie könnte eine Lösung aussehen?«
Und nach der Antwort stellt er die Umsetzungsfrage: »**Was müssten
Sie tun, damit Sie … erreichen können?**«
So behält der Mitarbeiter die Verantwortung für die Lösung des Pro-
blems und auch die Aufgaben.

Ein weiterer wichtiger Aspekt, der hier verborgen liegt, ist, dass
viele Menschen oft nicht klar »Ja« oder »Nein« sagen. Um klar und
eindeutig antworten zu können, braucht man Mut, innere Stärke
und Selbstbewusstsein.

Denke nicht an einen lila Elefanten!

Anweisungen, Warnungen, Ziele und Wünsche müssen positiv formuliert werden. Was passiert, wenn Anweisungen negativ formuliert werden? Hierzu Beispielaussagen:

- »Nutze den Hochdruckreiniger *nicht* zum Säubern der Schuhe!«
- Oder: »Pass auf, *fall da nicht runter*!«
- Oder ebenfalls verdeckt negativ formuliert: »*Ich will aufhören zu rauchen!*«

Eine Reaktion ist: **Warum? Warum nicht?**

Die Erfahrung zeigt: Das Unbewusste versteht den Satz auch ohne das »Nicht«, und zwar als Befehl: Das erste Beispiel wird vom Unbewussten auch folgendermaßen verarbeitet: Nutze den Hochdruckreiniger zum Säubern der Schuhe! – was zuweilen ins Bewusstsein dringt. Oder das Beispiel mit dem Rauchen: Das Unbewusste / Bewusste denkt dann gerade oft ans Rauchen.

Diese Punkte sind in vielen Fällen Ursache für weitere Unfälle und Ursache dafür, dass negativ formulierte Ziele nicht erreicht werden.

Wie ist vorzugehen?

- In vielen Fällen ist es einfach, negativ formulierte Sätze positiv zu formulieren: statt »Nutze das Gerät nicht, wenn nicht genügend Druck vorhanden ist!« à »Nutze das Gerät nur, wenn genügend Druck vorhanden ist!«
- Das Beispiel mit dem »Herunterfallen« ist sprachlich nicht einfach umzubiegen. »Pass auf, bleibe oben« klingt schwach. Was kann man tun?
- Ein Beispiel: Als mein Sohn mit drei Jahren anfing, in den Bäumen herumzuklettern, erklärte ich ihm: »Du musst jederzeit entweder mit zwei Händen, einem Fuß oder einer Hand und zwei Füßen sicher mit dem Baum verbunden sein, also jeder-

zeit mit drei Punkten deines Körpers den Baum berühren.« Damit umging ich den Negativsatz.

- Wenn allerdings keine mögliche positive Form gefunden werden kann, müssen negativ formulierte Sätze verwendet werden. Dann ist es jedoch unbedingt nötig, in einem Zug auch das »Warum nicht« zu erklären. Zweitens sollte ein Beispiel gefunden werden, welches möglichst die **Gefühle des anderen anspricht.**

Beispiel von oben: Nutze den Hochdruckreiniger nicht zum Säubern der Schuhe!
Dieser Satz lässt sich nicht positiv umformulieren, so dass realistische Beispiele gefunden werden müssen. Man nimmt beispielsweise ein Brett oder eine Wassermelone und zerschneidet dieses vor den Augen der Teilnehmer mit dem Wasserstrahl des Hochdruckreinigers. **Diese Sprache der Gefühle (Uhhh!!!!) versteht jeder, denn er sieht die negativen Auswirkungen.** Was nicht hilft, ist, über den hohen Druck zu sprechen oder technische Dinge anzuführen, die man nicht spüren kann! Entsprechend sollte eine schriftliche Erklärung gestaltet sein.

Wahrnehmung

Beispiele wie das obige erzeugen Gefühle, die genau wahrgenommen werden sollten. Ob diese Beispiele auch wirklich gefühlsmäßig ankommen, hängt davon ab, in welchem Modus gedacht wird. Es gibt zwei unterschiedliche Modi. Der erste Modus wird **assoziiert** genannt und führt dazu, dass die Person körperlich die Gefühle spürt. Erinnert die Person sich an ein Ereignis, so sieht sie es mit ihren Augen und fühlt das Erinnerte, als würde es jetzt stattfinden.

Der zweite Modus wird **dissoziiert** genannt und bedeutet, dass die Person weitestgehend von ihren Gefühlen getrennt ist. Beschreibungen von Beispielen oder Erinnerungen lösen keine oder nur wenig Gefühle aus.

Als Führungskraft oder Coach ist es natürlich wichtig, den Unterschied wahrnehmen zu können. Dafür ist folgende Übung geeignet.

Übung zu »Assoziiert versus Dissoziiert«

Übung: Drei Personen, A, B und C genannt.
- A wählt drei Erlebnisse aus, die für A wundervoll, schön, usw. waren.
- B hat die Aufgabe, genau zu beobachten.
- C ist Beobachter und gibt hinterher Feedback.

A beginnt nun und erinnert sich an das wundervolle Erlebnis. Er ist assoziiert, d.h. mitten drin. B nimmt genau wahr, wie A im assoziierten Zustand aussieht.

Dann geht A in dasselbe Erlebnis dissoziiert, d.h. er betrachtet es wie auf einer Kinoleinwand. A wechselt mehrmals zwischen dem assoziierten und dem dissoziierten Erlebnis hin und her, bis die Unterschiede für A und B klar sind.

Eine weitere Übung zur Wahrnehmungsschulung ist die Unterscheidung zwischen der **Wahrnehmung** und der **Interpretation**. Es ist sehr wichtig, eine korrekte Wahrnehmung und KEINE Interpretation im Coaching, beim Feedback-Geben oder bei der Auflösung von Systemgesetzverletzungen zu äußern.

Übung zur Wahrnehmung versus Interpretation
(nach Grinder u. Bandler 1994)

Teil 1
Start: Drei Personen, A, B und C genannt.
- A erinnert sich, ohne es zu sagen, an drei Erlebnisse, die sehr intensiv waren, sowohl im positiven als auch im negativen

Sinn. Die Erlebnisse sollen sich stark voneinander unterscheiden. A erinnert sich, findet drei und benennt sie einfach mit eins, zwei und drei.

- B hat die Aufgabe, genau zu beobachten.
- C ist Beobachter und hilft A und B, den roten Faden zu behalten.

A kündigt »eins« an. A geht nach innen und erlebt das Ereignis, ohne es zu benennen. A nimmt sich soviel Zeit, wie nötig ist. Dann kündigt A »zwei« an und durchlebt das zweite Erlebnis. Dann kommt das dritte.

Wichtig: Sie (bzw. Ihr Klient) müssen das Ereignis so durchleben, dass Sie sich **nicht** selbst sehen (nicht dissoziiert, wie auf einem Videofilm), sondern Sie *sehen das, was Sie gesehen haben, als Sie in der Situation waren!* (also assoziiert – Sie können dann Ihr eigenes Gesicht nicht sehen)

B hat die Aufgabe, die Veränderungen an A zu beobachten, während A durch die drei Erlebnisse geht. Achten Sie auf: Veränderung der Hautfarbe, Atmung, Haltung, Muskeltonus usw.

Teil 2

A macht genau das Gleiche wie in Teil 1: A kündigt »eins« an und durchlebt das Ereignis. Aber diesmal beobachtet B nicht nur die Veränderungen, sondern beschreibt sie laut.

C's Aufgabe ist es, sicherzustellen, dass alle Beschreibungen von B **sinnesbezogene** Beschreibungen (konkrete Wahrnehmung – keine Interpretation) sind: »Deine Mundwinkel heben sich. Deine Haut färbt sich dunkler. Deine Atmung ist hoch und flach …«

Wenn B sagt: »Du siehst gerade glücklich aus; jetzt siehst du beunruhigt aus, …« so sind dies keine sinnesbezogene Beschreibungen. »Glücklich« oder »beunruhigt« sind Urteile oder Interpretationen. C hinterfragt also jede Beschreibung von B, die nicht sinnesbezogen ist.

Teil 3

Dieses Mal geht A in eines der drei Erlebnisse, ohne die Zahl zu sagen. B beobachtet und sagt dann, welches der Erlebnisse es seiner Meinung nach war, eins, zwei oder drei. A sagt nicht, ob B's Aussage richtig oder falsch ist.

A geht solange weiter durch die drei Erlebnisse – in beliebiger Reihenfolge – bis B in der Lage ist, fehlerfrei anzugeben, durch welches der Erlebnisse A geht. Wenn B das nicht erkennt, fängt A wieder von vorne an.

Teil 4

Hier soll B interpretieren. A geht wieder in irgendeines der drei Erlebnisse, und B interpretiert, so genau wie möglich, was der **Inhalt** dieses Erlebnisses ist.

Meistens spiegeln die Interpretationen die Erlebnisse gut wider, aber je konkreter die Interpretation sein soll, desto ungenauer wird sie.

Beispiel: »Ich glaube, dass du im Erlebnis A wütend warst, es könnte sein, dass ein Kollege dich geärgert hat.« A antwortet: »Es stimmt, ich war wütend, aber es hatte nichts mit meinem Kollegen zu tun, sondern mein Computer war abgestürzt.«

Der Unterschied zwischen Wahrnehmung und Interpretation

Wenn Sie die nebenstehende Person betrachten, was nehmen Sie wahr?

Im Allgemeinen erhalte ich folgende Antworten: Sie ist nachdenklich, verschlossen, in sich gekehrt oder zielgerichtet.

Diese Antworten sind keine Wahrnehmungen, sondern Interpretationen. Jeder hat seine eigenen Interpretationen, und passen sie nicht zu dem Gegenüber, so lässt sich darüber streiten. Über eine Wahrnehmung jedoch nicht.

Also wie lautet eine Wahrnehmung?

Sie sitzt, ihr Oberkörper ist um ca. 15 Grad nach vorne gebeugt, ihre Hände berühren sich, ihre linke Hand ist nach rechts gebeugt und berührt ihr Kinn…

Aufgabe: Fertigen Sie eine Tabelle an und schreiben Sie in der linken Spalte typische Interpretationen von Ihnen, wie Sie andere beschreiben. In die mittlere Spalte setzen Sie Ihre Wahrnehmung. Notieren Sie in der rechten Spalte mögliche weitere Interpretationen.

Interpretation	Wahrnehmung (konkret)	Weitere Interpretation
unsicher	Zittern in der Stimme	aufgeregt
auf der Flucht	Haltung nach vorne gebeugt	interessiert
nachdenklich	Kinn auf die Hand abgestützt	traurig
Ablehnung	Hände vorm Bauch verschränkt	gemütlich
?	?	?
?	?	?

Aus dieser Aufgabe wird Ihnen vielleicht deutlich, wie gefährlich es ist, aus einer Körperhaltung eine bestimmte Schlussfolgerung zu ziehen. Fragen Sie sich: »Wie könnte eine andere Interpretation oder Schlussfolgerung aussehen?«

Was sehen Sie?

Etwa einen Polizisten, der jemanden verfolgt? Das wäre eine Interpretation und keine Wahrnehmung. Es könnte auch anders sein.

Auflösung: Zwei Polizisten, der eine in Zivil, der andere in Uniform.

Wahrnehmung und Interpretation in der Quantenphysik

In der Quantenmechanik gibt es eine grundlegende Versuchsanordnung. Sie besteht darin, dass Quantenobjekte wie Elektronen durch einen Spalt oder zwei Spalten geschossen werden und dann auf einem Bildschirm (wie bei den alten Röhrenfernsehern) sichtbar gemacht werden. Eine Analogie zur Versuchsanordnung ist das Torwandschießen, aber mit anderen Ergebnissen.

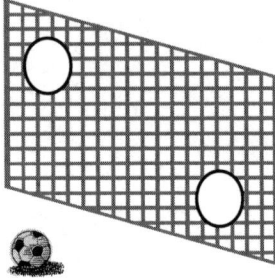

1. Erste Messung – einen Spalt geöffnet:
Es werden der Reihe nach viele Quantenobjekte durch **einen** Spalt hindurch auf einen Bildschirm geschossen. Was zeigt sich auf dem Bildschirm, was ist also wahrnehmbar?

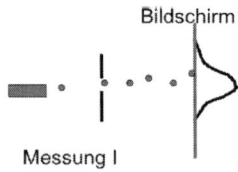

Es wird ein Berg sichtbar. Bei Fußbällen würde man das Gleiche erwarten. Die Bälle landen fast alle am selben Ort, an dem ein Berg Bälle entsteht, und nur einige wenige würden seitlich davon auftreffen.

2. Zweite Messung – zwei Spalten geöffnet:
Jetzt wird kurz neben dem ersten Spalt ein weiterer Spalt geöffnet. Die Quantenobjekte haben nun zwei Wege zur Verfügung. Was zeigt sich nun auf dem Bildschirm?

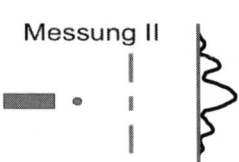

Gehen wir von Fußbällen aus, so würden wir zwei Berge, jeweils einer hinter dem jeweiligen Spalt erwarten. In der Quantenwelt ist diese Erwartung aber nicht richtig, denn es zeigt sich eine andere Verteilung auf dem Bildschirm.

Wir sehen einen großen Berg, daneben jeweils ein Tal, weiter einen kleinen Berg, worauf wieder ein Tal folgt. Diese Verteilung erhält man auch, wenn man zwei Steine gleichzeitig ins Wasser fallen lässt, die daraus entstehenden Wellen sich überlagern und dort Berge bilden, sich aber an anderen Stellen gegenseitig auslöschen, also Täler sichtbar werden, auch **Interferenz** genannt.

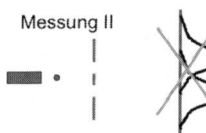

Messung II

Zusammengefasst lassen sich auf dem Bildschirm zwei unterschiedliche Verteilungen, je nachdem, ob ein Spalt oder beide Spalte offen sind, beobachten. Es lässt sich jedoch keine Aussage über die Quantenobjekte oder was auf dem Weg zwischen der Elektronenquelle, der Spaltanordnung und dem Bildschirm passiert, daraus ableiten.

Der Fehler entsteht, wenn aus den Wahrnehmungen Rückschlüsse, also Interpretationen gebildet werden, die dann als real erachtet werden. Im obigen Fall wird das Quantenobjekt einmal als Teilchen und einmal als Welle interpretiert – auch bekannt als Welle-Teilchen-Dualismus. Der nächste Schritt ist dann die Schlussfolgerung, dass ich als Experimentator darüber die Macht habe, ob das Quantenobjekt ein Teilchen oder eine Welle ist, je nachdem, ob ich den zweiten Spalt öffne oder schließe. Also bestimmt mein Bewusstsein über die Quantenwelt.

Aus anderen Experimenten wissen die Physiker aber, dass ein Quantenobjekt kein Teilchen und auch keine Welle sein kann, sondern etwas Drittes ist, für das wir in unserer klassischen Welt keine Beschreibung und keine Worte haben.

Welle – Teilchen sind klassische Begriffe und beschreiben nicht die Quantenebene. Was Quantenobjekte sind, weiß keiner, nur wie die Wirkung ist. Deshalb können wir auch sagen, es gibt keinen Welle-Teilchen-Dualismus und auch nicht die Möglichkeit, dass der Experimentator die Macht hat, Quantenobjekte in Wellen oder Teilchen zu verwandeln, sondern nur, dass die Wirkung oder Verteilung auf dem Bildschirm sich verändert.

Nils Bohr: »*Wer über die Quantenmechanik nicht erschrocken ist, hat sie nicht verstanden.*«

Richard Feynman: »*Ich glaube, es gibt hunderte Physiker, die Einsteins Relativitätstheorie verstanden haben, aber keinen, der die Quantenmechanik verstanden hat.*«

Genauso weiß keiner – auch Physiker nicht – was Energie oder Kraft ist oder was ein Feld ist, jedoch die Wirkung ist erkennbar. Als Beispiel nehme ich die Schwerkraft. Was ist die Schwerkraft? Keiner weiß es, es gibt verschiedene Modelle als Erklärungsversuche dafür, beispielsweise Gravitonen (als **Graviton** bezeichnet man das hypothetische Eichboson einer Quantentheorie der Gravitation. Dieser Annahme zufolge ist es der Träger der Gravitationskraft) oder Einsteins Relativitätstheorie u. a. Jeder kennt aber die Wirkung und kann diese Wirkung wahrnehmen.

Genauso verhält es sich mit dem Unbewussten. Jeder kennt die Wirkung, aber keiner weiß oder kann erklären, was es ist.

Wir müssen uns damit abfinden, dass die Wirkung wahrnehmbar ist, es aber keine Erklärung gibt, außer mithilfe von Modellen oder Interpretationen. Modelle zu bilden ist sicherlich sinnvoll, aber auch sie sind ein einseitiger Zugang und Ausschnitt. Eine objektive Realität ist uns Menschen nicht zugänglich. Wichtig ist, sich bewusst zu machen, dass alle Aussagen eine subjektive Perspektive darstellen.

Nun zwei Übungen, damit die Wahrnehmung geschult wird und mögliche Interpretationen aufgedeckt werden.

Übung: Das Party-Spiel

Start: Mehrere Personen (Bs) und ein A.
- A denkt intensiv an eine Person, die A sehr gern mag. Dann wird A aus dem Gefühl zurückgeholt. Anschließend denkt A an eine Person, die sie gar nicht mag. Je unangenehmer diese Person für A ist, desto leichter ist das Spiel.

- Die Bs nehmen wahr, wie A in den beiden Zuständen aussieht.
- Die Bs stellen nun vergleichende Fragen, z.B. welche Person von den beiden hat die längeren Haare? Wer fährt ein größeres Auto?
  A beantwortet die Frage innerlich. Ist die Frage nicht zu beantworten, weil beide gleich lange Haare haben, so teilt A dieses den anderen mit.
- Nach jeder Frage äußern die Bs ihre Vermutung darüber, welche Person gemeint ist. A gibt dann jeweils die Antwort preis.

Handwerkszeug: Das Übertragungsspiel

Lernt man einen neuen Menschen kennen, sei es privat oder im Coaching, so kommt es oft vor, dass dieser Mensch durch sein Aussehen, die Sprechweise, die Mimik oder Haltung eine Erinnerung an jemand anderen hervorruft. Diese Übertragung erfolgt meistens unbewusst. Man ordnet die »neue« Person ein und kommuniziert so mit ihr, wie man es mit der »erinnerten« Person getan hat.

Übung für Situationen, in denen eine neue Person kennen gelernt wird:

1. Treffen Sie eine neue Person, so fragen Sie sich bitte: An welche Person erinnert mich diese neue Person, mit wem hat sie Ähnlichkeit?
2. Erinnern Sie sich an eine Person, so finden Sie mindestens eine positive Sache, die Sie der erinnerten Person zuschreiben können. Sind es mehrere positive Aspekte, umso besser.
3. Dann stellen Sie sich beide Personen innerlich nebeneinander vor, und finden Sie einen Weg, wie Sie diese Personen auseinander halten können.

Im Folgenden lernen Sie die Wahrnehmungsleiter kennen. Diese erklärt, wie eine Interpretation Gefühle auslösen und zu einer selbsterfüllenden Prophezeiung führen kann.

Handwerkszeug: Die Wahrnehmungsleiter nach Peter Senge u.a. aus »Das Fieldbook zur fünften Disziplin«

Die Wahrnehmungsleiter ist ein Erklärungsmodell dafür, wie eine Kommunikation oft abläuft, und welche inneren Dynamiken und Rückkopplungsschleifen auftreten können.

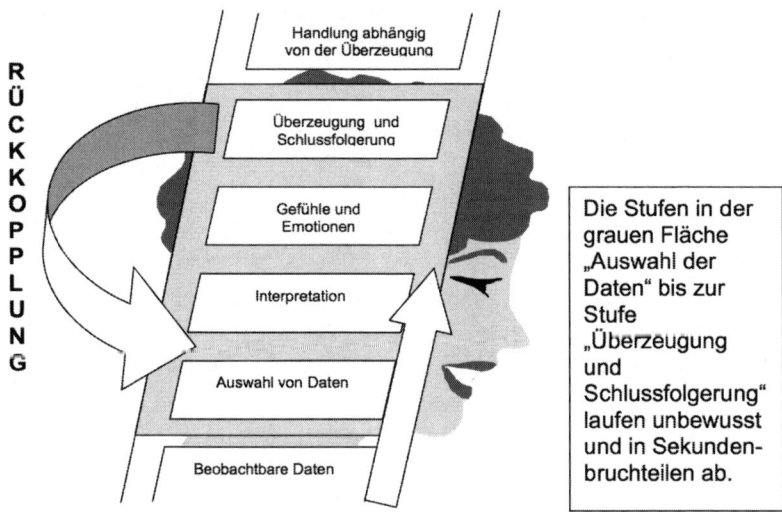

R
Ü
C
K
K
O
P
P
L
U
N
G

Handlung abhängig von der Überzeugung

Überzeugung und Schlussfolgerung

Gefühle und Emotionen

Interpretation

Auswahl von Daten

Beobachtbare Daten

Die Stufen in der grauen Fläche „Auswahl der Daten" bis zur Stufe „Überzeugung und Schlussfolgerung" laufen unbewusst und in Sekundenbruchteilen ab.

Die reflexive Schleife (Rückkopplung): Meine Überzeugungen und Schlussfolgerungen beeinflussen, welche Daten ich beim nächsten Mal auswähle und wie ich sie interpretiere.

Ein Beispiel:

1. Auswahl der Daten: Ein Politiker hat gerade eine Erklärung abgegeben, die anscheinend im Widerspruch zu seinem Wahlversprechen steht.

2. Interpretation: Ein weiterer Wahlbetrug

3. Gefühle und Emotionen: Ärger, Angst

4. Schlussfolgerungen und Überzeugungen: Er hat mal wieder bewiesen, dass es ihm an Integrität mangelt. -> Alle Politiker sind Lügner und Betrüger!

5. Handlung aufgrund der entwickelten Überzeugungen: Ich gehe nicht zur Wahl.

6. ist wieder 1. – Es werden neue Daten ausgewählt (Rückkopplungsschleife, da die Überzeugungen auch die Datenauswahl beeinflussen). Im Beispiel sieht man dann nur noch Dinge, die Politiker schlecht machen.

Ein Leben ohne zusätzliche Deutungen oder Schlussfolgerungen ist nicht möglich, denn Interpretationen dienen z.b. dazu, in Bruchteilen von Sekunden festzustellen, ob eine Gefahr droht oder nicht.

Es ist aber wichtig zu wissen, dass man interpretiert, dass das nicht die einzige mögliche Interpretation sein muss, sondern dass es auch anders sein kann. Die Kommunikation lässt sich verbessern, indem man reflektiert und indem man die Wahrnehmungsleiter auf dreierlei Weise nutzt:

1. um sich das eigene Denken und Schlussfolgern bewusster zu machen (**Reflexion**)
2. um das eigene Denken und Schlussfolgern sichtbarer für andere zu machen (**Plädieren**)
3. um das Denken und Schlussfolgern anderer zu erkunden (**Erkunden**).

Hat man sich die Leiter bewusst gemacht, kann man dieses Wissen dazu nutzen, bewusst aus ihr auszubrechen/auszusteigen. Es liegen zwei Möglichkeiten vor:

1. Die Interpretation ist nicht die Wahrnehmung, denn sie ist gefiltert. Stellen Sie sich deshalb die Frage:
   Könnte es auch anders sein?
   Wie könnte eine andere Interpretation lauten?

Finden Sie eine gegensätzliche Interpretation. Gähnt z.B. ein Zuhörer, so bedeutet das nicht unbedingt, dass der Zuhörer sich langweilt. Es könnte auch sein, dass er schlecht geschlafen hat oder dass Sauerstoffmangel im Raum herrscht.

2. Bearbeiten Sie Ihre Überzeugungen, Glaubenssätze und Schlussfolgerungen, indem Sie sie erst einmal aufdecken und dann verändern. Es gibt Überzeugungen, die sich leicht ändern lassen und andere, die nur im Coaching verändert werden können.

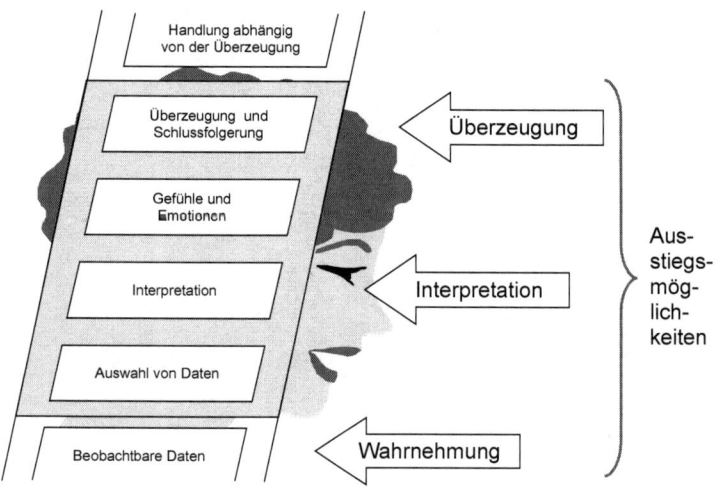

Übung: Analysieren Sie ein tatsächlich geführtes Gespräch. Wählen Sie ein schwieriges Problem und ein dazugehöriges Gespräch aus. Nehmen Sie nun ein Blatt Papier und ziehen Sie in der Mitte eine senkrechte Linie.

1. Rechte Spalte (das Gesagte)

Tragen Sie nun in der rechten Spalte den Dialog ein, der tatsächlich stattgefunden hat, oder den Dialog, der Ihrer Ansicht nach stattfinden würde, wenn Sie das Thema ansprächen.

2. Linke Spalte (das Gedachte und Gefühlte)

Jetzt tragen Sie in der linken Spalte ein, was Sie gedacht und gefühlt, aber nicht ausgesprochen haben. Nutzen Sie dazu die Auflistung oben von 1–5 der Wahrnehmungsleiter.

3. Reflexion: Die linke Spalte als Ressource

- Wie habe ich interpretiert?
- Was hat mich wirklich zu diesen Gedanken und Gefühlen veranlasst?
- Wie könnten meine Äußerungen zu den Schwierigkeiten beigetragen haben?
- Welche Mutmaßungen stelle ich über die andere Person an?
- Welche Überzeugungen und Schlussfolgerungen sind mir bewusst geworden und wie kann ich sie verändern?
- Was kann ich daraus lernen?

Handwerkszeug: Wahrnehmungspositionen

Um Systeme besser verstehen und durchschauen zu können, ist es wichtig, verschiedene Wahrnehmungspositionen einzunehmen. Ein Wahrnehmungspunkt allein gibt eine Perspektive, aber kein komplettes Bild des gesamten Systems. Wir benötigen die Details, das Gesamtbild, einen Blick in die Tiefe und in die Zeit, also Vergangenheit, Gegenwart und Zukunft. Es ist also nötig, verschiedene Wahrnehmungspositionen zu besuchen, die alle für sich wahr, aber begrenzend sind.

Die **erste** Position ist die eigene Sichtweise, die mit der Wahrnehmungsleiter beschrieben wird.
Die **zweite** Position ist die des anderen. Sie steigen in die Schuhe des Gegenübers, um seine
Sichtweise so gut wie möglich zu erfassen.

Was denkt die andere Person? Wie fühlt sie sich? Welche Wahrneh-
mungsleiter gebraucht sie? Was will sie? Wie nimmt sie Sie und die
Situation war?

Die **dritte** Position ist ein Schritt nach außen, außerhalb der eigenen Perspektive und der des anderen.
Hier erkennt man die Verbindung und das Kommu-
nikationsverhalten zwischen den beiden.
Wie kommunizieren sie miteinander? Wie sehen
beide aus, wie bewegen sich beide? Welche Ressourcen oder Fähig-
keiten fehlen? Welche Vorteile ergeben sich, wenn beide ihre Kom-
munikation verändern?

Um die Zusammenhänge in einem größeren Kontext oder System erkennen zu können, nimmt man
die **vierte** Position ein.
Welche Personen oder Kontexte gehören dazu? Wie
werden sie von beiden beeinflusst? Welche Auswirkungen hat eine
Veränderung der Beziehung auf die anderen?

Zu guter Letzt gibt es die **fünfte** Position, die durch die
Zeit geht.
Die ersten vier Perspektiven spiegeln die aktuelle Situation wider.
Finden wir eine Lösung oder ein Ziel, so ist es hilfreich, das System in und aus der Zukunft zu betrachten,
um etwaige Auswirkungen zu berücksichtigen. Außerdem kann
der Weg in die Zukunft neue Ressourcen wecken, die es in der Gegenwart noch nicht gibt.
Welches Ziel liegt vor? Je nachdem, ob die Situation konstant bleibt
oder sich ändert: Welche Auswirkungen ergeben sich in der Zukunft?
Siebter-Himmel-Zustand: Gehen Sie in die Zukunft, soweit, bis
Sie wissen, dass die Situation kein Problem mehr ist, sie Ihnen ge-
löst erscheint: Welche Interessen und Bedürfnisse müssen erfüllt
sein, damit Sie wissen, dass es eine gute Lösung wird?

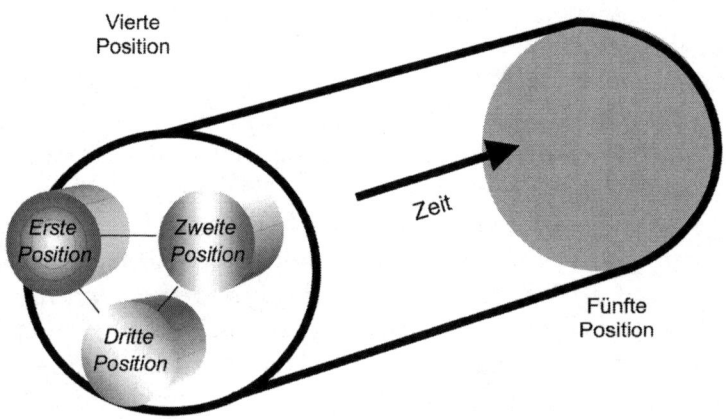

Bislang ging es um die Ökologie, die Kommunikation und die Wahrnehmung. Alle Themen sind Voraussetzung, damit ein Coaching, eine Mediation oder auch Führung optimal gelingen kann. Was noch fehlt, ist die Zielarbeit.

Als Ausgangspunkt einer jeden Beratung ist es sinnvoll, herauszufinden, was das Ziel des Klienten ist, damit es dem Coach nicht so geht wie dem Taxifahrer, der auf die Frage, wo er hinwolle, die Antwort von seinem Fahrgast erhält: »Nicht nach Hamburg«.

Zielarbeit – ein Instrument zur Bewältigung von Problemen

Jeder von uns kennt das Gefühl, in bestimmten Situationen von seinen Problemen erdrückt zu werden. In derartigen Situationen führt die häufig erlebte Orientierungslosigkeit in den meisten Fällen dazu, dass Lösungsversuche das Problem verstärken. Die sich häufig dann anschließenden Frustrationen lassen uns schließlich in ein Stadium der Mutlosigkeit und der totalen Inaktivität verfallen. Sind diese Phasen dann auch noch mit körperlichen Schmerzen verbunden, so erscheint uns unser Problemsystem als ein perfekt ausgeklügeltes Gefängnis, das zu verlassen wir mit eigenen Kräften scheinbar nicht mehr imstande sind.

Um weiteren Schaden zu vermeiden, können wir uns zunächst einmal folgender Tatsache vergewissern: dass alles, was wir bisher getan haben, unser Problem hervorgerufen hat, und dass es nun notwendig wird, etwas Neues zu versuchen. Doch welche Gestalt muss dieses Neue haben und was kann uns helfen, die sich anschließenden notwendigen Veränderungen zu strukturieren?

Genau an diesen Punkten knüpfen Ziele an, welche wir im Folgenden als ein Instrument betrachten, mit dessen Hilfe wir den heilenden Weg der Veränderung erfolgreich beschreiten können.

Dieser Idee liegt die Vorstellung zu Grunde, dass es nicht möglich ist, sich von seinem Problem wegzubewegen, ohne zu wissen, wohin letztlich die Reise gehen soll. Mit der Formulierung einer Zielvorstellung wird nun ein Prozess angestoßen, der unserem Denken und Handeln eine neue Richtung verleiht und unser Problemgewebe in einer Art und Weise auflöst, die ich nachfolgend kurz beschreiben möchte.

Angesichts der oben beschriebenen Problemsituation wird es darum gehen, Ziele zu finden, für die es sich lohnt, aktiv zu werden. Nach der Zielformulierung versetzen Sie sich in den wohltuenden Endzustand der Zielerreichung hinein, um auf diese Weise von der sich dann bildenden positiven Energie profitieren zu können.

Diese Vorgehensweise macht deutlich, dass der Phase der Zielformulierung eine herausragende Bedeutung im Rahmen des Veränderungsprozesses zukommt. Ein Ziel sollte daher **wohlgeformt** (positiv formuliert) sein, damit es als angenehmes und motivierendes Bild in Ihrer Vorstellung existiert, so dass Energien freigesetzt werden, die Ihr Unbewusstes dazu nutzen wird, das Ziel zu verwirklichen.

Doch wie gelingt es überhaupt, auf der Basis eines akuten Problems, ein Ziel zu entwickeln?

Nahe liegend wäre, das Problem einfach umzukehren, dass heißt, Sie benennen einfach die Abwesenheit des Symptoms, indem Sie sich beispielsweise vornehmen, nicht mehr zu rauchen. Wie bereits weiter oben beschrieben, hat das Unbewusste nur sehr eingeschränkte Fähigkeiten, Sprache zu verarbeiten und wird das »Nein« somit nicht registrieren, so dass die Zielsetzung verfehlt wird. Darüber hinausgehend könnte diese Vorgehensweise das Problem sogar noch verschlimmern, da durch das Verbot einer bestimmten Sache ein zusätzlicher Druck erzeugt wird.

Eine alternative Möglichkeit wäre, zu fragen, was sichergestellt ist, wenn das Problem nicht mehr existiert. Mit Hilfe dieses Kontrastes werden Sie dann herausbekommen, worum es Ihnen wirklich geht. So könnte jemand, der das Rauchen aufgeben möchte, diese Frage z. B. mit »Ich möchte frische Luft atmen« oder mit »Ich möchte ein guter Sportler werden« beantworten; beides käme bereits einer Zielformulierung gleich.

Hieran anknüpfend muss das Ziel in eine »Form« gegossen werden, so dass das Unbewusste es gut verarbeiten kann, wodurch es dann auch ein Maximum an Kapazitäten für die Zielerreichung zur Verfügung hat. Konkreteres finden Sie hierzu in den nachstehenden Ausführungen zu den wohlgeformten Zielen und zur holistischen Zielarbeit.

Die **holistische Zielarbeit** bedarf die Fähigkeit des Loslassen-Könnens. Durch das Loslassen wird zwar die Aufmerksamkeit auf ein bestimmtes Ziel gerichtet, es wird aber nicht verkrampft im Sinne einer starren Fixiertheit angegangen. Für den Fall, dass es nicht das richtige Format hat oder nicht lohnend ist, kann es dann auch wieder losgelassen werden. Eine konzentrierte Absichtslosigkeit oder gelöste Zielgerichtetheit ist demnach als der ideale geistige Zustand zu bezeichnen, um in die Zielarbeit gehen zu können.

Hier nun soll die klassische Zielarbeit nach Thies Stahl vorgestellt werden.

Handwerkszeug: Klassische Zielarbeit

Es wird von einem wohlformulierten oder wohlgeformten Ziel gesprochen, wenn es folgende Kriterien erfüllt:

Ist das Ziel selbst zu initiieren und aufrecht zu erhalten?
Liegt die Zielerreichung allein in Ihrer Macht?

Die Kriterien sind nicht erfüllt, wenn z. B.:

- Ich will Lottomillionär werden,
- Ich will nicht mehr rauchen,
- Der andere soll sich verändern

als Ziele genannt werden.

Wird anschließend die Frage gestellt: »Angenommen, es gäbe etwas für Sie neu oder besser zu lernen, um die Wahrscheinlichkeit zu erhöhen, dass dieser Wunsch in Erfüllung geht, was wäre das?«, führt dies oft zu einer neuen Zieldefinition, die entweder zeitlich oder kompetenzmäßig vor dem zuerst angestrebten Ziel liegt.

Nehmen wir als Beispiel die Zieldefinition »Der andere soll sich verändern.« Als Antwort auf die Frage könnte dann das neue Ziel lauten: »Ich muss das Nein-Sagen lernen«, um dann mit dem anderen die Beziehung klären zu können.

Weitere zu stellende Fragen:

Ist das formulierte Ziel kontextualisiert?

In der Beschreibung des Zieles soll auch mit angegeben werden, in welchem **räumlichen**, **zeitlichen** oder **sonstigen Kontext** der Zielzustand auftreten soll.

Wenn nicht, dann stellt man die **Frage: Wann werden Sie sich wo, wem gegenüber wie verhalten, wenn Sie Ihr Ziel erreichen?**
Ist die Zielformulierung im Indikativ?

Das Ziel sollte als wirklich, tatsächlich (nicht als Wunsch, wie »wäre«, »möchte«, »müsste«, »wollte« usw.) formuliert sein.

Formulieren Sie Ihr Ziel in der Wirklichkeitsform. Mein Ziel ist …
Ist es positiv formuliert?

Das Ziel soll positiv formuliert sein.
Enthält die Zieldefinition Negationen wie:
* nicht verkrampft sein,
* keinen Stress,

dann stellt man die Frage: **Wenn Sie Ihr Ziel erreicht haben, woran werden Sie es erkennen?**
Auch Formulierungen wie »gewaltfrei«, »Nichtraucher« usw. sind Negationen.
»Nichtraucher« kann beispielsweise zu »Frischluftatmer« oder »gewaltfrei« kann zu »liebevoll« werden.

Sind auch keine Vergleiche enthalten?

Das Ziel soll keine Vergleiche oder Steigerungen enthalten.
Enthält die Zieldefinition Vergleiche wie:
* ich möchte entspannter sein,
* weniger Stress oder Arbeit,
* mehr Erfolg

ist eine sinnvolle Frage: **Woran werden Sie erkennen, dass Sie Ihr Ziel erreicht haben?**

Ist das Ziel sinnesspezifisch konkret?

Der Zielzustand soll so beschrieben werden, dass genau angegeben wird, was Sie bei Erreichung des Ziels sehen, hören, fühlen, riechen oder schmecken werden.

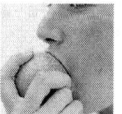

Ist die Zieldefinition zu unkonkret, dann fragt man: **Woran werden Sie erkennen, dass Sie Ihr Ziel erreicht haben?**
Kann ein Ziel körperlich konkret visualisiert und gefühlt werden, so ist es auch erreichbar.

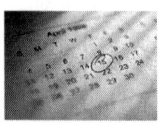

Messbar: Feedbackbogen kurz?

Das Ziel soll so benannt sein, dass die Zeit zwischen »etwas neu machen« und »merken, dass es neu ist« möglichst kurz ist.
Wenn nicht, dann stellt man die Frage: **Angenommen, es gäbe etwas, woran Sie schon viel früher erkennen können, dass Sie Ihr Ziel erreicht haben, was wäre das?**

Hat der Klient das Ziel, am Ende des Jahres einen Betrag X auf dem Konto zu haben, so sollte er vorher »Meilensteine« formulieren, um zu überprüfen, ob er auf dem Weg zum Ziel ist.
Die zwei folgenden Fragen, die weiter oben behandelt wurden und die Zielarbeit abrunden, sind:

Ökologie: Ist das Ziel ökologisch?

Ressourcen: Welche Ressourcen brauchen Sie, damit Sie das Ziel erreichen können?

Nun kennen Sie die Wohlgeformtheitskriterien für eine optimale Zieldefinition und können sie in den nächsten beiden Übungen anwenden.

Übung 1: Zu zweit, für den Coach selbst oder zum Anwenden in der Mediation
A formuliert sein Ziel. B prüft anhand der obigen Kriterien, ob das Ziel wohlgeformt ist. Wenn nicht, so wählt B eine der Fragen von oben, damit A sein Ziel besser formuliert. B fragt immer weiter, bis das Ziel wohlgeformt ist. Danach beginnt die Ökologiearbeit.

Übung 2: Zu zweit

Genauso wie Übung 1, allerdings wird hier inhaltlich verdeckt gearbeitet. A beschreibt sein Ziel mit »Platzhaltern«. Beispiel: »Mein Ziel ist Z«. Jetzt hinterfragt B die Wohlgeformtheitskriterien. Alle Antworten von A erfolgen inhaltlich verdeckt.

Da die Ökologie oder die Beachtung von negativen Auswirkungen hinter einem Ziel so wichtig sind, finden Sie hier eine Zusammenfassung von Ökologiefragen.

Ökologiefragen zum vernetzten System

Beispiel:

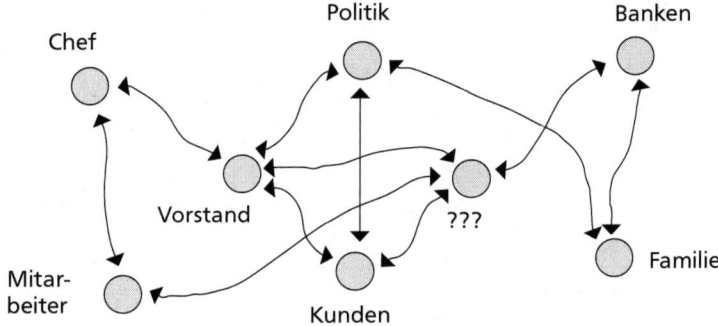

1. Wer wird von dieser Idee, diesem Ziel, dieser Veränderung betroffen?
    Von wem hängen Erfolg oder Misserfolg der Umsetzung entscheidend ab?
2. Was sind die Bedürfnisse und Interessen der Betreffenden?
3. Weshalb könnte jemand etwas gegen diese Idee oder dieses Ziel haben?
4. Welche Vorteile liegen im derzeitigen Lauf der Dinge?

5. Wie können Sie diese Vorteile erhalten, wenn Sie die neue Idee umsetzen?
6. Wann und wo würden Sie die Umsetzung dieses Ziels nicht wünschen?
7. Was ist aktuell zu tun, was fehlt an dem Plan?
8. Welchen Preis müssen Sie zahlen? Und sind Sie bereit dazu?
9. Was müssen Sie tun oder verändern, damit Sie den Preis nicht bezahlen müssen?

Wie Sie aus obiger Abbildung »Vernetzungsfragen« ersehen können, kann das bewusste bzw. das kognitive Denken nicht alle Antworten finden oder das ganze System durchschauen. Es stellt sich dann die Frage, wie groß das zu betrachtende System gewählt werden muss. Wer ist betroffen, und wo ziehen der Coach und der Klient eine willkürliche Grenze.

Zum Glück gibt es einen Ausweg.
Der Weg ist das **Unbewusste** des Klienten und das so genannte kollektive Unbewusste. Das Unbewusste ist der Hüter der Ökologie, d.h. es ist mit allen Systemen verbunden und weiß dadurch viel mehr als das hoch fokussierte und damit eingeschränkte Bewusstsein.

Wie kann ich nun als Coach dieses Unbewusste für den System- oder Ökologiecheck nutzen? Oder wie können Sie diesen Ökologiecheck alleine ausführen?

Dazu habe ich eine Übung entwickelt, die hilft, den eigenen Ökologieproblemen auf den Grund zu gehen und neue und bessere Lösungen zu finden.

Handwerkszeug: Kreislauf Bewusstes und Unbewusstes

In unserer Erfahrungswelt gibt es etwas, was wir als Bewusstsein bezeichnen (wir denken nach, wahrnehmen, reden usw.). Jedoch tun wir auch vieles unbewusst. Dieses »Nicht«-Bewusste ist verbunden mit dem größeren System.

Ich nenne es Unbewusstes – mir nicht bewusst. Und nicht Unterbewusstes, um zu verdeutlichen, dass es keine Hierarchie zwischen dem Bewussten und dem »Nicht«-Bewussten gibt. Niemand weiß, was hinter dem Unbewussten steckt, aber es liegen viele Modelle dazu vor.

In meiner Vorstellung ist es etwas, das über mein Bewusstsein hinausgeht. Es lässt mich sozusagen nicht bewusst Autofahren, Treppen steigen usw.

Können Sie mal ganz bewusst Ihren Arm heben und beschreiben, welchen Muskel Sie zuerst anspannen. – Keiner kann das, denn wir haben es unbewusst gelernt.

Genauso sprechen wir Sätze, die wir normalerweise nicht bewusst vorher durchdacht haben – woher kommen sie? Aus dem Unbewussten, erst wenn ich die Sätze sage, höre ich sie selbst und der Satz wird mir selbst bewusst.

Übung zum Erkunden des Unbewussten

* B stellt A die Frage: »Wo in Ihrem Körper glauben Sie, ist Ihr Unbewusstes?«
* Dann wird A dazu angeleitet, eine Reise von dem genannten Ort durch den Körper zu machen und zu fühlen, ob das Unbewusste noch woanders im Körper zu finden ist.
* B fragt: »Ist das Unbewusste eher innen oder auf der Haut? Gehen Sie zu Ihren Beinen, Füßen, Armen, Händen, spüren Sie nach, wo das Gefühl nachlässt. Wo hört das Unbewusste auf, wo ist es nicht mehr? Dann gehen Sie innerlich zu dieser Grenze und ein wenig darüber hinaus, und spüren Sie nach, ob die Grenze fest ist oder sich verändern kann. Gehen Sie durch Ihre Adern, Ihre Zellen, Ihre Organe und spüren Sie auch dort nach.
* Wo befindet sich Ihr Unbewusstes jetzt?
* Wie sieht es dort aus, ist es etwas Helles, Licht, Strahlen, ...?«
* B sät Ideen. »Was denken Sie von Ihrem Unbewussten? Ist es zuverlässig? Ist es klug? Ein guter Freund?«

> Ziel ist es hier, dass A anfängt, sein Unbewusstes zu lieben und ihm
> »Blumen zu schenken« (Anerkennung zu geben). B unterstützt A, dass
> er aus seiner Erfahrungswelt Beispiele dafür findet.
> Erst wenn ein positives Gefühl zum Unbewussten aufgebaut ist, kann
> man zum nächsten Schritt übergehen, sonst werden weitere Beispiele
> gesucht.

Ist nun ein guter Kontakt zum Unbewussten hergestellt, so können
Sie die nächste Übung durchführen. Das Unbewusste sendet laufend Signale ans Bewusste. Beispielsweise wenn eine unstimmige
Kommunikation auftritt oder wenn Ökologieprobleme vorliegen.
Die folgende Übung ist dafür geeignet, aus diesen Signalen zu lernen, indem Sie Ihr Unbewusstes befragen. Es ist ja Sender der Signale und weiß deshalb auch am besten, was Sie tun sollen oder
worauf Sie achten sollen. Deshalb befragen Sie Ihr Unbewusstes
und nicht Ihr bewusstes Denken.

Übung: Kontaktaufnahme zu Ihrem Symptom oder Signal

Bei dieser Übung geht es darum, Kontakt zu einem körperlichen
Symptom oder Signal (Rückenbeschwerden, Schnupfen, Schlaflo-
sigkeit usw.) bei sich selbst aufzunehmen.

- Nehmen Sie Kontakt zu Ihrem Symptom oder Ihrem Unbewussten
  auf, das dieses Symptom als Zeichen geschickt hat.
- Stellen Sie Ihrem Symptom Fragen und nehmen Sie die Antworten wahr. Fragen Sie Ihr Unbewusstes zuerst: »Wofür bist du, Symptom, gut?« oder »Was ist die positive Absicht dieses Signals?«,
  und warten Sie auf eine Antwort.
  Die Antwort, die spontan, ohne nachzudenken, auftaucht, ist vom
  Unbewussten. Dann meldet sich aber normalerweise das bewusste
  Denken und bewertet die Antwort, zieht Schlussfolgerungen usw.
  und gibt eine andere Antwort. Wir sind aber nur an die Antwort
  vom Unbewussten interessiert. Hier kommt es dann zur Versöhnung mit dem zuvor abgelehnten Symptom oder Signal.
- Die nächste Frage lautet: »Was muss ich tun, damit das Symptom/
  Signal nicht mehr nötig ist?« Antworten sind meist spontan auftre-
  tende Gedanken. Lassen Sie sich überraschen, welche Antwort auf
  welchem Wege Sie erhalten. Es kann ein Gefühl sein, ein Traum,
  ein Gedanke, innere Bilder...

- Wenn Sie eine Antwort erhalten, so bedanken Sie sich bei Ihrem Unbewussten und probieren Sie, die Antwort/Aufgabe zu erfüllen.
- Bekommen Sie eine Antwort, die Ihnen aber nicht klar verständlich ist, so bitten Sie Ihr Unbewusstes:»Bitte gib mir eine weitere Antwort, die ich besser verstehen kann.«
- Erhalten Sie beispielsweise in einem Traum eine Antwort und sie ist Ihnen nicht ganz klar, so fragen Sie die Personen im Traum, was er zu bedeuten hat oder was Sie tun sollen. Genauso verfahren Sie, wenn Sie eine spontane Antwort erhalten haben und nicht genau wissen, was Sie damit anfangen sollen. Dann fragen Sie weiter Ihr Unbewusstes:»Was muss ich tun?«, solange, bis Sie eine Antwort erhalten haben, die Sie verstehen und umsetzen können.
- Erledigen Sie die Aufgaben, die das Symptom oder Ihr Unbewusstes Ihnen gibt, damit das Symptom nicht mehr nötig ist (s. das Heuschnupfen-Beispiel weiter vorne).

Handwerkszeug: Holistische Zielarbeit

Die klassische Zielarbeit wird nun zur holistischen Zielarbeit erweitert und beide kurz gegenüber gestellt.

Klassische Zielarbeit: Bei der klassischen Zielarbeit sind mein Ziel und ich getrennt voneinander.

Es gibt nur einen Weg zum Ziel. Siehe dazu den Abschnitt »klassische Zielarbeit«.

Holistische Zielarbeit: Ich und mein Ziel sind nicht getrennt voneinander, sondern wir bilden eine Einheit, ein Ganzes.

Es gibt viele mögliche Wege zum Ziel. Dadurch haben mein Unbewusstes und ich sehr viele Möglichkeiten, das Ziel zu erreichen.

Um ein einfaches Beispiel zu nennen: der Weg zur Arbeit (Ziel: Arbeitsstelle erreichen): Ich kann zu Fuß, mit dem Rad, dem Auto, dem Bus oder der Bahn zur Arbeit kommen oder verschiedene Wegstrecken wählen.

Kann ich mein Ziel nur über eine bestimmte Wegstrecke, beispielsweise Autobahn, erreichen, so habe ich keine Wahlmöglichkeit, falls ein Stau auftritt. Wenn wir unser Ziel so klar festgelegt haben, führt die Nichterreichung zu Stress oder zu unökologischem Handeln.

Holistische Zielfrage: Woran kann ich jetzt, in diesem Moment schon erkennen, dass ich mein Ziel erreichen werde?
Oder: Habe ich schon in diesem Augenblick die innere Sicherheit, dass ich mein Ziel erreiche?
Stellt sich jetzt ein gutes Gefühl ein, wie Zuversicht, Gewissheit, Vertrauen, das Ziel zu erreichen, so sorgt Ihr Unbewusstes dafür, dass Sie es auch erreichen werden.

Ziele als Seins-Qualitäten
Es gibt auch Ziele, die nicht so einfach zu definieren sind bzw. mit der klassischen Zielarbeit nicht zu erreichen sind.
Dazu gehören Ziele wie: Gelassen sein, einschlafen, in meiner Mitte sein, kreativ sein, spontan sein usw.
Diese Ziele sind Seins-Qualitäten, die eine innere Haltung bzw. innere Prozesse beschreiben.

Paradox: Je mehr ich mich anstrenge, desto weniger erreiche ich mein Ziel. Oft kommt uns das aus klassischer Sicht paradox vor: Je mehr ich mich z. B. anstrenge, kreativer zu sein, desto weniger bin ich es. Oder wenn ich unbedingt vor einer langen Autofahrt noch drei Stunden schlafen will, so bleibe ich trotz aller Bemühungen wach. Wenn ich aber das Ziel loslasse oder es ans Unbewusste delegiere, also entspanne, erreiche ich es.
Für dieses Loslassen ist es hilfreich, sich mit seinem Unbewussten vertraut zu machen und eine freundschaftliche, liebevolle Beziehung aufzubauen.

Wird dann die Zielerreichung ans Unbewusste delegiert, entsteht ein entspannter offener innerer Zustand mit Vertrauen.
Erst dieses Vertrauen führt zur rechten Entspannung.

Kriterium für eine erfolgreiche holistische Zielarbeit ist das GEFÜHL – Vertrauen, Offenheit, Gewissheit!

Diese Übung ist geeignet zur Verbesserung oder Vertiefung von bekannten oder unbekannten Fähigkeiten. Bitte vorher die oben beschriebene Übung zum Erkunden des Unbewussten durchführen.

Vor einer Pause oder vor dem Einschlafen nehmen Sie mit Ihrem Unbewussten Kontakt auf.

1. Angenommen, Sie sollen bei einer Sitzung eine Präsentation zeigen, so können Sie Ihr Unbewusstes nutzen, indem Sie folgende Aufgabe vergeben:

Mein Unbewusstes, ich bitte dich, erinnere dich an die fünf Situationen in meinem Leben, in denen ich meine dynamischsten, erfolgreichsten und kreativsten Präsentationen gehalten habe.
Ich bitte dich, mir dieses Verhalten und diese Fähigkeiten in den entscheidenden Augenblicken spontan zur Verfügung zu stellen.

2. Sie wollen sich besser durchsetzen:
Mein Unbewusstes, ich bitte dich, erinnere dich an alle Situationen in meinem Leben, in denen ich mich optimal durchsetzen konnte und trotzdem ökologisch handelte.
Und ich bitte dich, mir dieses Verhalten und diese Fähigkeiten in den entscheidenden Augenblicken spontan zur Verfügung zu stellen.

Sie werden entdecken, dass Sie sich wirklich verändern und weiterentwickeln.

Übung: Holistische Zielarbeit

Führen Sie zuerst die klassische Zielarbeit durch und überprüfen Sie, ob Ihr Ziel ökologisch ist, d.h. dass die Zielerreichung keine negativen Auswirkungen für Sie hat.

Dann stellen Sie sich folgende Frage:
Woran kann ich jetzt (in diesem Moment) schon erkennen, dass ich mein Ziel erreichen werde?
Stellt sich jetzt ein gutes Gefühl ein, wie Zuversicht, Gewissheit, Vertrauen, das Ziel zu erreichen, so sorgt Ihr Unbewusstes dafür, dass Sie es auch erreichen werden.
Sicherlich kennen Sie dieses Gefühl, beispielsweise im Sport, wenn Sie vor dem Spiel genau wissen, dass Sie gewinnen werden, egal, was passiert.

> Sie können auch aktiv Ihr Ziel ans Unbewusste abgeben:
> Ich vertraue meinem Unbewussten. Es lässt mich zur rechten Zeit das Richtige tun.
>
> Je enger und klarer unsere Ziele sind, desto weniger Freiraum hat unser Unbewusstes, diese Ziele zu erreichen. Außerdem ist die innere Motivation so hoch, dass wir sehr schnell die Ökologie aus den Augen verlieren. Das Unbewusste handelt generell ökologisch. Delegieren Sie daher an Ihr Unbewusstes!

Sie haben bislang den Coachingablauf mit der Zielarbeit und den Ökologiefragen kennen gelernt. Als Handwerkszeug diente das Wissen über die Kommunikation, Wahrnehmung versus Interpretation und die lösungsorientierten Fragen. Als zusätzliches wichtiges Handwerkszeug fehlt noch die Sprache. Jeder Satz, den Sie hören, ist unvollständig und lässt eine Interpretation zu, was als Coach, Mediator oder Führungskraft aber nicht hilfreich und erwünscht ist. Dieses Problem umgehen Sie, wenn Sie präzise nachfragen.

Präzises Nachfragen – Das Meta-Modell

Eine Führungskraft sollte sicherstellen, dass ihr Mitarbeiter seine Aufgaben verstanden hat. Gleichzeitig sollte die Führungskraft ihren Mitarbeiter verstehen. Das gilt auch für die Kommunikation zwischen Coach und Klienten. Allerdings gibt es in unserer Sprache kein hundertprozentiges Verstehen, denn sie ist ungenau. Deshalb ist es in wichtigen Situationen sinnvoll, präzise nachzufragen. Dazu dient das **Meta-Modell**, das von Richard Bandler und John Grinder entwickelt und von mir vereinfacht wurde.

Die Anwendung des Meta-Modells (präzise nachzufragen) dient vor allem:

- zur Informationsgewinnung
- zum Klären von Bedeutungen und Einschränkungen
- zum Schaffen von Wahlmöglichkeiten

Wir hinterfragen einen ungenauen Satz, um die Absicht oder die Logik des Gegenübers besser zu verstehen. Darüber hinaus fragen wir nach, um dem anderen zu helfen, sich die Vielfalt seiner früheren Erfahrungen bewusst zu machen und auf diese Weise Wahlmöglichkeiten zu bekommen.

Sie als Fragender lernen zu wissen und zu fühlen, wann Sie genügend Informationen haben und wann nicht.

Ferner erwerben Sie die Kompetenz, wichtige Informationen zu erfragen und zu unterscheiden, was Sie mit einem Wort oder Satz verbinden und was Ihr Gesprächspartner damit verbindet.

1. Tilgung (Auslassung)

Jede Form von Konzentration auf etwas Bestimmtes bedeutet, andere Dimensionen der Außenwelt von unserer Wahrnehmung auszuschließen. In Problemzusammenhängen kann der Ausschluss von Erfahrungsteilen Lösungen blockieren. Getilgte Erfahrungsanteile wieder zu entdecken, bedeutet, fehlende Informationen für eine mögliche Lösung zu erhalten. Oft kommt es vor, dass die getilgten Anteile selbst das Problem sind.

1a. Der Bezug fehlt
Der Sprecher lässt aus, auf was oder wen er sich bezieht.

Beispiele:
- »Die Leute aus unserer Abteilung begreifen das nicht.«
- »Die sind so schwierig.«
- »Sie hat mir gesagt, dass es so enden würde.«
- »Sie ist wütend.«

Fragen:
- *Welche Leute begreifen was genau nicht?*
- *Wer genau ist wie (auf welche Weise) schwierig?*
- *Wer hat Ihnen gesagt, dass was wie enden würde?*
- *Wer genau ist wie wütend?*

Präzisionsfragen:
Wer, wann, wo, worüber, wie genau?

1b. Vergleiche

Der Sprecher verwendet Vergleiche ohne den dazugehörigen Bezug.

Beispiele:
- »Er ist der Beste.«
- »Mir geht es schon viel besser.«
- »Wir haben die fähigsten Mitarbeiter.«
- »Sie ist eine der erfolgreichsten Frauen.«

Fragen:
- *Er ist der Beste im Vergleich zu wem?*
- *Viel besser als wann?*
- *Die fähigsten Mitarbeiter in Bezug auf wen oder was?*
- *Im Vergleich zu welchen anderen Frauen ist sie die Erfolgreichste?*

Präzisionsfragen:
Im Vergleich womit?
Im Vergleich zu wem?
Besser als wer?

1c. Nominalisierung

Der Sprecher gebraucht abstrakte Hauptwörter. Es sind Verben oder Adjektive, die als Nomen verwendet werden, das heißt, nominalisiert sind.

Das Umformen der Nominalisierung verhilft zu der Einsicht, dass das Ereignis ein Prozess ist, der veränderbar ist, der aktiv gestaltet werden kann.

Beispiele:
- »Ich bekomme keine Hilfe.«
- »Ich bin kein guter Verkäufer.«
- »Ich habe kein gutes Verhältnis zu Frau Meier.«

Fragen:
- *Wer soll Ihnen wie helfen?*
- *Was können Sie nicht verkaufen? Was möchten Sie gut verkaufen?*
- *Wie möchten Sie sich Frau Meier gegenüber verhalten?*

Tipp: Nominalisierungen bewirken häufig ein Gefühl der Machtlosigkeit und des Kontrollverlustes. Sie können zu Manipulationen missbraucht werden. Beispiel: Wir wollen doch alle *Erfolg, Spaß, Freiheit, Gleichheit, Abenteuer,* ...

Präzisionsfragen:
**Nominalisierungen in Verben (Prozessworte) verwandeln
Angst – ängstlich, Hilfe – helfen**

2. Verallgemeinerungen (Generalisierungen)

Der Sprecher verwendet Verallgemeinerungen, entweder als selbst auferlegte Einschränkungen oder als Universalbegriffe.

2a. Selbstauferlegte Einschränkungen
Wörter wie »nicht möglich«, »kann nicht«, »darf nicht«, »muss«, »notwendig« etc. weisen in der Regel auf Erfahrungen in der Kindheit hin, in denen auf das eigene Verhalten negative Konsequenzen folgten. Dadurch wurden die eigenen Handlungsmöglichkeiten eingeschränkt. Diese Beschränkungen beeinflussen das Verhalten auch im Erwachsenenalter, solange sie nicht bewusst hinterfragt werden.

Beispiele:
- »Ich kann meinen Chef nicht verstehen.«
- »Es ist unmöglich, hier Fuß zu fassen.«
- »Ich bin außer Stande, ihr das mitzuteilen.«
- »Ich sollte ihm nicht widersprechen.«

Fragen:
- *Was bräuchten Sie, um Ihren Chef zu verstehen?*
- *Was würde geschehen, wenn Sie hier Fuß fassten?*

- *Was bräuchten Sie, um hier Fuß zu fassen?*
- *Was würde geschehen, wenn Sie ihr es mitteilten?*
- *Was würde passieren, wenn Sie ihm widersprächen?*

Tipps: Signalwörter sind: Kann nicht, nicht möglich, darf nicht, es ist unmöglich, ich fühle mich außer Stande. »Ich muss-Sätze« deuten darauf hin, dass jemand seine Fähigkeiten unterschätzt und auch noch selbst davon überzeugt ist. Signalwörter sind: müssen – notwendig – sollte – sollen – zwangsweise

Präzisionsfragen:
Was bräuchten Sie?
Was würde geschehen / passieren, wenn Sie es (nicht) täten?

2b. Universalbegriffe (alle, jeder, nie, …)
Der Sprecher nutzt Universalbegriffe als Verallgemeinerungen. Hinterfragen der Universalbegriffe durch Übertreiben der Verallgemeinerung oder durch konkretes Fragen nach einer Ausnahme veranlasst den Betroffenen, den Geltungsbereich seiner Aussage zu begrenzen.

Beispiele:
- »Verhandlungen sind immer schwierig.«
- »Keiner versteht mich.«
- »Sie zeigen mir nie, dass Sie meine Arbeit schätzen.«

Fragen:
- *Wirklich immer? Können Sie sich an eine Verhandlung erinnern, die einfach war?*
- *Habe ich Sie richtig verstanden, dass immer alle Sie nicht verstehen?*
- *Wirklich niemals? Habe ich Ihnen vielleicht doch ein einziges Mal gezeigt, dass ich Ihre Arbeit schätze? Gab es auch Ausnahmen?*

Tipps: Signalworte: alle, jeder, keiner, niemand, nie, immer …
Übertreibung: Wirklich alle?, Jeder?, Keiner?, Niemand?, Nie?, Immer?

Präzisionsfragen:
Gab es auch Ausnahmen?
War es einmal anders?

3. Verzerrungen

Der Sprecher verzerrt seine Aussage,

a. indem er von der Vorannahme ausgeht, etwas über eine Person zu wissen, ohne vorher direkt mit ihr darüber zu kommunizieren,
b. indem er zwei Handlungen als Ursache-Wirkungs-Zusammenhang miteinander verbindet,
c. indem er seine eigene Beurteilungen oder Meinungen als die einzig gültige in die Welt hinausträgt.

3a. Gedankenlesen und Hellsehen
Wenn wir »Gedanken lesen«, ziehen wir Schlussfolgerungen, ohne etwas über eine Person zu wissen. Gedankenlesen liegt dann vor, wenn:

a. jemand meint, genau zu wissen, was ein anderer denkt (z. B.: »Er war sauer. Sie wollte es nicht zugeben«),
b. jemand meint, der andere müsse Gedanken lesen können (z. B.: »Du müsstest doch wissen, dass ich das nicht mag«).

Beispiele:
- »Ihr ist doch bekannt, dass sie mich damit ärgert!«
- »Mir ist klar, dass er meine Idee nicht gut finden wird.«
- »Warum kannst du mich nicht endlich mal ernst nehmen!«
- »Jeder denkt, dass ich zu viel Zeit brauche.«

Fragen:
- *Wie merken Sie genau, dass es ihr bekannt ist?*
- *Was genau lässt Sie wissen, dass er Ihre Idee nicht gut finden wird?*
- *Woraus schließt du, dass ich dich nicht ernst nehme?*
- *Woher wissen Sie, was jeder denkt?*

Präzisionsfragen:
Wie oder woher weißt du das?
Was genau lässt dich wissen, dass...?
Was nimmst du wahr, das dich wissen lässt, dass ... ?

3b. Ursache-Wirkung

Wir verbinden zwei Handlungen miteinander, als gäbe es einen kausalen (ursächlichen) Zusammenhang. In Wirklichkeit besteht jedoch lediglich ein zeitlicher Zusammenhang.

Beispiele:

* »Er macht mich wütend, weil er so unpünktlich ist.«
* »Das ewige Genörgel meiner Frau macht mich krank!«
* »Sie macht mich sehr glücklich.«

Fragen:

* *Wie schafft er es durch seine Unpünktlichkeit, dass Sie wütend werden?*
* *Wie genau erreicht Ihre Frau, dass Sie krank werden? Wollen Sie damit sagen, dass das Nörgeln Sie notwendigerweise zwingt, krank zu werden?*
* *Wie macht sie das? Was genau tut sie, damit Sie sich glücklich fühlen?*

Tipps: Durch gezieltes Hinterfragen können wir unser Gegenüber zu seiner Eigenverantwortlichkeit zurückführen.

Präzisionsfragen:
Wie verursacht x ... y?
Wie genau schafft er mit seinem Verhalten x, dass Sie mit y reagieren?
Wie macht er das?
Wollen Sie damit sagen, dass x Sie notwendigerweise zu y zwingt?

3c. Ewige Wahrheiten

Wir tun so, als ob unsere Beurteilung oder Meinung die einzig gültige wäre. Das führt häufig zu einer sehr verzerrten und wertenden Wirklichkeitsanschauung.

Beispiele:
- »Das ist die richtige Art, ...«
- »So etwas sagt man nicht!«
- »Alle Psychologen sind selbst verrückt.«

Fragen:
- *Für wen ist es die richtige Art?*
- *Wer sagt das?*
- *Woher wissen Sie das?*

Präzisionsfragen:
Für wen ist das gültig?
Wer sagt das?
Woher wissen Sie das?

In folgender Tabelle finden Sie einen Überblick.

		Beispielsatz	**Frage**
T I L G U N G	**1a.** **Fehlender** **Bezug**	Die Leute aus unserer Abteilung begreifen das nicht.	Was genau begreifen sie nicht? **Wer, wann, wo, worüber, wie genau?**
	1b. **Vergleiche**	Er ist der Beste!	Der Beste im Vergleich zu wem? **Im Vergleich womit?** **Im Vergleich zu wem?** **Besser als wer?**
	1c. **Nominalisierung**	Sie hat Angst.	Vor wem ist sie ängstlich? **Nominalisierungen in Verben oder Adjektive (in Prozessworte) verwandeln Angst – ängstlich, Hilfe – helfen**

		Beispielsatz	Frage
V **E** **R** **A** **L** **L** **G** **E** **M** **E** **I** **N** **E** **R** **U** **N** **G**	**2a.** **Selbstauf-** **erlegte** **Einschrän-** **kungen**	Da darf man nichts Falsches sagen.	Was würde passieren, wenn Sie es täten? **Was würde geschehen, wenn Sie es (nicht) täten?**
	2b. **Universal-** **begriffe**	Alle Hunde sind gefährlich.	Wirklich alle? Gibt es auch Ausnahmen? **Gab es auch Ausnahmen?** **War es einmal anders?** **Wirklich alle, jeder, ...?**
V **E** **R** **Z** **E** **R** **R** **U** **N** **G**	**3a.** **Gedanken** **lesen**	Sie denkt, ich bin zu dumm dafür.	Woher wissen Sie das? **Wie oder woher wissen Sie das? Was genau lässt Sie wissen, dass ...? Was nehmen Sie wahr, das Sie wissen lässt, dass ...? Wer sagt das?**
	3b. **Ursache –** **Wirkung**	Wenn er mich weiter so anschaut, dann platze ich vor Wut!	Wollen Sie damit sagen, dass er Sie zwingt, wütend zu werden? **Wie verursacht x ... y? Wie genau schafft er mit seinem Verhalten x, dass Sie mit y reagieren? Wie macht er das? Wollen Sie damit sagen, dass x Sie zu y zwingt?**
	3c. **Ewige** **Wahrheiten**	Die langen Winterabende machen ganz depressiv!	Wer sagt das? **Für wen ist das gültig? Wer sagt das? Woher wissen Sie das?**

Mögliche Wahrnehmungszustände im Coaching

Wie schon oben beschrieben, ist die Wahrnehmung ein wichtiges Handwerkszeug für den Coach oder die Führungskraft, um eventuelle Unstimmigkeiten zu erkennen.

Es gibt im Coachingablauf unterschiedliche Zustände beim Klienten, d.h. der Klient verändert sich äußerlich, je nachdem, ob er noch im Problemzustand steckt, sich mit dem Problem versöhnt, sein Ziel erkennt, eine Lösung vor Augen hat oder ihm Ressourcen zugänglich werden.

Diese unterschiedlichen Zustände sollte der Coach jeweils erkennen und auseinander halten können, damit er ungefähr weiß, in welchem Stadium sich der Klient im Coachingprozess befindet.

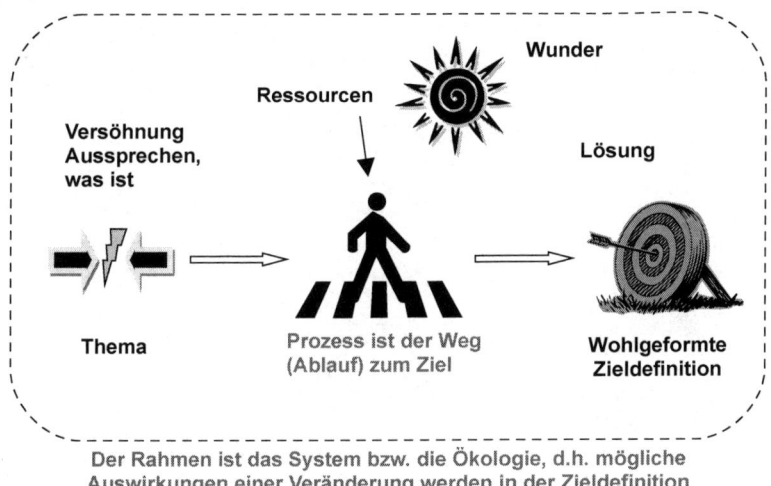

Der Rahmen ist das System bzw. die Ökologie, d.h. mögliche Auswirkungen einer Veränderung werden in der Zieldefinition berücksichtigt.

Im Folgenden lernen Sie die möglichen Wahrnehmungszustände kennen. Dazu finden Sie jeweils eine Beispielintervention oder Fragen, die in diesen Zustand führen.

Problemzustand (Thema)

Neue Sichtweisen anzubieten und anzuwenden, ist ein wichtiges Coaching- und Veränderungswerkzeug. Denn sich im Problem zu befinden bedeutet, dass alles, was gedacht wird, mit dem Problem verbunden ist und die geistige und körperliche Flexibilität als eingeschränkt erlebt werden. Das von vielen erlebte Gefühl des Festgefahrenseins ist häufig eine Folge der immer gleichen, vergeblichen Versuche.

Wahrnehmung: Zunächst den Ausgangszustand des Klienten erkennen.

Der »7.-Himmel«- oder der Wunderzustand
Gehen Sie (Ihr Klient) in die Zukunft, soweit, bis Sie wissen, dass die Situation kein Problem mehr darstellt. Das Problem ist gelöst. Gehen Sie immer weiter in die Zukunft, bis sich ihr Gefühl verändert und Sie sich im »7. Himmel« befinden. Wenn Sie dort sind, dann beschreiben Sie kurz ihr Gefühl und die Situation dort: wo, wer, was usw.
Wahrnehmung: Auf eine Zustandsänderung des Klienten achten!

Damit dieses Vorgehen erfolgreich sein kann, müssen zwei Voraussetzungen erfüllt sein:
1. Der Coach oder Mediator muss sich ebenfalls in der inneren Haltung eines Wunders oder des 7. Himmels befinden (Vorbild sein). Tut er das nicht, so sollte er sich die Ökologiefragen stellen. Auf diesen Sachverhalt wird im vierten Kapitel näher eingegangen.
2. Hat der Klient noch zu viele Verletzungen auf der Systemgesetzebene, so müssen zuerst diese bearbeitet werden.
Wahrnehmung: Auf eine Zustandsänderung des Klienten achten!

Ressourcenzustand in der Vergangenheit
Gehen Sie (beide – falls Konfliktparteien in der Mediation) soweit in die Vergangenheit zurück, bis es noch keinen Konflikt gab, alles gut war und sich ihr Gefühl verändert, weil Sie sich »davor« befinden. Wenn Sie dort sind, dann beschreiben Sie kurz Ihr Gefühl und die Situation dort (wo, wer, was usw.)
Wahrnehmung: Auf eine Zustandsänderung des Klienten achten!

Versöhnungszustand – Ökologie
Was ist das Gute am Alten? Wofür ist es gut, dass Sie Ihr Ziel noch nicht erreicht haben? Was ist das Gute am Thema, Problem oder Konflikt?

Welche negativen Konsequenzen können auftreten, wenn Sie Ihr Ziel erreichen bzw. das Thema nicht mehr da ist?
Was müssen Sie verändern, sicherstellen oder neu lernen, damit diese negativen Konsequenzen nicht eintreten?
Wahrnehmung: Auf eine Zustandsänderung des Klienten achten!

Versöhnungszustand – Aussprechen, was ist
Aussprechen und anerkennen, was ist:
- »Ich fühle mich übergangen, ...«
- »Es war nicht meine Absicht, ich habe ... (Systemgesetz Nr. ...) nicht beachtet. Es tut mir Leid!«

Wahrnehmung: Auf eine Zustandsänderung des Klienten achten!

Lösungszustand
Lösungsorientierte Fragen sind:
- Was kann helfen, ...?
- Wie könnte eine Lösung aussehen?
- Wie lässt sich Entsprechendes verbessern?
- Welche Bedingungen müssen erfüllt werden, damit ...?
- ...

Wahrnehmung: Auf eine Zustandsänderung des Klienten achten!

Zielzustände
Klassische Zielarbeit, holistische Ziele, Prozessziele
Wahrnehmung: Auf eine Zustandsänderung des Klienten achten!

Im nächsten Kapitel geht es um den Führungskreislauf, den man kennen und einhalten muss. Sonst kommt es unweigerlich zu Systemgesetzverletzungen. Auch im Führungskreislauf geht es um eine geschulte Wahrnehmung, um Ziele und deren Auswirkungen oder um lösungsorientierte und präzise Fragen. In diesem Kapitel ist das Fundament dafür gelegt worden.

KAPITEL 3: FÜHRUNGS-FÄHIGKEITEN

Das Einhalten der in Kapitel 1 vorgestellten Systemgesetze ist oberste Führungsaufgabe. Darüber hinaus gehören zum Führen einige Fähigkeiten: Einerseits als Grundlage die innere Einstellung und Haltung, andererseits gibt es viele Fähigkeiten, die erlernt werden können.

Das fünfte Systemgesetz beschreibt den Punkt »Höhere Verantwortung hat Vorrang«. Wenn die Führungskraft jedoch nicht ausreichend Führungsfähigkeiten besitzt, so wird sie nicht richtig führen. Die Mitarbeiter wollen jedoch einen starken, klaren und menschlichen Chef. Der sich um seine Mitarbeiter kümmert und sie fordert und fördert. Der sich mit der strategischen Ausrichtung befasst. Der sich nicht in Detailarbeit oder im operativen Geschäft verstrickt, sondern diese Aufgaben seinen Mitarbeitern überlässt.

Kommt er dem nicht nach, so entsteht ein Vakuum. Die Mitarbeiter werden unzufrieden. Sie übernehmen vielleicht Arbeiten und Verantwortung für den Chef, (»Einer muss es ja tun«) und erfüllen damit die positive Absicht hinter dem Systemgesetz 8: »Gesamtsystem hat Vorrang vor Einzelperson – hier der Chef«. Gleichzeitig spüren und wissen sie unbewusst oder sogar bewusst, dass dadurch viele der obigen Systemgesetze wie 1: »Recht auf Zugehörigkeit / kein Ausschluss«, 2: »Recht auf Anerkennung, Wertschätzung und Respekt« und 5: »Höhere Verantwortung hat Vorrang (Hierarchie)« verletzt werden oder zumindest beim Chef so wirken können.

Im folgenden Kapitel geht es darum, die Führungsfähigkeiten des Chefs zu verbessern, damit er wirklich Chef ist und kein Vakuum entsteht. Dazu lernen Sie den Führungskreislauf mit den einzelnen Stationen kennen.

Handwerkszeug: Der Führungskreislauf

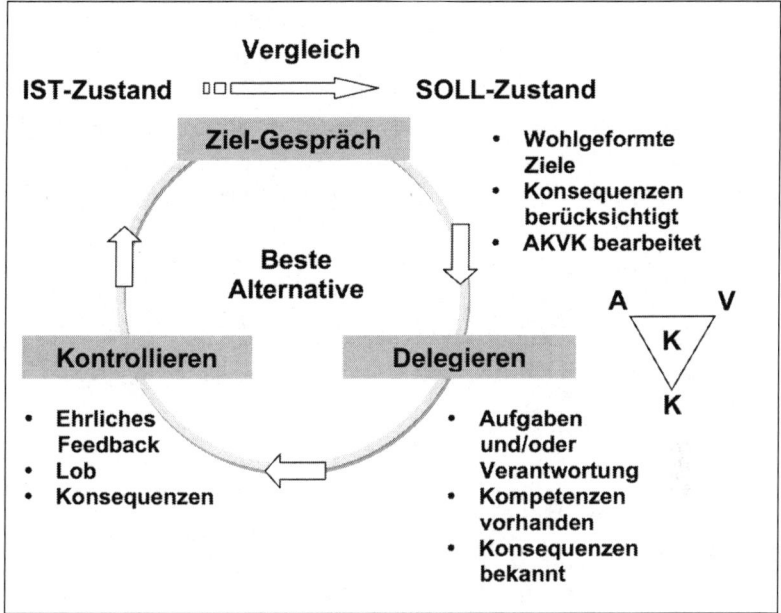

Der Führungskreislauf ist komplexer als der Lernkreislauf, ist aber ähnlich aufgebaut. Man startet mit einem IST-SOLL-Vergleich bzw. mit Zielen, die noch nicht erreicht sind.

Nach gründlicher Vorbereitung durch die Führungskraft gibt es das **Zielgespräch** mit dem Mitarbeiter. Werden in diesem Gespräch alle Grundlagen geschaffen, z. B. die genaue Aufgabendefinition, die Verantwortungsübernahme, die Frage nach den Kompetenzen (AKVK) sowie die Beachtung aller möglichen Konsequenzen, so wird **delegiert**.

Nach einer bestimmten Zeit wird **kontrolliert**. Dazu gehört ein Feedbackgespräch zum Lernen mit SOLL-IST-Vergleich und den sich darin ergebenen Konsequenzen (Lob oder Tadel). Auch wird hier überprüft, ob alle Kompetenzen vorhanden waren oder was der Mitarbeiter noch benötigt.

Oft geht dieses Feedbackgespräch nahtlos in das neue Zielgespräch über. Daran erkennen Sie, dass der Führungskreislauf ein Modell ist, das sich beliebig schnell drehen kann. Oft finden alle drei Handlungen (Zielgespräch, Delegieren, Kontrollieren) in einem Gespräch statt.

Im Folgenden wird der Führungskreislauf des besseren Verständnisses wegen in zwei Schritte aufgeteilt: die Vorbereitungsphase und die Mitarbeitergespräche. Beide greifen jedoch ineinander.

1. Vorbereitung der Führungskraft
- IST-SOLL-Analyse
- wohlgeformte Zieldefinition (s. Kapitel II)
- Konsequenzen bzgl. des Zieles (Ökologie) beachten (s. Kapitel II)
- AKVK ausarbeiten
- Beste Alternative vorhanden?

2. Gespräche mit dem Mitarbeiter
- **Zielgespräch und Delegieren**
  - AKVK klären (Ist genügend Kompetenz vorhanden?)
  - Wahrnehmung und Wahrnehmungsleiter (s. Kapitel II)
  - Lösungsorientierte Fragen (s. Kapitel II)
  - Präzise nachfragen – das Meta-Modell (s. Kapitel II)

- **Feedback- oder Kontrollgespräch**
  - IST-SOLL-Vergleich
  - Feedback geben
  - Konsequenzen (Lob oder Tadel)

Wie Sie sehen, wurden die Punkte aus Schritt 1 »wohlgeformte Zieldefinition« und »Ökologie« sowie aus Schritt 2 »Wahrnehmung und Wahrnehmungsleiter«, »Lösungsorientierte Fragen« und »Präzise nachfragen – das Meta-Modell« im vorherigen Kapitel II behandelt. Deshalb wird in diesem Kapitel nicht mehr näher darauf eingegangen. Wir beginnen nun mit Schritt 1: »Vorbereitung der Führungskraft« mit dem Punkt »AKVK ausarbeiten«.

Handwerkszeug: Das AKVK – Dreieck (Aufgaben, Konsequenzen, Verantwortung, Kompetenzen)

- Welche Aufgaben fallen an?
- Wer bekommt welche Aufgaben?
- Wie genau ist / muss die Aufgabe definiert sein?

- Welche Verantwortung wird übernommen?
- Pflichten und Konsequenzen
- Ist die Verpflichtung für die Eigen- und Fremdverantwortung bekannt?

Aufgaben   **Verantwortung**

Konsequenzen/ Ökologie

Kompetenzen

- Rechte und Befugnisse
- Ressourcen (Zeit, Geld,
- Personal, Schulungen usw.)
- Entscheidungs-, Realisierungs- und Kontrollkompetenz
- Wissen

Konsequenzen/Ökologie

- Welche negativen Konsequenzen können sich ergeben bzgl. Aufgabe/Ziel?
- Was ist das Gute am Alten?
- Werden die Systemgesetze,
- Kultur / Strategie beachtet?
- Sind Kompetenzen und Verantwortung im Einklang und ausreichend, um die Aufgaben erfüllen zu können?
- Werden die Schnittstellen genügend berücksichtigt?

Hier nun eine Sammlung von Fragen und Themen zum AKVK-Dreieck, die ein Mitarbeiter, eine Führungskraft oder auch der Coach im Coaching zur Klärung anwenden kann.

Aufgaben

- Aufgabe = Ziel erfüllen
- Wohlformuliertes Ziel

- IST -> SOLL bekannt?
- Nutzen der Aufgabe (»Hin-zu«-Motivation)
- Konsequenzen, wenn nichts getan wird (»Weg-von«-Motivation)
- Passt die Aufgabe zur Vision, zur Struktur und zur Kultur?
- Konsequenzen und Ökologie des Ziels -> negative Konsequenzen umwandeln!
- AKVK für hierarchisch tiefere Ebene sicherstellen
- Probleme auf eigener AKVK – der hierarchisch höheren Ebene melden
- Infos vorbereiten -> Entscheidungsgrundlage erstellen
- …

Verantwortung

- Die Aufgabe erfüllen und das Ziel erreichen
- Welche Pflichten habe ich?
- Sind die Konsequenzen bekannt (bzgl. Firma, Kunde, Mitarbeiter, persönlich)?
- AKVK sicherstellen (erarbeiten, einfordern, delegieren)
- Mitarbeiter führen und fördern
- Mitarbeiter kontrollieren
- Systemgesetze einhalten (bei Gefahr von Respekt-, bzw. Gesichtsverlust -> Meldung »nach oben«)
- Informieren
- Qualitäts-, Kosten-, Zeit-Dreieck einhalten
- …

Eine Aufgabe mit der dazugehörigen Verantwortung lässt sich nur dann erfolgreich durchführen, wenn die entsprechenden Kompetenzen vorhanden sind!

Andernfalls sind die Schuhe zu groß für den Mitarbeiter. Deshalb ist es wichtig, sich mit den folgenden Fragen auseinanderzusetzen.

Kompetenzen

Kompetenzen lassen sich in zwei Bereiche aufspalten. Der eine Bereich sind die vom Mitarbeiter mitgebrachten oder noch zu fördernden Kompetenzen und der andere Bereich sind die zu übertragenden Kompetenzen vom Unternehmen oder der Führungskraft.

Mitgebrachte oder zu fördernde Kompetenzen:
- **Ressource: Wissen**
- Fachwissen vorhanden
- Systemgesetze bekannt?
- Kultur, Struktur, Vision bekannt?
- Abläufe, Prozesse, Informationswege bekannt (intern, Kunde, Länder)?
- Konsequenzen bekannt?
- Aufgabe, Ziel, Verantwortung klar?
- Insiderwissen über Kunden?

- **Ressourcen: Fähigkeiten**
- Sprache, körperlich, Zeit?
- Bereitschaft zu reisen?
- Bereitschaft, Verantwortung zu übernehmen?
- Soziale Kompetenz (z.b. Feedbackgespräch)?
- Führungskreislauf bekannt?
- Führungsfähigkeit (innere Haltung und Stärke) vorhanden?

Übertragene Kompetenzen:
- Was darf ich?
- Was darf ich nicht? Wo sind die Grenzen?
- Welche Rechte habe ich?
- Was muss sichergestellt werden, damit ich gut arbeiten kann (z. B. Zeit, Bezahlung, Anerkennung, klare Definition, AKVK-Dreieck, Wissen)?

Beispielfragen:

- Welche Informationen muss oder darf ich weitergeben?
  Welche nicht?
- An wen wird berichtet? Wie und welche Informationen?
  An wen nicht? (intern, Kunden, …)
- Kundenkontakt: Ja, nein? Wie? Zu wem?
- Kundenanfrage: Antwort? Ausführen? Welche muss ich
  »mit oben« klären?
- Kundengeschenke: Ja, nein? Wie hoch? Wer?

- Verantwortung über das Budget bzw. die Kosten: Ja, nein?
- Qualitäts-, Kosten-, Zeit-Dreieck: Definiert? Wie hoch z. B.
  Qualität? Abstriche möglich?
- Termin-, Zeitplanung: Ja, nein?
- Überstunden: Ja, nein? Wie viel?
- Entscheidungen fällen: Ja, nein?
  Welche?
- Was tun bei Eskalation?
- Mitarbeiter fördern: Ja, nein? Welches Budget? Wer? Was?

- **AKVK-Dreiecke:**
- Kompetenzen und Ressourcen (Zeit, Geld) verteilen: Ja, nein?
  Wie viel?
- Aufgaben verteilen: Ja, nein? Welche?
- Verantwortung delegieren: Ja, nein? Welche?
- Konsequenzen (auch Belohnung) androhen bzw. ausführen:
  Ja, nein?
  Welche? »Mit oben« abgestimmt?
- Arbeitsabläufe bzw. Prozesse verändern: Ja, nein? Welche?

- Systemgesetze werden gelebt
- Niemanden ausschließen
- Bei Gefahr von Respekt-, bzw. Gesichtsverlust -> Meldung
  »nach oben«

- Keine Arbeit annehmen, die nicht »von oben« genehmigt ist (Hierarchie einhalten)
- Organigramm bekannt?
- Stellenbeschreibungen?
- Wissensmanagement?
- Kriterien für internen Aufstieg?

Generell gilt: Im Zweifel oder bei einem »komischen« Bauchgefühl bei der nächst höheren Hierarchieebene nachfragen!

☞ Dieses ist ein Zeichen von Kompetenz und nicht von Inkompetenz!

Folgende einfache Tabelle können Sie nutzen, um bestehende Aufgaben und die dazugehörige Verantwortung und Kompetenzen zu überprüfen. Schreiben Sie zunächst die Aufgabe in die Tabelle, überprüfen Sie dann, ob die Verantwortung auch dafür delegiert wurde, wenn ja, so fügen sie einen Haken ein, wenn nein, dann ein X. Genauso für die Frage der Kompetenz. (Habe ich oder der Mitarbeiter alles zur Verfügung, um diese Aufgabe ausführen zu können?)

Kompetenz?	Verantwortung?	Aufgabe
✓	✓	Projekt X
✗	✓	Aufgabe Y

Bei jedem X oder Nein gilt es, die Voraussetzungen herzustellen, also für die nötigen Kompetenzen wie Wissen oder Ressourcen zu sorgen oder notfalls Aufgaben zu verschieben oder ganz zu streichen.

Der nächste Vorbereitungspunkt ist das Finden und Schaffen einer besten Alternative, damit man richtig führen kann. Ist man abhängig, so sind einem die Hände gebunden.

Handwerkszeug: Beste Alternative

 In dem Harvard-Konzept über Verhandeln gibt es einen wichtigen Punkt, die **BATNA – Beste Alternative zum Verhandlungsergebnis.** In Verhandlungen, Konfliktlösungsversuchen oder Gehaltsgesprächen ist es entscheidend, sich vorher eine beste Alternative zu überlegen.

Ich habe die Erfahrung in von mir geleiteten Kommunikationsseminaren gemacht, dass dem Gesprächspartner bekannt ist, ob der andere Gesprächspartner eine wirkliche Alternative hat (durch das nonverbale Verhalten oder den Test, bis an die Grenze zu gehen).

Jemand will beispielsweise einen Oldtimer kaufen, von dem es nur noch einen gibt. Der Verkäufer versucht, den Preis in die Höhe zu treiben. Hat der Käufer keine Alternative, er will also den Wagen unbedingt haben, so ist er abhängig vom Verkäufer und muss dessen Bedingungen nachkommen. Hat der Käufer jedoch eine beste Alternative (z. B. ist er auch mit einem anderen Oldtimer zufrieden), so ist er freier.

Ich kenne viele Menschen, die sehr unglücklich in ihrem Job sind und intuitiv oder offen wissen, dass sie gehen müssten. Sie tun es aber nicht, denn sie meinen, keine Alternative zu haben (natürlich gibt es immer Alternativen, sie sind nur nicht bekannt).

Wenn ich sie dann nach einer besten Alternative frage, so fällt ihnen keine ein. Kündigen und dann arbeitslos sein, ist doch keine Alternative.

Beste Alternativen gibt es jedoch nicht nur auf der Sachebene (anderes Auto, andere Stelle usw.). Eine viel stärkere Alternative ist das innere Vertrauen oder die innere Gewissheit, dass, wenn man etwas loslässt, sich schon etwas Neues ergibt, was meistens dann viel besser ist. Dieses Urvertrauen ist etwas, das man durch Erfahrungen und durch die holistische Zielarbeit, die im zweiten Kapitel vorgestellt wurde, aufbauen kann.

Übung Alternativen: Deshalb fragen Sie sich vor jedem Gespräch:

Was sind meine Alternativen? Wohin könnte ich wie gehen?
Was kann ich tun, wenn ich ohne Abkommen weggehe? Was ist das
Beste? Was würde ich wirklich tun? Wie viel Urvertrauen habe ich?

Bezogen auf den Führungskreislauf lauten die Fragen: Welche besten
Alternativen habe ich in Bezug auf das Ziel und zu dem Mitarbeiter?

Nachdem nun die Vorbereitungsschritte

- IST-SOLL-Analyse
- Wohlgeformte Zieldefinition (Kapitel II)
- Konsequenzen (Ökologie) beachten (Kapitel II)
- AKVK ausarbeiten
- Beste Alternative

durchgegangen wurden, folgen nun die

Gespräche mit dem Mitarbeiter

Überblick: Zielgespräch und Delegieren

- AKVK klären (Ist genügend Kompetenz beim Mitarbeiter
  vorhanden?)
- Wahrnehmung und Wahrnehmungsleiter
- Lösungsorientierte Fragen
- Präzises Nachfragen – das Meta-Modell

Überblick: Feedback- oder Kontrollgespräch

- IST-SOLL-Vergleich
- Feedback geben (Lernaufgabe)
- Konsequenzen (Lob oder Tadel) aussprechen

Die drei Punkte »Wahrnehmung und Wahrnehmungsleiter«, »Lösungsorientierte Fragen« sowie »Präzises Nachfragen – das Meta-

Modell« wurden im Kapitel II besprochen. Diese Fähigkeiten sollten in den folgenden Gesprächen zur Verfügung stehen, denn es ist
wichtig zu erkennen, ob die Aussage oder Aufgabe verstanden und
stimmig angenommen wurde. Dazu gehören eine geschulte Wahrnehmung sowie als Lösungsansatz die lösungsorientierten Fragen.
Gibt es inhaltlich Unklarheiten, wenden Sie bitte das Meta-Modell
– präzises Nachfragen – an.

Zielgespräch und Delegieren

Im Zielgespräch geht es darum, mit dem Mitarbei-
ter das von der Führungskraft vorbereitete AKVK
durchzugehen und durch Erklären und konkretes
Nachfragen sicherzustellen, dass die Aufgabe klar ist
und der Mitarbeiter weiß, welche Verantwortung und Pflichten er
übernimmt.

Passt die Aufgabe und Verantwortung zur Kompetenz?

Der entscheidende Punkt in diesem Gespräch ist die Frage: Passt
die Aufgabe mit der dazugehörigen Verantwortung zu den vorhandenen Kompetenzen und Ressourcen des Mitarbeiters?!

Andernfalls kann es zu Problemen kommen.

Hat z. B. ein Mitarbeiter zu viele Projekte gleichzeitig zu betreu-
en, so fehlt ihm die Ressource »Zeit« für das neue Projekt. Dieses
wird im Gespräch aufgedeckt und gelöst.

Der Chef stellt dem Mitarbeiter die geschlossene Frage: *»Können
Sie die Aufgabe X mit der Verantwortung V bis zum Zeitpunkt Z
durchführen?«* (Wir setzen hier voraus, dass die Aufgabe klar formuliert ist, keine Ökologieprobleme vorliegen und die Verantwortung geklärt wurde, so dass der Mitarbeiter genau darüber Bescheid
weiß!)

a. Antwortet der Mitarbeiter mit einem stimmigen »Ja« (genau
wahrnehmen bitte, denn es heißt: im Zweifelsfall unstimmig),
so ist die Kompetenz oder die Ressource vorhanden, und der
Chef kann davon ausgehen, dass die Aufgabe erledigt wird.

b. Bei einer unstimmigen Antwort kann der Chef eine lösungsorientierte Frage stellen wie: »*Was müsste sichergestellt sein oder was würde helfen, damit Sie ganz sicher sind, die Aufgabe bis Z zu erledigen?*«
Oft antwortet der Mitarbeiter dann: »*Ich arbeite jetzt schon an verschiedenen Aufgaben und mehreren Projekten gleichzeitig und einiges bleibt jetzt schon liegen, so dass diese neue Aufgabe alles noch verschlimmern wird. Wir müssten uns anschauen, welche Aufgaben und Projekte welche Prioritäten haben sollen und welche wir dann verschieben oder sogar ganz streichen können.*«
Chef: »*Okay, dann bereiten Sie mir bitte eine Entscheidungsgrundlage bis morgen vor, d.h. eine Liste mit Ihren Aufgaben und Projekten, dem jeweiligen Status Quo, Ihre Priorisierung und welche Sie verschieben oder streichen würden. Und morgen gehen wir sie dann gemeinsam durch.*«

Ein Beispiel einer möglichen Liste:

Priorität	Status	Bis wann	Kompetenz	Verantwortung	Aufgabe
Höchste	Rot	31.12.	Mitarbeiter fehlt, wurde abgeworben	✓	Aufgabe X
Mittlere	Grün	31.07.	✓	✓	Projekt P
Niedrigste	Gelb	30.04.	Zulieferer hat Lieferschwierigkeiten	✓	Projekt W
	Blau		Keine Ressourcen, Projekt liegt auf Eis		Projekt = wie abgetauchtes »U-Boot«

Rot = Ziel nicht erreichbar, am Projekt wird aber gearbeitet, Gelb = Ziel mit viel Anstrengung noch erreichbar, Grün = das Ziel wird erreicht werden, Blau = Ressourcen fehlen, Projekt kann nicht bearbeitet werden.

Für den Mitarbeiter, der normalerweise nicht einfach »Nein« zu einer neuen Aufgabe sagen kann, ist oft folgendes Bild hilfreich.

Sie sind Mitarbeiter einer Autowerkstatt, in der vier Autos gleichzeitig repariert werden können. Alle Arbeitsbühnen sind besetzt und die Kunden haben einen festen Abholtermin. Jetzt kommt der Freund des Chefs mit seinem Wagen, der unbedingt sofort repariert werden soll. Sagt der Mitarbeiter einfach »Ja«, so wird er ein Problem mit dem Kunden bekommen, der dann warten muss – vielleicht ein ganz wichtiger Kunde. Einfach »Nein« sagen geht auch nicht, denn dann fühlt sich der Chef nicht respektiert. Überstunden machen ist auf Dauer auch keine Lösung, da es dann zu Hause Ärger gibt.

Auch hier geht es wieder darum, die Kompetenzen und Ressourcen anzusprechen. Der Mitarbeiter sagt zum Chef: *»Alle Bühnen sind belegt, und die Kunden haben eine festen Abholtermin. Wenn wir nun den Wagen vorziehen sollen, so müssten Sie entscheiden, welches Auto wir erst morgen reparieren können und dafür sorgen, dass der Kunde informiert wird.«*

So bekommt der Chef die nötigen Informationen und die Verantwortung für die möglichen Konsequenzen.

1   2   3   4

Merkt der Mitarbeiter nach einem Zielgespräch, z.B. einen Monat später, dass ihm alles zu viel wird, so sollte er zu seiner Führungskraft gehen und die Situation besprechen. Dazu ist es hilfreich, eine Prioritätenliste als Entscheidungsgrundlage vorzubereiten.

Jetzt kommen wir zum Feedback- oder Kontrollgespräch:
- IST-SOLL-Vergleich
- Feedback geben (Lernaufgabe)
- Konsequenzen (Lob oder Tadel) aussprechen

Handwerkszeug: Kritik- bzw. Feedbackgespräche

Feedback geben

Feedback zu erhalten und zu geben ist eine grundlegende Voraussetzung für das Lernen. Wir erhalten laufend Feedback, meistens jedoch nicht in einem angemessenen Rahmen, sondern als negative Kritik.

Weit verbreitet ist das »Sandwich«-Feedback: Am Anfang wird etwas Positives gesagt, dann kommt die Kritik und danach nochmal etwas Positives. Wird die Kritik nicht in eine Lernaufgabe umgewandelt, so ist diese Art des Feedbackgebens nicht sinnvoll, sondern kontraproduktiv. Denn der Mitarbeiter hört etwas Positives, erwartet schon den Hammer und kann so das Positive nicht richtig annehmen. Außerdem hat er das Beste getan, was ihm möglich war. Bekommt er nur gesagt, was falsch gelaufen ist, so wird er normalerweise nicht wissen, wie er es besser machen kann. Deshalb sollte eine Kritik immer mit einem Lernvorschlag enden!

»Es ist ein Vorteil im Leben,
die Fehler, aus denen man lernen kann,
frühzeitig zu machen.«
Sir Winston Churchill

Um effektives Feedback geben zu können, ist es wichtig, die Beobachtung, die der Feedbackgeber gemacht hat, als Wahrnehmung und ICH-Botschaft zu beschreiben und nicht als Interpretation.

Feedbackregeln

Folgende Feedbackregeln haben sich als nützlich erwiesen, um gut Feedback geben und nehmen zu können.

Feedback geben:

- **Ihre innere Haltung ist entscheidend – Wertschätzung ausdrücken, wohlwollende Feedbackhaltung einnehmen.**
- Eine gute Beziehung herstellen.
- Blickkontakt – dem Empfänger Offenheit signalisieren und sicherstellen, dass dieser bereit dazu ist.
- Den Empfänger direkt ansprechen – nicht »Man«-, sondern »Du«-Botschaften.
- Das Verhalten konkret beschreiben. Je genauer, desto größer das Lernen. (Bitte beschreiben Sie nur Ihre konkrete Wahrnehmung, interpretieren Sie nicht. – Siehe dazu Kapitel II: Grundlagen des Coaching.)
- Keine Aussagen auf der Identitätsebene – Du bist ... – Bitte in eine Verhaltensbeschreibung umwandeln.
- Keine impliziten Abwertungen.
- Beschreiben Sie Ihr körperliches Gefühl.
- **Eine positive Lernaufgabe anbieten, eine nützliche Empfehlung für die Zukunft formulieren.**

Wenn ich unbedingt Feedback geben möchte, den starken Drang dazu habe, so sollte ich es lassen und erst mal tief Luft holen. Denn die Gefahr, dass mein Feedback oder meine Kritik zu heftig ausfällt und damit mein Ziel, dass die Person etwas aus meiner Kritik lernt oder sich verändert, verloren geht, ist sehr groß.

Jedes Feedback sollte mit einer positiv formulierten Lernaufgabe enden. Merke ich, dass ich nur kritisieren kann, so muss ich es erst innerlich umformulieren.

Vorausgesetzt, das Feedback wird in der angemessenen Form gegeben, gelten folgende Regeln für die Person, die das Feedback erhalten soll:

Feedback nehmen:

- **Innere Haltung – wohlwollende Feedbackhaltung, Wissen, dass Feedback zum Lernen notwendig ist.**
- Blickkontakt – dem Geber Offenheit signalisieren.
- Aufmerksam zuhören – den Geber ausreden lassen.

- Positive Wahrnehmungsfilter – versuchen, den Lernkern der Aussage zu verstehen.
- Keine Abwehrmanöver und Rechtfertigung – die Wahrnehmung des Gebers wertschätzen und »akzeptieren«.
- Eventuell nachfragen – bei Unverständnis weitere Informationen einholen.
- Sich bedanken – den Mut und die Ehrlichkeit des Gebers wertschätzen.
- In Ruhe bewerten – welche Aspekte sind für mich nützlich? **Was lerne ich daraus?**

Wenn es schwer fällt, Feedback zu nehmen, obwohl der Feedbackgeber sich an die Regeln hält, so kann es an einschränkenden Glaubenssätzen liegen.

Welche hinderlichen Glaubenssätze oder Überzeugungen fallen Ihnen ein?

Hier nun die drei Schritte, um Lernfeedback zu geben, und die vier Schritte, wenn Aufgaben delegiert werden sollen.

Die 4-Schritte-Strategie, um Probleme anzusprechen (Feedback)

1. Schritt: Wahrnehmung – Beschreiben Sie das problematische Verhalten oder das Nicht-Erreichen des Zieles
»Ich habe wahrgenommen, dass Sie ...haben ... (sinnesspezifische Beobachtung)«

2. Schritt: Gefühl – Machen Sie deutlich, welche Gefühle bei Ihnen entstehen
»Ich fühle mich ...« (körperliches Gefühl)
Keine Unterstellung, was der andere damit meint oder bewirken will!

3. Schritt: Formulieren Sie Ihr Anliegen – als Bitte, Wunsch, Erwartung, Forderung oder Anweisung (Delegieren von Aufgaben und Verantwortung!):
»Ich bitte Sie daher ...«
»Ich erwarte, dass Sie ... machen« (Konkrete und positiv formulierte Handlungsanweisungen)

Beim Delegieren oder Fordern kommt noch ein weiterer Schritt hinzu:

4. Schritt: Fragen Sie, ob der Mitarbeiter die Verantwortung übernehmen will und ob er auch die natürlichen Konsequenzen kennt.

Bei dieser Feedbackform ist sehr deutlich darauf zu achten, dass das Gefühl wirklich als körperlich nachvollziehbares Gefühl beschrieben wird (z. B. »Mein Hals schnürt sich zu« oder »Ich bekomme Herzrasen« oder »Ich bekomme ein warmes ziehendes Gefühl im Bauch«).

Oft werden folgende fehlerhafte Feedbacksätze geäußert: »Mein Gefühl ist, als Sie zur Seite geschaut haben, dass Sie unsicher sind.«

Nun eine Analyse dieser Aussage:
1. »Mein Gefühl ist ...« Was ist das körperliche Gefühl? Es wird hier nicht genannt, es fehlt.
2. »..., als Sie zur Seite geschaut haben,...« ist eine wahrnehmende Beschreibung des Verhaltens, hier wird die Feedbackregel eingehalten.
3. »... dass Sie unsicher sind.« Dieses ist kein Gefühl, sondern eine Interpretation auf der Identitätsebene. Interpretationen sind verboten!

Was passiert, wenn jemand solch einen Kommentar auf der Identitätsebene erhält? Entweder wehrt er sich dagegen, oder er resigniert. Auf jeden Fall aber bleibt etwas bei ihm hängen. Innerlich sagt er sich: »So bin ich, meine Eltern waren schon so, ich kann mich nicht verändern.« Der Feedbackgeber hat sein Ziel nicht erreicht.

Im folgenden Beispiel wird eine Identitätsaussage in eine wahrnehmbare Verhaltensaussage umgewandelt.

Falsch: **Sie sind** immer unpünktlich!	O.k. ich bin so, das liegt wohl in meinen Genen. Folge: Keine Veränderung.
Richtig: Zum letzten Seminar **kamen** Sie zu spät, ich fühlte mich nicht respektiert. Kommen Sie bitte pünktlich.	Es war mir nicht klar, dass Ihnen das wichtig ist, es tut mir Leid, ich werde von jetzt an pünktlich sein. Folge: Veränderung.

Auch »positive« Aussagen auf der Identitätsebene können gefährlich sein. Auch hierzu ein Beispiel:

Falsch: **Du bist** gut in Mathematik!	Danke. Unbewusst kann dann Folgendes ablaufen: Wenn ich ein guter Rechner bin, dann bin ich nicht gut in Deutsch Folge: Motivation für Mathematik, Demotivation für Deutsch.
Richtig: Deine letzte Mathematikaufgabe hast du sehr gut gelöst. Weiter so.	Danke, mache ich. Folge: Keine unbewusste Übertragung auf andere Fächer wie Deutsch, da das Verhalten bzw. die Fähigkeit beschrieben wurde.

Die obigen Ausführungen zeigen, warum der Satz: »Mein Gefühl ist, …, Sie sind …!« so gefährlich ist. Denn das Wort »Gefühl« wird mit einer Interpretation auf der Identitätsebene verbunden. Gegen ein Gefühl kann der Feedbacknehmer nichts sagen. Würde der Feedbackgeber sagen: »Meine Interpretation ist, du bist …«, so gäbe es diese Verquickung nicht, und der Feedbacknehmer könnte es als eine Interpretation zurückweisen, ein Gefühl aber nicht.

Nun betrachten wir die Frage, ob das Anliegen als Bitte oder Wunsch oder sogar als Forderung formuliert wird. Es hängt davon ab, welche Beziehung vorliegt, z.B. Lehrer – Schüler, Chef – Mitarbeiter, auf gleicher Ebene wie Partner.

Der Unterschied zwischen einem Wunsch und einer Forderung

Sie sollten genau unterscheiden, ob eine Erwartung als Wunsch oder als Forderung vorliegt. Eine Forderung zieht bei Nichterfüllung eine Konsequenz nach sich, ein Wunsch nicht. Bei einem Wunsch kann das Gegenüber entscheiden, ob er ihn erfüllen will oder nicht.

Oft formulieren Führungskräfte Aufgaben als Wunsch, obwohl sie eine Forderung meinen, da eine Konsequenz dahinter liegt. Hier geht es darum, klarer zu werden!

Gegenüberstellung: Feedback und Auflösung von Systemgesetzverletzungen

Die ersten zwei Schritte des Feedbackgebens (Wahrnehmung und Gefühl) sind identisch mit den ersten beiden Schritten beim Auflösen von Systemgesetzverletzungen. Ich stelle nun beides tabellarisch gegenüber.

Im Falle des Feedbacks ist Person A der Feedbackgeber und Person B der Feedbacknehmer. Bei den Systemgesetzverletzungen fühlt sich A von B verletzt.

Feedback	Systemgesetzverletzungen auflösen	Erklärung
Wahrnehmung von A.	Wahrnehmung von A.	Keine Interpretation oder Vorwurf.
Gefühle von A.	Gefühle von A.	Keine Unterstellung, sondern Körpergefühl.
A spricht weiter und B hört weiter zu.	**A hört auf zu sprechen, und B spricht mit A.**	**Hier teilt sich das Vorgehen.**
Wunsch, Lernaufgabe oder Forderung von A an B.	A hört auf zu reden.	Auf der Systemgesetzebene darf ein Wunsch nicht ausgesprochen werden (siehe Dilemma in Kapitel I)
B hört nur zu und fragt eventuell inhaltlich nach.	B sagt dann:»Oh, es war nicht meine Absicht, dass du dich schlecht fühlst. Es tut mir Leid.«	**Das Ziel ist hier unterschiedlich: Beim Feedback kann B lernen.** **Auf der Systemgesetzebene kann sich die Verletzung bei A auflösen.**
Keine Rechtfertigung von B.	Keine Rechtfertigung von B.	Sonst kommt es zur Eskalation.

Um den nächsten Punkt des Führungskreislaufs »Konsequenzen (Lob oder Tadel) aussprechen« behandeln zu können, brauchen wir einen Einschub über das Thema Motivation.

 **Handwerkszeug: Motivation**

Es lassen sich zwei Motivationsrichtungen finden:
»Hin-zu«-Motivatoren: Der Kunde bzw. Mitarbeiter will gewinnen:

- Anerkennung, Wertschätzung, Bewunderung, Status, Akzeptanz und Selbstzufriedenheit
- Annehmlichkeit, Spaß, Freude, Abwechslung, Abenteuer, Unterhaltung
- Profit, Gewinn
- Sicherheit, Gesundheit, Schönheit, Kraft, Ausgeglichenheit

Profit oder Gewinn an sich sind keine Motivatoren, sondern das, was dahinter steht. Was erhält der Mensch durch mehr Gewinn? Z. B. mehr Sicherheit oder Anerkennung. D.h. die Motivatoren Profit und Gewinn lassen sich auf die anderen »Hin-zu«-Motivatoren zurückführen.

»Weg-von«-Motivatoren: Der Kunde bzw. Mitarbeiter will vermeiden:

- Kritik
- Schmerz
- Verlust
- Angst

Beide Richtungen motivieren uns dazu, etwas zu tun.

Mögliche Gewinne motivieren viele!
Drohende Verluste fast alle!

Die Werbung arbeitet normalerweise mit den beiden Motivations-richtungen, denn jeder Mensch lässt sich situationsabhängig anders motivieren. Wer würde z.B. nur aus einer »Hin-zu«-Motivation eine Versicherung abschließen? Wir schließen eine Versicherung ab, weil uns mögliche negative Konsequenzen ohne Versicherung aufgezeigt werden, d. h. »Weg-von«-Motivatoren wie Verlust oder Unsicherheit.

> Um jemanden zu motivieren, ist es wichtig, den Nutzen, das Motiv oder konkret die negativen Konsequenzen und die dadurch entstehenden Gefühle anzusprechen!

> Entscheidungen fallen überwiegend im Gefühlsbereich.
> Die Begründung der Entscheidung erfolgt im Verstand.

Wie entscheiden Menschen?

Motive	Wie zeigt sich das Motiv?
Gewinnstreben	Wunsch, Gewinn zu machen, Geld zu sparen, Geld zu sichern, ...
Geltungsstreben, Prestige, Anerkennung	Bedürfnis nach Bestätigung durch andere; Vermeiden wollen, dumm oder unwissend dazustehen; Wert legen auf Statussymbole, Karriere, Auto, ...
Streben nach Sicherheit	Wunsch nach Risikominimierung, Absicherung, Transparenz, Information, Kontrolle; Wunsch nach Vermeidung von Unbekanntem, Wunsch nach Einhaltung von Vereinbarungen, ...
Streben nach Bequemlichkeit	Streben danach, Hindernisse zu umgehen oder abzubauen; Wunsch, Unannehmlichkeiten zu vermeiden; »Nachts ruhig schlafen können«; Wunsch, Neues, Unbequemes zu vermeiden, ...

Motive	Wie zeigt sich das Motiv?
Streben nach körperlichem Wohlergehen und Selbsterhaltung	Wunsch nach Gesundheit, nach Energie und Spaß; ein sicheres Auto fahren, gesund essen, sich für den Job nicht aufreiben, …
Streben nach Kontakt und Geselligkeit	Beisammensein mit anderen, Wunsch, gemocht zu werden; Wunsch nach harmonischer Zusammenarbeit, Aufleben in der Gruppe, Netzwerkbildung, …
Neugier, Wissensdrang	Bedürfnis, Dinge zu verstehen, Wunsch nach Informationen; Wunsch nach Neuem, nach mehr Verantwortung, …

Das Vorenthalten oder Entziehen der »Hin-zu«-Motivatoren führt direkt zu den »Weg-von«-Motivatoren.

Ab und zu ist es nötig, Mitarbeiter über einen »Weg-von«-Motivator zu motivieren, z. B. indem man mit Kündigung droht. Das funktioniert jedoch nur für eine kurze Zeit. Es ist als ein starkes Mittel zum Aufwachen gedacht (Schuss vor den Bug). Besser ist es, den Mitarbeiter so zu motivieren, dass ein »Weg-von« nicht mehr nötig ist.

Normalerweise ist ein Mitarbeiter von sich aus motiviert, seine Arbeit gut zu tun.

Er muss nicht über Bonussysteme oder leistungsorientierte Bezahlung motiviert werden. Wenn es ein solches System aber gibt, gewöhnt sich der Mitarbeiter daran und wird demotiviert, wenn z.B. aus einer wirtschaftlichen Krise heraus diese Zusatzzahlung nicht mehr geleistet werden kann. Auch die Beurteilung der Leistung führt zur Demotivation bei denjenigen, die sich ungerecht beurteilt fühlen.

Die stärkste Demotivation haben Sie schon in Kapitel 1 kennen gelernt, nämlich die Verletzung der Systemgesetze.

»Es geht nicht darum, Menschen zu motivieren, sondern darum, aufzuhören, Menschen zu demotivieren.«

Die natürliche Konsequenz

 Wenn der Mitarbeiter seinen Aufgaben nicht nachgekommen ist, obwohl die Aufgabe klar formuliert, die Verantwortung bekannt und alle Kompetenzen vorhanden waren, so geht es darum, abgestufte Konsequenzen (d. h. »Weg-von«-Motivatoren) aufzuzeigen.

Führungskräfte, die kein großes Repertoire an »Hin-zu«- und »Weg-von«-Motivatoren haben, kennen meistens nur die Konsequenz Gehaltserhöhung oder Kündigung (vorher Abmahnung). Da sie beides oftmals nicht durchführen wollen, geben sie kein Feedback. Der Mitarbeiter kann nicht lernen. Das hat Auswirkungen auf das Unternehmen, die ich die **natürliche Konsequenz** nenne.

Die natürliche Konsequenz ist die Konsequenz, die eintritt, wenn keine Konsequenzen (auf der Motivationsleiter) aufgezeigt und angewendet werden.

Die Frage lautet: »Was passiert, wenn nichts passiert?«

> Konsequent sein und »Weg-von«-Motivatoren anwenden, ist aus der Haltung heraus, den anderen wohlwollend zu unterstützen, motivierend und keine Strafe.
> Gleichzeitig kommt man dadurch seiner Verantwortung nach, denn der Führungskreislauf wird eingehalten.

Damit es nicht erst zur *natürlichen Konsequenz* kommt, wenden Sie die »Hin-zu«- oder »Weg-von«-Motivatoren an!

Sonst kommt es zu den natürlichen negativen Konsequenzen, dass die Führungskraft ärgerlich wird, das Vertrauen oder den Respekt verliert und sich die Systemgesetzebene und danach die Beziehungsebene verschlechtert.

Oder dass der Mitarbeiter, der nie Lob erhält, aber Anerkennung braucht, demotiviert wird.

Gehen wir noch einen Schritt weiter, so können wir uns ausmalen, was dieses Szenario für das Unternehmen und für die Kunden bedeuten kann.

Es muss also zwischen Gehaltserhöhung und Kündigung noch etwas anderes geben.

Die Motivationsleiter

←——→

Kündigung   Abmahnung   ? ?   Neutral   ? ?   Bonus   Gehaltserhöhung

Aufgabe: Finden Sie für jede Person abgestufte »Weg-von«- und »Hin-zu«-Motivatoren. Da jede Person sich anders motivieren lässt, geht es hier darum, personenspezifische Motivatoren zu finden.

»Weg-von«-Leiter für Herr / Frau ...	
1	
2	
3	
4	
5	
6	
7	
8	
9	Abmahnung
10	Kündigung

»Hin-zu«-Leiter für Herr / Frau ...	
1	
2	
3	
4	
5	
6	

»Hin-zu«-Leiter für Herr / Frau ...	
7	
8	
9	Bonus
10	Höchstes Lob

Möglichkeiten zur Motivation am Beispiel einer Software-Firma
Die Motivatoren in der folgenden Liste wurden von den Führungskräften und Mitarbeitern erarbeitet. In dem Softwareunternehmen
gibt es in dem Bereich folgende Hierarchie: Softwareleiter, darunter
die Teamleiter und darunter die Projektleiter und weitere Ebenen
wie Sachbearbeiter und Geschäftsführung oder Vorstand.
   Als Beispiel finden Sie für drei Ebenen die möglichen Motivatoren. Die »Hin-zu«- und »Weg-von«-Motivatoren sind zusammengefasst worden.

Projektleiter
- Exakte Tätigkeitsberichte schreiben lassen
- Weniger / Verstärkte Kontrolle
- Gespräch / Feedback
- Öffentliches Feedback
- Einbezug ins Projekt
- Mehr/Weniger Lernfelder / nur Minimal-Information
  (Unterforderung)
- Kommunikation der guten Leistungen »nach oben«
  (Empfehlung)
- Mehr / weniger Verantwortung

Teamleiter
- Mehr / weniger Kundenkontakt
- Urlaubsgenehmigung à Wann?
- Gespräch / Feedback
- Öffentliches Feedback
- Hardware / Geräte (mit Softwareleiter)

- Schreibtisch / Sitzordnung
- Weiterbildung (mit Softwareleiter)
- Herauf-, Herunterstufung (mit Softwareleiter)
- Aktenvermerk
- Einbeziehung ins Team
- Brückentage streichen
- (Keine) flexible Arbeitszeiten

Softwareleiter
- Hardware / Geräte
- Firmenfahrzeug
- Schreibtisch und Sitzordnung
- Generelle Raumbelegung
- Weiterbildung
- Herauf-/Herunterstufung
- Gehaltskürzung
- Home-Office
- Abmahnung
- Kündigung
- Sonderurlaub (Bonus)
- Unterstützung beim Studium
- Kostenübernahme bei Weiterbildung (z.B. Studienmaterial, Bücher, etc.)
- Incentives und Geschenke
- Weitere finanzielle Leistungen (Versicherung usw.)

Damit die Führungskraft mit diesen Instrumenten sinnvoll umgehen kann, benötigt sie äußere Macht und innere Kraft, also Kompetenz.
- Führung kann nur funktionieren, wenn die Führungskraft Macht besitzt. Wir unterscheiden zwischen der äußeren Macht, die durch die Hierarchie gegeben ist, und der inneren Kraft (die Haltung des Menschen).
- Mit der äußeren Macht muss verantwortungsvoll umgegangen werden, damit es nicht zum Machtmissbrauch kommt. Zur äu-

ßeren Macht gehört z.B. die Positionsmacht, die Belohnungs-
bzw. Sanktionsmacht.
- Dieser verantwortliche Umgang verlangt innere Kraft, z.B.
  Standfestigkeit und Selbstkontrolle.
- Nur wenn beides zusammenpasst, kann Führung funktionieren.

Handwerkszeug: Informationsmanagement

Um als Führungskraft optimal führen zu können, müssen Sie gut
informiert sein. Hier nun eine Checkliste:

1. Kennen Sie die strategische Ausrichtung Ihrer Organisation,
   ihre Ziele, ihre Marktstellung?
2. Verfügen Sie über aktuelle Informationen über die Geschäfts-
   entwicklung, Umsatz, Gewinn, Cashflow oder Return of In-
   vestment, bezogen auf Ihr Unternehmen und Ihre Abteilung?
3. Sind Sie über Ihre Mitarbeiter ausreichend informiert, ihre
   Fähigkeiten, ihre Aufgaben, ihre Verfügbarkeit, ihre Arbeitser-
   gebnisse?
4. Kennen Sie die Auswirkungen Ihrer Entscheidungen genau genug? Lassen sich diese leicht in Erfahrung bringen?
5. Haben Sie genügend Informationen über das Produkt, das Sie
   anbieten, oder die Dienstleistung, die Sie erbringen?
6. Verfügen Sie über die Informationen, die Sie brauchen, damit
   die Prozesse optimal gesteuert und geregelt werden können?
7. Haben Sie relevante Informationen über Ihre Kunden, ihre
   Wünsche, ihre Zufriedenheit, ihr persönliches Profil?
8. Haben Sie ausreichend Informationen über Ihre Zulieferer und
   Kooperationspartner, ihre Auslastung, Verfügbarkeit und ge-
   schäftliche Entwicklung?
9. Sind Sie über Ihre Konkurrenten informiert, die Marktent-
   wicklung, neue Geschäftsfelder?
10. Werden Sie über allgemeinere Rahmenbedingungen infor-
    miert, über politische Entscheidungen, gesellschaftliche
    Trends, technische Innovationen?

11. Werden Sie laufend über die wichtigsten Kennzahlen und Ereignisse informiert?
12. Nehmen Sie diese Berichte vollständig zur Kenntnis? Falls Sie die Informationen nur teilweise aufnehmen: Auf welche Angaben könnten Sie verzichten?
13. Können Sie die Quelle ausmachen, wenn Sie von Informationen überschwemmt werden?
14. Wissen Ihre Mitarbeiter, Kollegen und Vorgesetzten, welche Informationen für Sie wesentlich sind?
15. Ist dafür gesorgt, dass dringende Informationen Sie schnell erreichen?
16. Wissen Sie, wo Sie welche Informationen finden können?
17. Wissen Ihre Mitarbeiter, wo sie welche Informationen bekommen können? Nutzen sie die Datenbanken, Archive und Informationssysteme?
18. Sind die Informationen, die Sie bekommen, zuverlässig, vollständig, präzise, verständlich und aktuell?
19. Verstehen Sie alle Informationen, die Sie bekommen? Welche nicht? Wer kann Ihnen helfen, sie zu verstehen?
20. Sind die Informationen, die Sie anderen geben, zuverlässig, vollständig, präzise, verständlich und aktuell?

Informationen von den Mitarbeitern sollten entweder als Statusbericht kurz und knapp zusammengestellt oder als Entscheidungsgrundlage aufbereitet sein.

Statusbericht:
- Status Quo
- Stimmung
- Problem -> Lösung

Entscheidungsgrundlage:
- Status Quo
- Stimmung
- Problem -> Konsequenzen bei Nichthandeln

(»Weg-von«-Motivation)

- Lösungsvorschläge: Lösung 1 / Lösung 2
- Umsetzungsweg -> Konsequenzen (Kosten, Zeit, Auswirkung)
- Vorschlag z.B. Lösung 1
- Vorteile/Nutzen (»Hin-zu«-Motivation)

Beispiel für eine Entscheidungsgrundlage:

- Status Quo: Projekte 110 %, d.h. Überstunden; Mitarbeiter geht -> neue Aufgaben 50 % = 160 %
- Stimmung (Überforderung, kann die Aufgaben nicht erfüllen, Unzufriedenheit)
- Problem: zu viel Arbeit -> Konsequenzen bei Nichthandeln (»Weg-von«- Motivation): Arbeit bleibt liegen, Qualität sinkt in beiden Bereichen, Unzufriedenheit bei Kunden, Mitarbeitern und persönlich, Privatleben leidet
- Lösung 1: weniger Projekte (z. B. an Kunden zurückgeben)
- Umsetzungsweg -> Konsequenzen (Kosten, Zeit, Auswirkung): Zeit? Umsatz? Welche Projekte? Großwetterlage Kunde?
- Lösung 2: keine neuen Aufgaben von früheren Mitarbeitern übernehmen
- Umsetzungsweg -> Konsequenzen (Kosten, Zeit, Auswirkung): die neue Arbeit abgeben an anderen Mitarbeiter -> Überlastung -> Unzufriedenheit s. o.
- Vorschlag: Lösung 1
- Vorteile/Nutzen (»Hin-zu«-Motivation): neue Aufgaben können im Zeitrahmen erfüllt werden. Die neuen Aufgaben sind wichtiger als die Projekte, da sie besser zur Vision passen -> Zufriedenheit beim Kunden, den Mitarbeitern, persönlich sowie beim Geschäftsführer.

Informationen über E-Mails:

- Bandwurm-E-Mails sollten in fünf Stichpunkten zusammengefasst werden

E-Mails kennzeichnen:

- cc – wird normalerweise nicht gelesen (Datenspeicher)
- zur Info – bitte lesen
- WICHTIG – nicht eilig, muss aber unbedingt gewusst werden
- DRINGEND – eilig, sofort handeln

Generell gilt: Wenn Handlungsbedarf besteht, unbedingt die
Frage oder Aufgabe kurz formulieren!

Zum Abschluss dieses Kapitels schauen wir uns nun die Ebenen der
Veränderung an, die einerseits zum Aufdecken von Hindernissen
dienen kann und andererseits zum Integrieren der verschiedenen
Ebenen.

Handwerkszeug: Ebenen der Veränderung

Wie im Kapitel II »Grundlagen des Coaching ...« beschrieben,
reicht das Wissen über den Führungskreislauf nicht unbedingt aus,
um als Führungskraft erfolgreich zu sein. Wissen und Fähigkeiten
sowie die richtige Umgebung sind eine Voraussetzung dafür. Sind
hier Mängel vorhanden, so liegen auf einer tieferen Ebene Hindernisse, die aufgedeckt und aufgelöst werden wollen.

Beispiel: Aussagen einer Führungskraft, bei der keine Hindernisse
mehr vorliegen:

Umweltebene	**Alle wichtigen Informationen standen mir zur Verfügung.**
Verhaltensebene	**Ich habe eine gute Beziehung zu meinen Mitarbeitern.**
Fähigkeitenebene	**Ich habe die Fähigkeit, konstruktives Feedback zu geben.**
Überzeugungen und Werte	**Führen macht Spaß und ist eine wertvolle Arbeit.**
Identitätsebene	**Ich bin eine gute Führungskraft.**
Visionsebene	**Die Produkte und Dienstleistungen, die wir anbieten, sind sinnvoll und voller Nutzen für die Menschen, beispielsweise ›green‹.**
Zugehörigkeit	**Ich führe das Erbe meiner Eltern fort.**

Ein paar Beispiele über Klagen von Mitarbeitern über ihre Führungskraft:

- Der Chef arbeitet zu detailorientiert und nicht strategisch genug und nimmt uns die Arbeit weg. Andererseits sind Ausrichtung, Strategie und Ziele nicht klar.
- Der Chef gibt kein Feedback.
- Der Chef ist zu schwach, entscheidet nicht, geht Konflikten aus dem Weg.
- Der Chef ist knallhart, ungerecht, und wir sind ihm egal.
- Der Chef stellt sich nicht vor uns.
- ...

Welche Klagen haben Sie schon gehört oder selbst erlebt, ob als Coach, Mitarbeiter oder Führungskraft?

Ziel ist es, dass die Führungskraft auf keiner Ebene mehr Hindernisse hat und auf allen Ebenen Klarheit für sie herrscht. D .h. sie hat ihre Ahnen kraftvoll hinter sich stehen, ihr ist ihre persönliche und die Vision des Unternehmens bekannt und beide passen zusammen. Und sie weiß auf der Ich-Ebene, wer sie ist.

Gibt es Hindernisse, so ist ein Coaching sinnvoll.

Im folgenden Kapitel »Selbstmanagement« wird auf die innere Haltung und die Vision eingegangen. Themen auf der Überzeugungs- und Zugehörigkeitsebene werden im Coaching näher bearbeitet (vgl. Bischop 2012).

KAPITEL 4:
SELBSTMANAGEMENT

Im folgenden Kapitel geht es um Selbstmanagement. Was braucht der Coach, der Mediator oder die Führungskraft, um ihre Arbeit erfolgreich ausführen zu können. Gleichzeitig tauchen Selbstmanagement-Themen natürlich im Coaching als Themen, die der Klient einbringt, laufend auf. So haben Sie hier einen doppelten Effekt. Sie können die hier vorgestellten Handwerkszeuge auf sich selbst und gleichzeitig als Coach auf den Klienten anwenden.

Der erste Teil befasst sich mit der Rolle des Coaches oder Mediators. Welche Fragen müssen gestellt werden und wie müssen die Antworten lauten? Weiter befassen wir uns mit der Prozesskompetenz und der inneren Haltung des Coaches oder Mediators, die letztendlich über den Erfolg entscheiden.

Wenn es dem Coach nicht gut geht, kann er nicht viel für seinen Klienten tun.»Hauptsache dem Coach geht es gut!« Es muss dem Coach gut gehen, damit er überhaupt nutzbringend für den Klienten sein kann.

Dazu gehört ein optimales Stressmanagement. Wie E. Rossi (1993) herausgefunden hat, braucht jeder Mensch ca. alle 1½ Stunden eine Ruhepause. Gibt es diese nicht, baut sich Stress auf, der nichts mit dem Stress durch die Arbeit zu tun hat. Darüber erfahren Sie später mehr.

Was ist Ihre Berufung oder Vision oder der Sinn des Lebens, und wie kann hier eine Klärung stattfinden? Denn das Wissen über die Vision und die sich daraus ergebenden Werte, Rollen und Ziele sind einerseits Voraussetzung dafür, ein optimales Zeitmanagement leben zu können, und andererseits, dass es Ihnen generell gut geht.

Zum Schluss geht es noch um die Entwicklung einer Vision und Strategie für eine Organisation, wobei das Vorgehen ganz ähnlich zu der Visionsentwicklung für eine Einzelperson ist. Erst wenn die eigene Vision und die Organisationsvision bekannt sind, lässt sich vergleichen, ob sie zusammenpassen. Falls nicht, gibt es Schwierigkeiten.

Zunächst wird mit der Auftragsklärung für ein Coaching oder einer Mediation begonnen. Damit ist einerseits gemeint, welchen Auftrag, mit welchem Ziel, erhalte ich vom Klienten, und andererseits, ob ich mir selbst den Auftrag gebe oder den Auftrag annehmen kann.

Handwerkszeug: Auftragsklärung

Die Auftragsklärung ist für den Coach und den Mediator wie auch für die Führungskraft die entscheidende Grundlage für eine gute Arbeit. Ohne klaren Auftrag wird es schwierig, stockend, manipulativ. Es gibt zwei wichtige Fragen zur Auftragsklärung:

1. Was ist das Ziel des Auftraggebers?
   Auftraggeber sind beispielsweise der Klient im Coaching, die Konfliktparteien in der Mediation oder der Vorstand oder die Geschäftsführung.

2. KDW-Fragen: Kann / Darf / Will … ich das?

Nur wenn ich auf die erste Frage eine Antwort erhalten habe, kann ich mir überlegen, ob ich auch den Auftrag annehmen will und ob ich genügend Kompetenzen besitze. Entweder, um im Coaching und der Mediation die Klienten dabei zu unterstützen, oder um den Auftrag beispielsweise für ein neues Projekt oder für eine Organisationsveränderung zu übernehmen.

Wenn ich stimmig ja zu allen drei Fragen: Kann ich das? Darf ich das? Will ich das? sagen kann, darf ich den Auftrag annehmen.

Kann ich das?	Habe ich die Kompetenzen? Traue ich mir zu, den Klienten optimal unterstützen zu können?
Darf ich das?	Wenn ich unbedingt diesen Job machen muss, z. B. weil ich Geld brauche oder weil der Klient sich unbedingt verändern soll, dann darf ich nicht! Man darf nur, wenn es kein MUSS oder SOLL gibt.
Will ich das?	Habe ich Lust dazu? Stimmt der Ausgleich, z. B. die Bezahlung?

Hier nun ein möglicher Ablauf einer Mediation mit den entsprechenden Fragen zur Auftragsklärung. Ich habe hier die Mediation gewählt, weil es hierbei viel eher ein Feedback von den Klienten gibt, ob ich die KDW-Fragen beantworten konnte und im Prozess bin oder ob ich inhaltlich befangen bin, d. h. parteiisch bin oder es nicht weitergeht.

Die Auftragsklärung muss nicht nur am Anfang einmal durchgeführt werden, sondern immer wieder während des Coaching- oder Mediationsprozesses überprüft werden (zumindest innerlich).

Möglicher Ablauf einer Mediation

	Fragen	**Systemische Fragen**
1.	Auftrag klären	Was ist das Ziel?
	Kosten, Kostenanteile, Dauer	Wer gehört dazu? Wer ist der Initiator?
	Ablauf der Mediation	**KDW**-Fragen
		=> **K**ann ich das? => **D**arf ich das? => **W**ill ich das?
	Regeln	**Geht es mir als Mediator gut? Was brauche ich, damit es mir gut geht?**

	Fragen	Systemische Fragen
2.	**Einen guten Kontakt zu den Parteien herstellen**	Sitzposition (symmetrisch?) Habe ich eine gute Resonanz zu den Parteien? Sind mir die Parteien gleich sympathisch (notfalls Übertragungsspiel s. Kapitel I)? Symmetrie der Ansprache beachten.
3.	**Der Mediator nennt seine Bedingungen**	Der Mediator sorgt für sich => er kann jederzeit unterbrechen => er kann ungewöhnliche Fragen stellen => er gibt die Regeln vor
4.	**Prozessziel für die Sitzung erfragen**	Was ist Ihr Prozessziel für die heutige Sitzung, Konfliktpartner A? Was ist Ihr Prozessziel für die heutige Sitzung, Konfliktpartner B? Was sollte am Ende der Sitzung gegeben sein? Ein Prozessziel ist meistens kein Ergebnisziel. Ein Ergebnisziel bezieht sich konkret auf eine Lösung. Beispiele dafür sind, wie die Verteilung der Ressourcen aussehen soll oder dass wieder Vertrauen aufgebaut wird. Ein Prozessziel ist meistens viel ungenauer, beispielsweise geht es oft um Klarheit, wieso es zum Konflikt gekommen ist oder wieso überhaupt der eine Konfliktpartner mit am Tisch sitzt. **=> Soweit möglich, ein gemeinsames Ziel herausarbeiten**

	Fragen	Systemische Fragen
5.	**Die Bereitschaft zur Mediation überprüfen**	Wollen Sie heute hier an diesem Prozessziel mitarbeiten? Wollen Sie beide heute hier gemeinsam mitarbeiten?
	=> Wenn die Bereitschaft nicht ganz vorhanden ist, nach den Bedingungen fragen, unter denen die eine Partei sich einlassen kann. (lösungsorientierte Fragen)	Unter welchen Bedingungen können Sie hier mitarbeiten? Was muss hier für Sie sichergestellt sein, damit Sie sich auf das Verfahren einlassen können?
		=> ABBRUCH vorschlagen **=> Dann fragen: Was sind die Folgen eines Abbruchs?**
	Falls kein kongruentes JA kommt	Sind die Folgen z.B. »Wir treffen uns vor Gericht wieder« oder »Wir verlieren unser Gesicht vor den anderen«, stark genug, wirken diese als »Weg-von«-Motivatoren. Häufig führt diese Frage dazu, dass die Konfliktpartner motiviert im Mediationsprozess weitermachen.
Entweder **6a.**	**Die drei Konfliktebenen und die Systemgesetze vorstellen, Systemogramm und Zeitursachendiagramm erarbeiten**	Siehe Kapitel I
Oder **6b.**	**Den Konflikt definieren lassen**	Versuchen Sie zu formulieren: »Unser Konflikt ist X versus Y«. Ein Wort für X, ein Wort für Y. => Komplexität reduzieren => Wiederholt darauf bestehen, dass die Parteien sich mit der Beschreibung der Gegenseite auseinandersetzen. => Einen Satz finden lassen, dem beide Seiten zustimmen und den sie beide kongruent (gleichzeitig) aussprechen können

Fragen	Systemische Fragen
7. **Überprüfung der Entscheidungs- und Verhandlungskompetenz – Vertikalcheck**	Gibt es andere, die von den Entscheidungen betroffen sind oder Einfluss nehmen können? Sind beide Seiten autorisiert dazu, Entscheidungen zu treffen? Wem gegenüber müssen Sie ihre Entscheidung verantworten? (Vorstand, Partner, Eltern etc.)
8. **Stabilitätscheck für die Entscheidungen – Lateralcheck**	Wie unabhängig sind die Entscheidungen vom augenblicklichen Rahmen? (»Verkauf von Lösungen«, Suggestionen etc.) Wie stabil sind mögliche Lösungen unabhängig von dem geschützten Rahmen der Mediation? => Zukunftscheck (Erleben der gewünschten Zukunft)
9. **Interessen und Bedürfnisse hinter dem Konflikt** - optional -	Was ist Ihnen wichtig? Wofür stehen die Positionen? Was soll durch Ihre Position sichergestellt werden?
10. **»7.-Himmel«**	Gehen Sie gedanklich soweit in die Zukunft, dass der Konflikt weit hinter Ihnen liegt und kein Problem mehr darstellt (»7. Himmel«). So wie Sie beispielsweise heute Ihre Probleme in der Schule oder in der Ausbildung mit Abstand betrachten, und stellen Sie sich Zeit und Ort vor: –> Wie alt sind Sie? => Wo befinden Sie sich, unabhängig vom Konflikt und von der Lösung? => Wird die Sitzposition symmetrisch? => Wird der allgemeine Ausdruck ressourcevoll? Was heißt das?

Fragen	Systemische Fragen
	Welche Bedürfnisse und Interessen müssen erfüllt sein, damit Sie wissen, es war eine gute Lösung – ohne zu wissen, wie die Lösung aussieht?
Langfristige Interessen und Bedürfnisse jenseits des Konfliktes und seiner Lösung	Was ist Ihnen jetzt in dieser Zukunftszeit wichtig, damit Sie wissen, dass es damals eine gute Lösung gab? Was muss erfüllt sein? => gegenseitig sagen lassen => überprüfen, ob die jeweils andere Partei das versteht => immer wieder die Partei innerlich in die Zukunft und an den Ort schicken (»7.-Himmel«) und neue Bedürfnisse finden lassen.
11. **Finden einer stabilen Lösung**	Was für Lösungen fallen Ihnen ein, die den Bedürfnissen aller Parteien Rechnung tragen? => Überprüfen, ob die Lösung »wohlgeformt« ist, d.h. sie soll die Wohlgeformtheitskriterien einer Zieldefinition erfüllen (s. dazu klassische Zielarbeit im Kapitel 2). => Advocatus Diaboli
12. **Vereinbarungen und Aktionsplan**	Konkrete, realistische, rechtlich einwandfreie Vereinbarungen schließen und Aktionsplan erstellen

Bei jedem Schritt überprüfen, ob die Bereitschaft zur Bearbeitung des Konflikts noch gegeben ist, d.h. ob der Coach noch einen Auftrag hat. – Sonst zurück zu Schritt 5.

Der Coach und Mediator ist einerseits **Chef** für den **Prozessverlauf** und setzt den Rahmen, in dem die Parteien gut arbeiten können! Andererseits ist der Coach und Mediator **neutral** den Inhalten gegenüber! Der Mediator hält sich mit Lösungen zurück und springt nicht sofort auf jedes Lösungsangebot der Klienten an, denn es kann sich auch um ein Ausweichmanöver handeln. Entweder von den Klienten, dann ist eine Ökologiefrage angebracht und die Frage, ob der Mediator noch einen Auftrag von den Klienten hat. Oder es ist ein Ausweichmanöver vom Mediator, der mit dem Konfliktthema selbst nicht gut umgehen kann und somit inhaltlich befangen ist.

Im Folgenden wird der Unterschied zwischen »**inhaltlich befangen sein**« und dessen Gegensatz, »**im Prozess sein**«, erklärt. Sie lernen, woran sie die beiden Zustände erkennen und welche Gründe dafür jeweils verantwortlich sein können. Ist der Mediator oder Coach inhaltlich befangen, so hat er keinen Auftrag und kann die KDW-Fragen nicht alle mit ja beantworten.

Handwerkszeug: Prozesskompetenz – im Prozess oder inhaltlich befangen sein

»Im Prozess sein« heißt: im Hier und Jetzt – im Augenblick zu sein, ohne Gedanken an die Zukunft, Vergangenheit, eigene Probleme, Ziele usw.

Meiner Meinung nach gibt es keine klare Grenze zwischen Inhalt und Prozess. Aus dieser Überlegung heraus entwickelte sich der Ansatz, eine weitere Ebene zu ergänzen, die **Haltungsebene**. Sie beschreibt, welche innere Haltung ich habe und ob ich inhaltlich befangen oder im Prozess bin. Daraus ist folgendes Coachingviereck entstanden:

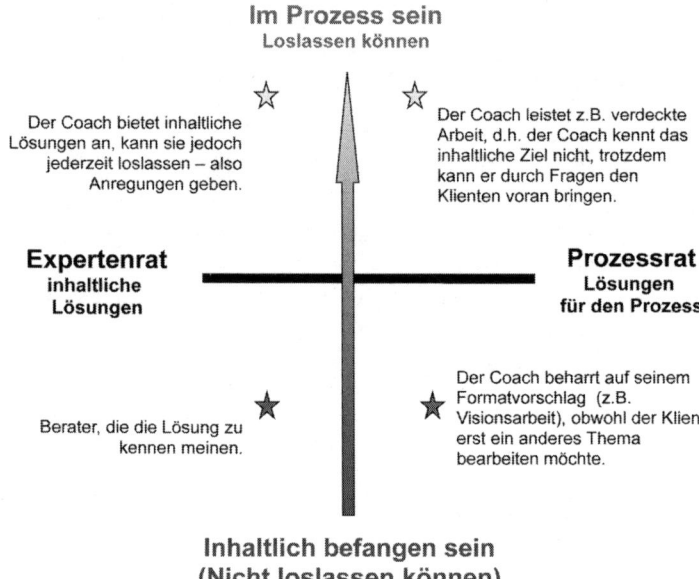

Im Prozess sein
Loslassen können

Der Coach bietet inhaltliche Lösungen an, kann sie jedoch jederzeit loslassen – also Anregungen geben.

Der Coach leistet z.B. verdeckte Arbeit, d.h. der Coach kennt das inhaltliche Ziel nicht, trotzdem kann er durch Fragen den Klienten voran bringen.

Expertenrat
inhaltliche
Lösungen

Prozessrat
Lösungen
für den Prozess

Berater, die die Lösung zu kennen meinen.

Der Coach beharrt auf seinem Formatvorschlag (z.B. Visionsarbeit), obwohl der Klient erst ein anderes Thema bearbeiten möchte.

Inhaltlich befangen sein
(Nicht loslassen können)

Die vertikale Ebene ist die Haltungsebene. Der Coach kann sich frei auf der horizontalen Ebene bewegen. Er kann auch Expertenrat geben, solange er im Prozess ist (im hellen Bereich).

Der Prozessrat (Welches Format nehme ich?) kann ebenfalls zielführend oder blockierend sein. Auch hier hängt es von der inneren Haltung ab. Ist der Coach inhaltlich befangen, so führt selbst ein Prozessrat zum Stillstand des Prozesses.

Inhaltlich befangen sein – sich nicht im Augenblick befinden

Da jeder Coach ein Teil des Systems ist, bleibt es nicht aus, dass er mal inhaltlich befangen wird. Jeder Coach hat dieses Phänomen schon erlebt.

Der Prozess geht nicht voran. Egal was man sagt, die Haltung der Teilnehmer verändert sich nicht, die Bewegungen sind stereotypisch immer dieselben, also vorhersagbar.

Das kann folgende Gründe haben:

- Der Teilnehmer erinnert den Coach unbewusst an eine ihm bekannte Person
- Das inhaltliche Thema ist für den Coach persönlich ein ungelöstes oder schwieriges Thema
- Der Coach macht sich Gedanken über die zukünftigen Geschäftsbeziehungen zwischen dem Teilnehmer und sich selbst: Wenn es schnell eine Lösung gibt, verliert er einen Kunden?
- Der Coach meint zu wissen, was für den Klienten gut ist, und versucht, ihn dort hinzubringen
- Der Coach ergreift Partei (in Mediationen oder Teamcoaching)
- Der Coach ist unter Zeitdruck
- Der Coach ist nicht der Überzeugung, dass der Teilnehmer sich verändern kann

und viele andere.

Welche Gründe fallen Ihnen ein? Was haben Sie schon erlebt?

Beobachtet der Coach einen Stillstand des Prozesses, so muss er seine inhaltliche Befangenheit aufdecken und transformieren. Dann kann er sich wieder voll und ganz dem Prozess widmen.

> Ob der Coach inhaltlich befangen oder im Prozess ist, zeigt die Physiologie bzw. die Wahrnehmung (beim Klienten und beim Berater selbst).

Um zu überprüfen, ob jemand inhaltlich befangen ist, ist die erste Ökologiefrage aus Kapitel 2 zu stellen: Was ist das Gute am Alten? Was ist das Gute am Thema oder am Signal?

1. Wenn jemand inhaltlich befangen ist, z. B. beim Thema Aggression, weil er sie selbst ablehnt, so wird er nicht an die Ökologiefrage denken.
2. Selbst wenn er sie stellen sollte, so wird ihm normalerweise nichts dazu einfallen.

Der nächste Schritt ist nun, sich unbedingt Kontexte oder Situationen auszudenken, wofür es dort gut sein könnte – es soll ja gar nicht generell gelten.

Wenn das nicht hilft, so sollte das Thema bearbeitet werden, beispielsweise in einer Supervision oder im Coaching.

Die inneren eigenen Teile geben ebenfalls Auskunft, ob man inhaltlich befangen ist. Sind körperliche Phänomene wie beispielsweise einsetzende Kopfschmerzen, Schmerzen in anderen Körperteilen oder anderes wahrnehmbar, ist es eine Hilfe, diese Symptome anzusprechen und nach deren Ursachen zu befragen (s. dazu Symptomarbeit in Kapitel 2). Oft erhält man dann eine Antwort, die ein wichtiges Hilfsmittel ist, sich aus der inhaltlichen Befangenheit zu befreien.

Um sich diese Fragen stellen zu können, ist Ruhe nötig. Falls Sie gerade im Coaching- oder Mediationsprozess sind, so sollten Sie diesen unterbrechen, eine Kaffeepause einlegen und in dieser Zeit probieren, sich die Fragen zu stellen und Antworten zu erhalten, so dass Sie zurückfinden in den Zustand: »im Prozess sein«.

Prozesskompetenz oder »im Prozess sein« entscheidet darüber, ob Sie erfolgreich als Coach, Mediator oder Führungskraft agieren können. Aber nicht nur dort können Sie es erfahren. Genauso entscheidet im Sport dieser Zustand über Gewinn oder Niederlage. In den Kampfkünsten wird dieses besonders deutlich, deshalb möchte ich noch kurz auf ein Buch eingehen: »BUDO, Der geistige Weg der Kampfkünste« von Werner Lind, O.W. Barth Verlag, 2001, S. 190 ff. Ken Zen ichi – Schwert und Zen sind eins.

 Im 16. Jahrhundert schrieb der Zen-Meister Takuan (1573–1645) seinen berühmten Brief an Yagyu Munenori (Schwertmeister), in dem er die Verbindung zwischen Zen (Meditation) und Kenjutsu (Schwertkunst) verdeutlichen wollte. Das ›Taiaki‹, wie dieser Brief benannt wurde, enthielt als zentrales Motiv den Satz ›Ken Zen Ichi‹ und bezeichnet die wahre Meisterschaft der Schwertkunst als einen Zustand der vollkommenen Einheit des Menschen, die nur über die vollstän-

dige Perfektion von Ri (Zustand des Geistes) und Waza (Technik) zu erreichen ist.

Worauf es Takuan vor allem ankam, war klarzustellen, warum die meisten Kenkaku (Schwertkämpfer) trotz täglicher Übung das Stadium der Meisterschaft im Schwert nicht einmal annähernd erreichen konnten. Nach Takuans Erläuterungen liegt das Problem darin, dass die meisten Menschen nicht bereit sind zur geistigen Vervollkommnung und voller Kurzsichtigkeit nur das Körperliche wählen…

Am Anfang des Taiaki sagt Takuan: »In der Kunst des Kämpfens geht es nicht um Sieg oder Niederlage, nicht um stärker oder schwächer, nicht um einen Schritt vor- oder rückwärts. Man muß ohne einen Schritt vorwärts oder rückwärts, ganz einfach auf derselben Stelle stehend, siegen können.

Darin aber liegt nicht nur die letzte Wahrheit des Kämpfens, sondern auch das Geheimnis der Behandlung aller menschlichen Angelegenheiten überhaupt. Takuan meint damit das ‚Leermachen‘ von allen Wünschen und Vorhaben, denn diese fangen den Geist und lassen ihn an Vorgestelltem haften. Dieses Leermachen des Geistes [›im Prozess sein‹ und nicht inhaltlich gefangen sein, Anmerkung des Autors] von der Selbstvorstellung – Ku – (im Buddhismus Muga – Ichlosigkeit) ist die Voraussetzung für ein ungetrübtes Sehen der Wirklichkeit – nicht nur im Kampf, sondern bei der Bewältigung aller täglichen Probleme.

›An einer Seele, die völlig frei von Gedanken und Erregungen ist, findet selbst der Tiger keine Stelle, seine Krallen einzuheften.‹ « Takuan Sóhó

Die »rechte Haltung«, die oft in solchen Büchern beschrieben und in diesem Text als »Leermachen« bezeichnet wird, wird in diesem Buch »im Prozess sein« genannt. Verliert man seine »rechte Haltung«, so wird man »inhaltlich befangen« und kann als Coach als auch als Kampfkünstler nicht mehr effektiv sein. Deshalb gilt der folgende Satz als Grundlage:

Hauptsache: Dem Coach oder der Führungskraft geht es gut!

Selbstreflexion: Woran lässt sich »inhaltlich befangen sein« intern und extern erkennen?

- Intern: Ihre eigene innere Wahrnehmung bzgl. Gedanken und Gefühlen: z.b. Auftreten von Kopfschmerzen; Aufkommen von Gedanken, ob es überhaupt eine Lösung geben kann, ...

- Extern: Was Sie an Ihrem Klienten, an sich selbst und an Ihrer Beziehung zueinander wahrnehmen können:
  z.b. schweift der Klient immer wieder ab, wiederholtes Schauen auf die Uhr, ...

- Mögliche Gründe dafür, inhaltlich befangen zu sein:

Selbstreflexion: Woran lässt sich »im Prozess sein« intern und extern erkennen?

- ...

- ...

- ...

Wichtige Erfahrungswerte für den Coach oder Mediator – und nicht nur für die!

Hauptsache, dem Coach geht es gut!

Haben Sie Mut zum letzten Auftrag, d.h. Sie übernehmen den Auftrag nur, wenn Sie nicht abhängig von ihm sind – im Prozess sein!

Haben Sie jederzeit eine beste Alternative!

Jederzeit auf die KDW-Fragen (kann, darf, will ... ich?) achten!

Haben Sie noch den Auftrag vom Klienten?

Seien Sie stimmig im Tun!

Lernen Sie jederzeit aus Fehlern!

...

Handwerkszeug: Prozesskompetenz – Des Teufels Advokat

Ein weiterer effektiver Umgang mit der Prozesskompetenz und der Ökologiefrage ist, **des Teufels Advokaten** zu spielen. Wenn beim Coach während oder zum Ende des Coachingprozesses »provokante« Gedanken oder Ideen auftauchen (z.b. »Was könnte passieren, wenn Sie das neue Verhalten ihrem Chef gegenüber zeigen – schmeißt er Sie evtl. raus?«), so hat der Coach diese Gedanken auszudrücken.

Die Aufgabe des Teufels Advokaten: Provokante Gedanken, beispielsweise den Krisenfall oder das Schlimmste, das passieren könnte, aussprechen.

Normalerweise zeigt der Klient drei verschiedene Reaktionen:

1. **Kein Thema:** Ist es kein Thema für den Klienten, dann drücken die Gedanken inhaltliche Befangenheit des Coaches aus (vielleicht das eigene Thema, siehe dazu das Übertragungsspiel). Dann ist es aber gut, dass der Coach seine Gedanken ausgesprochen hat, um wieder in den Prozess einsteigen und weitermachen zu können.

2. **Betroffenheit:** »NEIN, das will ich auf keinen Fall...« Beginnendes Nachdenken beim Klienten über die Auswirkungen usw.

3. **Ablehnung:** »Lassen Sie mich damit in Ruhe ...«

Gerade die ablehnende Haltung sollte näher unter Ökologiegesichtspunkten betrachtet werden. Findet der Klient seine Ziele so gut, dass er sie unbedingt erreichen will – koste es, was es wolle – so ergibt sich für den Coach die Frage nach seinen eigenen Vorstellungen über Ethik und Moral:
»Mache ich hier weiter?«

Selbstreflexion:

Welche Themen und Ziele machen Sie betroffen?
Sind es: Mord, körperliche Gewalt, Entlassung, ...
Wann werden Ihre Moral und Ethik berührt?
Was sind Ihre Tabu-Themen?

Seien Sie des Teufels Advokat bei Ihrem persönlich schlimmsten Fall!
Was wäre das für Sie denkbar schlimmste Thema?

Ist ein solches Tabu-Thema ein Ziel des Klienten, so stellt sich dem
Coach die Frage, wie er damit angemessen umgehen kann.
Folgendes Vorgehen könnte helfen:

I. **Abbruch vorschlagen:** Ist der Coach nicht so stark betroffen,
   d.h. bleibt er handlungsfähig, dann ist folgender Schritt nützlich:
   »Ihr Ziel (...) ist aus meiner Sichtweise sehr unökologisch, es
   widerspricht meiner Auffassung von Moral und Ethik, deshalb
   schlage ich vor, den Coachingprozess hier zu beenden.«

   1) **Zurück zum Prozess:** Oft hat dieses zur Folge, dass der Klient
   – durch die Betroffenheit des Coaches und die Ankündigung
   des Abbruchs – ins Nachdenken kommt und paradoxerweise
   das Coaching genau dadurch fortgesetzt werden kann.

   2) **Abbruch:** Der Klient bleibt bei seiner Haltung. Dann sollte
   der Prozess hier beendet und die Verantwortung dem Klienten
   voll und ganz zurückgegeben werden. In bestimmten Fällen,
   beispielsweise Suizidgefahr, muss hier anders vorgegangen werden, siehe dazu den übernächsten Punkt III.

II. **Inhaltlich befangen:** Der Coach ist sehr betroffen. Es kann hilf-
    reich sein, sich eine Auszeit zu nehmen: »Entschuldigung, ich
    muss einmal kurz zur Toilette oder etwas zu Trinken holen, eine
    Pause machen...« In dieser Unterbrechung hat der Coach dann
    Zeit, nachzudenken und seine Betroffenheit aufzuarbeiten, bis

er soweit ist, in den Prozess zurückzukehren und an dem obigen
Punkt I: »Abbruch vorschlagen« weiter zumachen.

III.**Verantwortung:** Besteht die Gefahr eines Suizides oder einer
Straftat, so darf der Coach nicht einfach die Verantwortung an
den Klienten zurückgeben. Er muss gegebenenfalls den Sozial-
psychiatrischen Dienst, die Polizei, Freunde, Verwandte, ... einbeziehen.

Fazit: Als Coach tragen Sie eine hohe und umfassende Verantwortung. Um dieser gerecht zu werden, sollten Sie bereits bei der Auftragsklärung prüfen, ob Sie diese Verantwortung übernehmen
können und wollen. Erlauben Sie sich die Freiheit, das Coaching
abzulehnen und einen anderen Coach zu empfehlen.

Optimale Vorbereitung für ...

Wie gut wir als Coach, Mediator oder Führungskraft arbeiten können, hängt von unserem inneren Zustand oder unserer Haltung ab.
Diese werden durch äußere und innere Bedingungen und Umstän-
de beeinflusst. Dazu Fragen:

Selbstreflexion:

• Unter welchen äußeren Bedingungen können Sie gut als Coach arbeiten?

Beispielsweise, wenn für alle ein Glas Wasser bereit steht, nur wenn
alle Anwesenden lächeln, wenn die Trainer nicht in mein Blickfeld
kommen, ...

Was sind Ihre Bedingungen?
Und was haben sie mit Ihren Glaubenssätzen und Prägungen zu
tun?

> • Unter welchen Bedingungen können Sie besonders gut als Coach arbeiten?
>
> Beispielsweise, wenn ich alle Coachingformate mindestens einmal geübt habe, wenn ich Selbstvertrauen habe und keine Angst davor, Fehler zu machen, ...
>
> Welche Grundüberzeugungen und einschränkenden Glaubenssätze müssten Sie noch verändern?

Im Folgenden wird ein Thema vorgestellt, dass viele Menschen daran hindert, erfolgreich als Führungskraft, Coach oder Mediator zu arbeiten. Es ist der Anspruch, perfekt sein zu müssen. Dieses führt unweigerlich in eine inhaltliche Befangenheit.

Perfektion

Zitat von C.G. Jung: *»Perfektion gehört den Göttern. Wir können höchstens etwas Ausgezeichnetes erhoffen.«*

Unsere Bemühungen um Perfektion stellen Schranken dar, die wir uns selbst auferlegen. Es ist wie mit dem Paradox von Zenon, welches besagt: Wenn ich ein Ziel, beispielsweise eine Dartscheibe, erreichen will, und ich halbiere jeweils die Strecke dorthin (erst ½, dann ¼, dann 1/8 usw.), so kann ich das Ziel (Perfektion) nie erreichen.

Sportler, die nach Perfektion oder Vollkommenheit streben, versagen immer, weil Vollkommenheit unerreichbar ist. Erfolgreiche Sportler streben nach hervorragender Leistung, **sie wollen gut sein, nicht perfekt!**

Perfektion ist ausweglos. Sie bringt Sie in eine Situation, in der Sie einfach nicht gewinnen können. Wenn es Menschen gibt, die Ihre großartige Arbeit anerkennen, dann machen Sie sich Sor-

gen darum, wie Sie deren hohen Ansprüchen beim nächsten Mal auch wieder gerecht werden können. Wenn Sie in deren Augen versagen, dann sind Sie am Boden zerstört. In beiden Fällen sind Sie voller Sorgen und Spannungen. Es ist eine »perfekte« Auswegslosigkeit, und das ist die einzige Perfektion, die Sie erreichen können!

Hier nun einige Überzeugungen, die bei einem Festhalten an Perfektion hilfreich sein können:

- Leistung ist niemals perfekt, ich erfreue mich am Spiel (an der Arbeit) als Prozess
- Perfektion ist eine Illusion
- Ich bin nicht perfekt, aber ich spiele (arbeite) wie ein Meister.
- Fehler sind Lektionen zum Lernen
- Fehler sind keine Kommentare zu meinem Selbstwert
- Ich akzeptiere mich und mag mich, egal, welches Resultat ich heute erziele!

Die Definition von Erfolg und Qualität und überzogene Vorstellungen davon, führen normalerweise auch in eine inhaltliche Befangenheit. Deshalb erhalten Sie einen Überblick zu diesem Thema.

Qualitätsstandards allgemein und speziell in der Mediation sowie im Coaching oder was heißt Erfolg?

Ziel ist es, durch eine Ausbildung mit hohen Qualitätsstandards kompetente Mediatoren oder Coaches heranreifen zu lassen, die dann in Konflikten professionell vermitteln können.

Hierzu ist es jedoch unerlässlich, sich Gedanken über die Bezeichnungen »hoher Qualitätsstandard« und »professionell« zu machen, denn hier gehen die Meinungen weit auseinander. Wie lässt sich Qualität in der Mediation oder im Coaching definieren und dann kontrollieren, bzw. inwieweit ist es möglich? Dazu zunächst eine allgemeine Betrachtung zum Thema Qualität.

Qualität

In der lateinischen Sprache wird *qualitas* mit Beschaffenheit, Güte und Wert eines Gegenstandes übersetzt. Bis heute dauert die Diskussion über diesen Begriff an. Eine Definition lautet: Qualität = Technik + Haltung. Qualität entsteht mit Hilfe der Technik auf der Basis einer entsprechenden inneren Haltung (s. das Coachingviereck).

Qualitätsbetrachtungen zur Mediation, zum Coaching oder zur Führungskräfteentwicklung

Es gibt unterschiedliche Möglichkeiten, Qualität zu bestimmen:

1. Bestimmung über Kriterien
2. Bestimmung über zur Verfügung gestellte Leistungen
3. Bestimmung über Verfahrensweisen

Bestimmung über Kriterien
Qualitätsziele sollen anhand von Kriterien genau festgelegt werden. Ausbildungsziele für die Mediatoren könnten sein:
- Soziale Kompetenz
- Kommunikative Kompetenz
- Allparteilichkeit und Neutralität
- Moderationskompetenz u.a.

Solche globalen Ziele sind kaum zu definieren und noch schwieriger zu messen. Qualität anhand feststehender Kriterien definieren zu wollen, zwingt uns dazu, auch den Grad der Erreichung messbar zu machen.

Noch schwieriger wird es, wenn die Vorgehensweise, also die Methoden in der Ausbildung und die dazugehörige innere Haltung, angegeben werden soll, mit der die aufgestellten Kriterien einzulösen sind. Die Ausbildung bzw. die Teilnehmer und die Ausbilder bilden ein komplexes dynamisches System, so dass geradlinige, monokausale Interventionen und Methoden nicht angegeben werden können.

Der Wunsch, messbare Qualitätskriterien aufzustellen, ist zwar verständlich, aber in der Mediations-, Coaching- oder Führungskräftefortbildung wahrscheinlich uneinlösbar und inhaltlich fragwürdig.

Bestimmung über zur Verfügung gestellte Leistungen
Eine andere sehr gängige Möglichkeit, Qualität zu bestimmen, ist der Hinweis auf die zur Verfügung gestellten Standards:

- Dauer
- Praxis und begleitende Supervision
- Inhalte
- Video-Feedback, Referat, Rollenspiel usw.

All dies beweist jedoch weder, dass die tatsächlich geleistete Arbeit qualitativ gut ist, noch ist sie Garant dafür, dass die Ausgebildeten hochwertige Arbeit leisten werden, denn die innere Haltung wird hier nicht berücksichtigt.

Bestimmung über Verfahrensweisen und Prozesssteuerung

Hierzu ein Beispiel: *Zubereitung einer Mahlzeit*

»Angenommen, einige Freunde treffen sich, um gemeinsam zu kochen. Sie möchten etwas ausprobieren, ihnen schwebt ein Essen mit einer bestimmten exotischen Geschmacksrichtung vor, sie haben also Kriterien für die Qualität des Essens.

Es wird auch einiges vorgehalten, eine gut ausgestattete Küche mit entsprechenden Töpfen, Pfannen, Gewürzen usw.

Die meisten Personen haben gute Erfahrungen im Kochen, das Personal ist also qualifiziert.

Dennoch ist bis zu diesem Punkt natürlich nicht sicher, dass nun als Produkt ein gutes Essen herauskommt und dass das, was man sich als geschmackliches Ziel vorstellt, wirklich erreicht werden kann.

Erst im Herstellungsprozess, durch Abschmecken, durch immer wieder veränderte Zugaben usw. ist der eigentliche und wesentliche Teil der vorgestellten Qualität zu erreichen.«

Fazit: Die Klienten entscheiden über Erfolg und Qualität.

Wurde in der Auftragsklärung geklärt, was das Ziel der Klienten ist, und das Ziel wurde erreicht, so werden die Klienten normalerweise zufrieden sein und von einer erfolgreichen Mediation oder einem erfolgreichen Coaching sprechen.

Ob das Ziel aber die Lösung des Konflikts war oder ob ein häufig genanntes Ziel »Klarheit darüber finden, wieso wir einen Konflikt haben« genannt wurde, entscheiden die Klienten.

Deshalb ist für mich Mediation auch nicht als Konfliktlösung, sondern als Coaching zu verstehen. Die Klienten geben die Ziele vor. Will ich als Mediator eine Lösung, weil ich meine, dass nur dann eine Mediation erfolgreich ist, so kann das zur inhaltlichen Befangenheit führen. Dieses führt dann normalerweise zum Scheitern und zum Misserfolg.

Ein optimales Selbstmanagement setzt ein wirksames Stressmanagement voraus. Stehen Sie als Coach, Mediator oder Führungskraft unter Stress, so geht es Ihnen nicht gut und Sie sind inhaltlich befangen. Deshalb finden Sie hier praktische Vorgehensweisen, um Ihr Stressmanagement zu optimieren.

Stress

Stress – eine Definition

 Erhöhte Beanspruchung, starke Belastung physischer und/oder psychischer Art (beispielsweise Kälte, Schadstoffe, Infektionen, Prüfungen, Belastungen in der Familie oder Berufswelt, Pausenmangel…)

1936 von Hans Seyle (Biochemiker und Mediziner) so definiert:
Englischer Ursprung des Wortes:
  distress = Sorge, Kummer, Qual, Erschöpfung
  stress = Druck, Anspannung

Selbstreflexion: Was sind Ihre Stressauslöser?

Nutzen Sie die Warnlichter in Körper, Geist und Seele (s. dazu Kapitel II – Ökologiefragen)!
Welche Handlungen, welche Umgebung, setzen Sie unter Stress?

Welche wiederkehrenden Gedanken tauchen auf?

Welche Träume und Ahnungen erleben Sie?

Schreiben Sie Ihre Signale und Gedanken in die folgende Tabelle:

Körper: Gefühl und Handlungen	**Geist:** Gedanken und Bewusstes	**Seele:** Intuition und Unbewusstes

---

Selbstreflexion: Auflösen der Stressauslöser

Wie können Sie die Stressauslöser umwandeln und daraus lernen?

Wie wollen Sie Ihre Umgebung oder Ihr Verhalten ändern?
Worauf wollen Ihre Gedanken Sie hinweisen?
Was können Sie daraus lernen?
Worauf wollen Sie Ihre Träume und Ahnungen hinweisen?
Was können Sie daraus lernen?

Stressabbau durch optimales Pausenmanagement

Mach mal PausePause ...
(nach E. Rossi: Die 20-Minuten-Pause)

In unserem Kulturkreis gilt normalerweise: Wer ohne Pause durcharbeitet, mehr als viel zu tun hat und lange durchhält, genießt hohes Ansehen. In Mexiko sieht man das genau umgekehrt. Eine Person, die keine Siesta halten kann, macht etwas falsch, ist bestimmt keine Führungskraft.

Erfolgreiche Chefs und Sportler wissen, dass Pausen, rechtzeitig und regelmäßig gemacht, das Leistungsvermögen optimieren.

Wir alle haben eine eingebaute Mach-mal-Pause-Signalfunktion.

Deshalb gilt: je früher wir die Mach-mal-Pause-Signale bemerken und Pause machen, desto schneller sind wir wieder einsatz- und leistungsbereit.

Es gibt einen regelmäßigen Pausen-Bio-Rhythmus, d.h. wir sind für etwa eineinhalb Stunden sehr leistungsfähig, dann benötigen wir (wie auch die Tiere) eine etwa 20-minütige Pause. Dann können wir wieder für eineinhalb Stunden mit vollem Einsatz weitermachen.

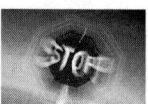

- Mach-mal-Pause-Signale
- Das Gefühl, sich recken, umherlaufen oder eine Pause machen zu wollen

- Trödeln und nicht mehr in der Lage sein, zügig zu arbeiten
- Gähnen, tiefe Atemzüge oder unwillkürliches Seufzen
- Der Körper fühlt sich verspannt und erschöpft an
- Sich »daneben fühlen«, Konzentrationsschwächen, abschweifen und Tagträumen
- Wörter vergessen, das Gefühl, dass sie »auf der Zunge liegen«
- Hunger, Durst oder das Bedürfnis zu rauchen
- Flüchtigkeitsfehler
- usw.

Die vier Phasen in den Stresszustand

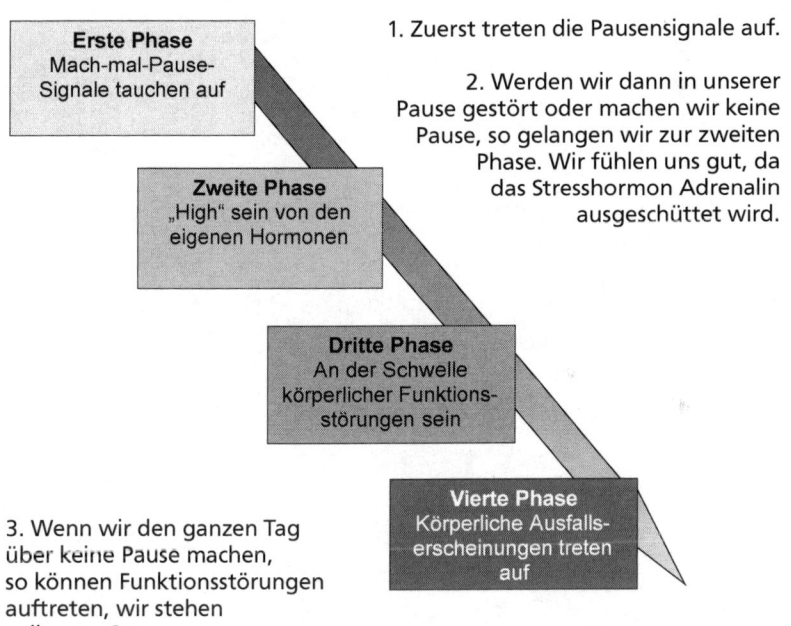

Erste Phase
Mach-mal-Pause-Signale tauchen auf

Zweite Phase
„High" sein von den eigenen Hormonen

Dritte Phase
An der Schwelle körperlicher Funktionsstörungen sein

Vierte Phase
Körperliche Ausfallserscheinungen treten auf

1. Zuerst treten die Pausensignale auf.

2. Werden wir dann in unserer Pause gestört oder machen wir keine Pause, so gelangen wir zur zweiten Phase. Wir fühlen uns gut, da das Stresshormon Adrenalin ausgeschüttet wird.

3. Wenn wir den ganzen Tag über keine Pause machen, so können Funktionsstörungen auftreten, wir stehen voll unter Stress.

4. Sich über längere Zeit seinem selbsterzeugten Stress auszusetzen, führt in der vierten Phase zu Krankheiten.

Der Leistungs- bzw. Pausenrhythmus

Der Rhythmus erstreckt sich über 24 Stunden. Beim Schlafen wechseln sich die ca. 90 minütigen Tiefschlafphasen mit den ca. 20 minütigen Traum-(REM-)phasen ab. Im Wachzustand ergibt sich ebenfalls dieser zeitliche Rhythmus, hier gibt es ein ca. 90 minütiges Leistungshoch und danach eine ca. 20 minütige Pausenphase (Traumphase).

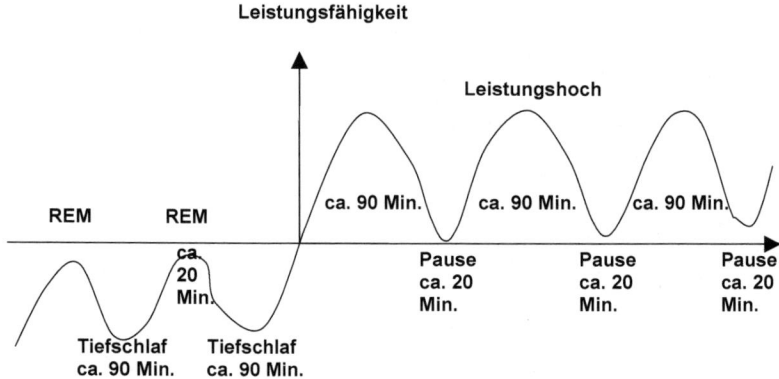

Wie oben schon beschrieben, führt ein Übergehen der Pausen zu Stress.

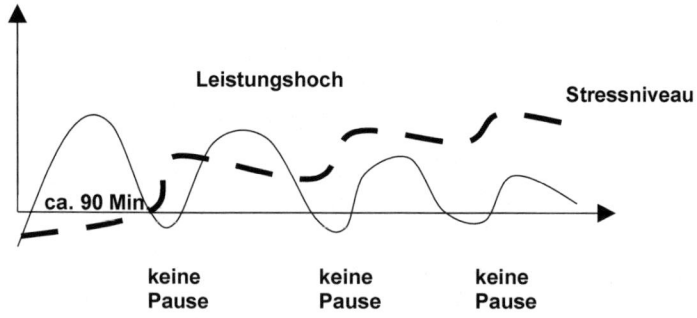

Dadurch sinkt die Leistungsfähigkeit. Der Stress hat weit reichende Folgen, denn bildlich gesprochen laufen wir den ganzen Tag vor einem Löwen davon. Das Wegrennen ist dem Körper in dem Moment wichtiger als irgendetwas anderes, d.h. wir merken keine Schmerzen oder Symptome. Außerdem wird es immer schwieriger, von dem Stressniveau herunterzukommen und eine Pause zu machen. Wer kennt das nicht: wir kommen gestresst nach Hause, wollen nur noch unsere Beine hochlegen, kommen aber nicht zur Ruhe und können nicht abschalten. Dann sind zu viele Stresshormone im Körper.

Es ist auch nicht unbedingt beziehungsfördernd, wenn der eine Partner gestresst nach Hause kommt und der andere gerade eine Pause gemacht hat. Beides passt nicht zusammen, da der eine Partner nur noch seine Ruhe will, jedes Ansprechen bei ihm zu noch mehr Stress und dadurch zu Aggression führt.

Wer immer am Wochenende oder in der ersten Urlaubswoche krank wird, hat höchstwahrscheinlich keine Pausen gemacht, sondern ist, bildlich gesprochen, die ganze Zeit vor dem Löwen weggerannt. Kommt der Körper dann zur Ruhe, so holt er die fehlenden Pausen nach und gleichzeitig kommen die unterdrückten Symptome hoch.

Meine Erfahrungen bezüglich der Pausen sind, dass drei Pausen am Tag genügen, damit der Stresspegel niedrig bleibt. Am besten vormittags, mittags und nachmittags eine Pause einlegen. Oder auf dem Weg zur Arbeit, zum Kunden oder nach Hause eine Viertelstunde mehr einplanen und eine Pause im Auto einlegen.

PausePause

 Diese richtigen Pausen benenne ich als **Pause-Pause** oder als REM-Pause, denn im normalem Sprachgebrauch wird oft eine einfache Arbeitsunterbrechung als Pause bezeichnet. Beispielsweise ist Zeitung lesen, eine Zigarette rauchen oder sich mit Kollegen unterhalten eine Arbeitsunterbrechung, aber keine Pause im obigen Sinn.

PausePause heißt, träumen zu können, also am besten seine Augen zu schließen und kurz wegzusacken. Jeder kennt solche Momente. Und kurz darauf gehen die Augen von allein wieder auf und man fühlt sich fit.

Übung:

- Achten Sie auf Ihre Mach-mal-Pause-Signale und nehmen Sie sie war.

- Finden Sie heraus, an welchem Ort (der Pausenstartpunkt wird ja von den Signalen angekündigt) Sie am besten eine 10–15 minütige Pause machen können.

- Am geeignetsten ist ein Ort, an dem keine Störung von außen wie beispielsweise Telefon, andere Menschen usw., auftreten kann.

- Machen Sie an jedem Tag mindestens eine PausePause, d.h. schließen Sie Ihre Augen und tagträumen Sie. Versuchen Sie, den Pausenanteil von Tag zu Tag auf drei Pausen zu steigern.

- Achten Sie darauf, wie es Ihnen damit geht und welche inneren Widerstände (beispielsweise Überzeugungen, Werte usw.) gegen eine Pause vielleicht auftauchen. Bearbeiten Sie diese gegebenenfalls.

Die Umgebung wird gerne als Hinderungsgrund herangezogen, jedoch lässt sich immer ein Weg für eine PausePause finden, wenn man es wirklich will und keine inneren Widerstände dagegen sprechen.

Stress durch Denken und dessen Abbau

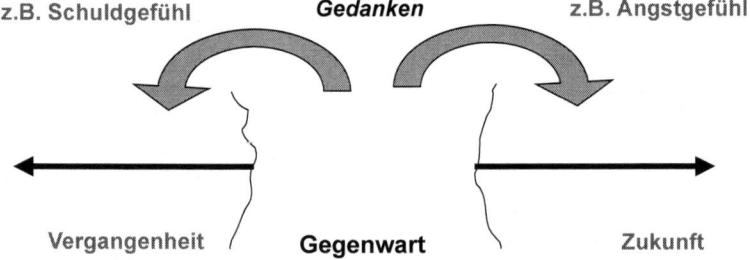

Stress kann ebenfalls durch das Denken entstehen. Negative Gedanken über die Vergangenheit wie Schuld und sorgende Gedanken über die Zukunft wie Angst, erzeugen Stress, wenn mit den Gedanken nicht richtig umgegangen wird.
Wichtig ist zu wissen, dass wir nur in der Gegenwart sind. Vergangenheit und Zukunft entstehen durch unsere Gedanken, und das Denken ist ein gegenwärtiges Ereignis.

Es gibt zwei Möglichkeiten, diesen Stress abzubauen:
1. Nehmen Sie Ihre Gedanken (z. B. Schuldgefühl oder Ängste) als Signale und Hinweise wahr und finden Sie heraus, was Sie in der Gegenwart verändern sollen. Welche Themen sollen Sie wie, wann, mit wem besprechen oder lösen – so dass die Gefühle und Gedanken nicht mehr nötig sind!
2. Geben Sie Ihre Gedanken an Ihr Unbewusstes ab und bitten Sie um eine Lösung für die Themen.

Beide Möglichkeiten wurden in der Übung »Kontaktaufnahme zu Ihrem Symptom oder Signal« im zweiten Kapitel beschrieben.

Übung: Im »Hier und Jetzt«-Sein

- **Die »Achtung: Hier und Jetzt«-Übung** – Jedwede Form von Negativität nicht als Versagen (z. B: Rauchen), sondern als ein hilfreiches Signal ansehen.

- Nutzen Sie jeden Gedanken (Bewertung, Konflikt, Ablehnung, ...) als Stimme, die Ihnen sagt:

- **»Achtung – Hier und Jetzt! WACH AUF! SEI WACH!** Lass den Verstand zurück. Sei gegenwärtig!«

- Wie geht es Ihnen damit? Können Sie es durchführen? Wie lange schaffen Sie es?

Wenn jemand eine Ahnung von seiner Vision hat, sie aber nicht in sein Leben hineinlässt, so führt dieses ebenfalls zu Stress. Deshalb befassen wir uns im nächsten Abschnitt mit dem Thema Vision und Berufung.

Berufung oder Vision – Unsere Gabe der Welt schenken

»Alle Anrufbeantworter haben die gleiche Aufgabe, nämlich zwei Fragen zu stellen:
1. Wer sind Sie?
2. Was wollen Sie?
Die meisten Menschen beantworten diese beiden Fragen ihr ganzes Leben lang nicht!« Unbekannt

Die Kraft der Vision

 Filme und Bücher sind in der heutigen Zeit insbesondere dann erfolgreich, wenn sie individuelle Schicksale erzählen. Zu gern lassen wir uns vom Geheimnis eines Menschen und den Besonderheiten seines Charakters faszinieren. Vor allem auch deshalb, weil wir uns selbst als ein einzigartiges Wesen verstehen.

Wer stellt sich nicht insgeheim Fragen wie:
- Wer bin ich?
- Was kann ich aus meinen Talenten und Begabungen machen?
- Was ist meine Aufgabe? – Und warum tue ich es (noch) nicht ?

Niemand wird als Durchschnittsmensch geboren, jeder hat das Potenzial, etwas Besonderes zu sein. In jedem von uns wartet eine unverwechselbare Mischung von Eigenschaften, Talenten und Begabungen. Wartet darauf, (wieder)entdeckt, respektiert und gelebt zu werden. Wir alle sind zu weitaus mehr fähig, als wir bisher geglaubt oder gezeigt haben.

Über die eigene Entfaltung hinaus macht es Sinn, unsere Veranlagungen als unser Schicksal zu würdigen, um seelisch und körperlich gesund zu bleiben. Gehen wir den bequemen Weg, verlieren wir unsere Berufung meist aus den Augen – und werden uns selbst ein Stück weit fremd.

Das Nichtbeachten dieses Rufes – mit dem bewussten Zurückbleiben hinter den eigenen Möglichkeiten, falscher Bescheidenheit,

faulen Kompromissen und Rücksichtnahmen – alle diese Formen
der Selbstverleugnung hat der amerikanische Psychologe Abra-
ham Maslow als den »Jonaskomplex« bezeichnet. Der biblische Jo-
nas weigerte sich, dem »göttlichen Ruf« zu folgen, um dann doch
– über vielerlei Umwege – an den Ort seiner Bestimmung zu gelangen.

Natürlich machen uns das Hinauswachsen über unser bisheriges
Leben und die Mühen der Veränderung Angst; erfordet es doch
(De)Mut, vertraute Rollen und Verhältnisse loszulassen und sich
auf seine Intuition einzulassen. Doch es lohnt sich. Jemand, der seiner Vision im Tun folgt, spürt dies laut dem Mythenforscher Josef
Campell an dem plötzlichen Gefühl von gesteigerter Lebendigkeit,
einem beflügelnden Schub von Energie und Vitalität.

Weitere Auswirkungen sind eine Zunahme an Authentizität, In-
dividualität und Unabhängigkeit, von der bereits erwähnten Gesundheit ganz zu schweigen. Das führt zu mehr Lebenserfolg, sei es
in großen oder kleinen Dingen und letztendlich zu einem sinner-
füllten und zufriedenen Dasein.

Vielleicht ist es dann eines Tages Ihr Leben, das andere als Buch
oder Film faszinieren wird.

Handwerkszeug: Die eigene Berufung oder Vision finden

Das folgende Handwerkszeug zur Visionsarbeit lässt sich auf drei
verschiedene Weisen anwenden:
- die eigene Vision als Coach oder Führungskraft aufdecken
- als Coach oder Führungskraft mit anderen deren Vision
  erarbeiten
- die Vision in eine Strategie umsetzen (ins Leben bringen)

Immer wieder glauben Menschen, an der Idee festhalten zu müssen, Berufliches von Privatem trennen zu müssen, um sich wenigstens privat Freiräume schaffen zu können. Oder wir geben dem
Beruflichen bzw. dem Finanziellen Vorrang vor dem Privaten.

In der Coachingpraxis zeigt sich, dass für ein zufriedenes Leben eine Integration beider Bereiche notwendig ist. Um dieses zu erreichen, bedarf es eines übergeordneten Rahmens: der Frage nach dem Lebenssinn. Nur wenn wir wissen, was unsere übergeordneten Aufgaben und die dazugehörigen Werte im Leben ausmachen, wissen wir, was uns wichtig ist. Unsere Berufung können wir nicht erfinden, aber wir können sie entdecken. Unser Lebenssinn kommt von Innen und ist dort schon vorhanden. Wir müssen ihn nur hervortreten lassen, um dann zu wissen, was uns führt.

»Wenn Sie einmal erkannt haben, wofür Ihr Leben da ist, gibt es keine Möglichkeit, dieses Wissen wieder zu löschen. Ganz gleich, wie viel Angst Sie haben, haben Sie keine Wahl mehr. Wenn Sie versuchen, aus Ihrem Leben etwas anderes zu machen, werden Sie immer das Gefühl haben, dass Ihnen etwas fehlt.« James Redfield

Was James Redfield beschreibt, findet sich in dem Wort *Leiden*schaft wieder. Wenn ich meine Vision kenne und sie nicht lebe, so schafft das Leiden, da es ja meine Leiden*schaft* ist.

»Jeder Mensch ist zu einer bestimmten Aufgabe berufen, und das Verlangen nach dieser Aufgabe ist in sein Herz eingepflanzt worden.« **Rumi**

Um diese bestimmte Aufgabe herauszufinden, stellen Sie sich die folgenden Fragen zur Selbstreflexion.

Vision, Lebenssinn und Berufung

Zuerst fragen Sie sich: Was ist Ihr Lebenssinn (übergeordnete Aufgaben)? Worauf sind Sie stolz? Was bringt Ihnen Erfüllung im Leben? Stellen Sie sich vor, Sie haben ein erfülltes Leben gelebt und laden viele Menschen zu Ihrem 80. Geburtstag ein. Nicht nur Freunde und Familienangehörige, sondern auch Persönlichkeiten, die Sie zu einem bestimmten Zeitpunkt und an einem bestimmten Ort beeinflusst haben, und die von ihnen beeinflusst wurden. Jeder Gast hält eine Laudatio auf Sie. Was würden Ihnen diese Menschen zu sagen haben?

Sie hören zum Beispiel, dass diese Gäste begeistert waren: von Ihrer Zugewandtheit, von Ihrer Fähigkeit, analytisch zu denken und Probleme abzuwenden, dass Sie sich immer Freiräume in der Familie und im Beruf geschaffen haben, dass man wusste, woran man bei Ihnen war. Sie integrierten Beruf und Hobby. Indem Sie taten, was Sie gern taten, und Sie taten gern, was Sie taten.

Was ist Ihr Lebenssinn? Wofür lohnt es sich für Sie zu leben?
Grundsatz für mein persönliches Leben!
Dieser Grundsatz definiert,
· was ich sein will (Charakter),
· tun will (Beiträge und Leistungen) und
· auf welchen Werten oder Prinzipien das
· Sein und das Tun beruhen.

Was ist meine einzigartige Bedeutung, meine Berufung im Leben?

Menschen können nicht mit Wandel leben, wenn es in ihrem Inneren keinen unwandelbaren Kern gibt (eine Fackel oder ein Leuchtturm im Dunkeln).

Der Schlüssel zur Wandlungsfähigkeit liegt in einem unwandelbaren Gefühl dafür,
wer wir sind,
warum es uns gibt und
was wir schätzen.

Ihr bisheriges Leben als Ratgeber
Wenn Sie auf Ihr bisheriges Leben zurückschauen – was in Ihrem Leben haben Sie schon immer gerne getan? Unabhängig von der Schule oder dem Beruf oder der Partnerschaft.
Z.B. haben Sie schon immer anderen Menschen Mut gemacht, oder waren sehr naturverbunden oder ...?

Was ist es bei Ihnen?
Welche Werte tauchen auf?
Welche Tätigkeit oder Leidenschaft zieht sich wie ein roter Faden durch Ihr Leben?
Was haben Sie schon immer gern gemocht?

Oft wird unsere Lebensaufgabe in unserer frühen Kindheit festgelegt, deshalb kann es hilfreich sein, dorthin zurückzublicken und zu fühlen.

Übung: Der Tod als Ratgeber

1. Nehmen Sie an, Sie hätten nur noch diese Woche zu leben.
Visualisieren Sie nun, wie Sie diese Woche verbringen würden.

2. Nehmen Sie an, Sie hätten nur noch dieses Jahr zu leben.
Visualisieren Sie nun, wie Sie dieses Jahr verbringen würden.

Leben Sie eine Woche lang mit dieser erweiterten Perspektive, und
führen Sie ein Tagebuch über Ihre Erfahrungen.

Welche Werte tauchen auf?
Lebenssinn?
Berufung?
Zeitmanagement?
Was ist noch wichtig?

Als Motivation stelle ich Ihnen noch zwei Denkanstöße vor.

Denkanstoß 1: Wenn ich noch einmal zu leben hätte…

*Wenn ich noch mal zu leben hätte, dann würde ich mehr Fehler
machen;*
ich würde versuchen, nicht so schrecklich perfekt sein zu wollen;
*dann würde ich mehr entspannen und vieles nicht mehr so ernst
nehmen;*
dann würde ich ausgelassener und verrückter sein;
*ich würde mir nicht mehr so viele Sorgen machen um mein
Ansehen;*
*dann würde ich mehr reisen, mehr Berge besteigen, mehr Flüsse
durchschwimmen und mehr Sonnenuntergänge beobachten;*
dann würde ich mehr Eiscreme essen,
dann hätte ich mehr wirkliche Schwierigkeiten als nur eingebildete;
*dann würde ich früher im Frühjahr und später im Herbst barfuß
gehen,*
*dann würde ich mehr Blumen riechen, mehr Kinder umarmen und
mehr Menschen sagen, dass ich sie liebe.*
Wenn ich noch einmal zu leben hätte, aber ich habe es nicht…
(ein 85jähriger, den nahen Tod vor Augen)

Denkanstoß 2: Zu spät

»Die Hölle fängt an, wenn Gott uns eine klare Vision davon erlaubt,
was wir alles hätten erreichen können, wie viele seiner Gaben wir
verschwendet haben, was wir hätten tun können und nicht getan
haben. Für mich drückt sich die Hölle in den zwei Worten aus:
ZU SPÄT.« Gian Carlo Menotti

Vision und Zweck

 Fragt man einen Maurer beim Bau des Petersdoms,
was er dort macht, so könnte er antworten: »Ich mau-
re Ziegel, ich baue eine Mauer, ich tue meine Arbeit.«
Leben wir unsere Berufung oder Vision und erfüllen damit einen Zweck, so kommen andere Aussagen:

Der Maurer am Petersdom: »Ich arbeite mit am Bau einer der größten
Kathedralen der Welt, an einem Gebäude, das viele Hunderte von Jah-
ren Zeugnis davon ablegen wird, was Menschen mit Hilfe der Inspiration
Gottes leisten können.«

Ted Turner: »Warum stellen wir im Jahre 2000 nicht die Zeit wieder auf
Null und sprechen fortan von einer B.P.- (before peace) und einer
A.P.-Zeit (after peace)?«

Steven Spielberg: Mit Hilfe von Filmen Geschichten erzählen:
»In meinen Filmen feiere ich die Phantasie als Werkzeug großer Schöp-
fungen. ... Ich verdiene meinen Lebensunterhalt durch Träumen. ...«

»Menschen und Unternehmen unterstützen und prägen, damit sie im
Einklang mit sich, ihrer Umwelt und der Natur leben und ihre Intuition
und ihr Urvertrauen wiederfinden und leben können.«

Ist die Vision aufgetaucht oder klarer geworden, so geht es darum, sie in die Welt zu bringen. Aus der Vision wird die Mission abgeleitet und daraus geht es weiter zur Strategie und letztendlich zu konkreten Zielen.

Von der Vision zur Aktion

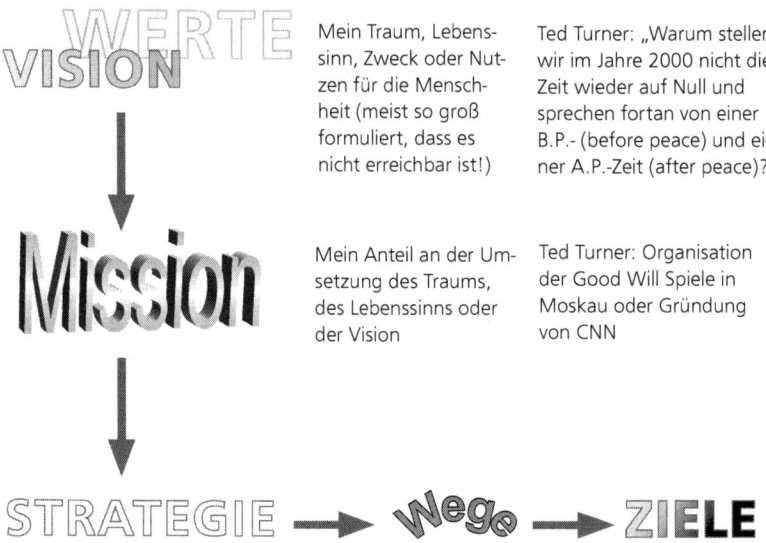

Mein Traum, Lebenssinn, Zweck oder Nutzen für die Menschheit (meist so groß formuliert, dass es nicht erreichbar ist!)

Ted Turner: „Warum stellen wir im Jahre 2000 nicht die Zeit wieder auf Null und sprechen fortan von einer B.P.- (before peace) und einer A.P.-Zeit (after peace)?"

Mein Anteil an der Umsetzung des Traums, des Lebenssinns oder der Vision

Ted Turner: Organisation der Good Will Spiele in Moskau oder Gründung von CNN

Aus der Vision und der Mission ergibt sich dann die Strategie, d.h. wie kann ich meine Mission in die Tat umsetzen. Dazu sind eine Grobplanung mit vielen Ideen und ein strategischer Blickwinkel nötig. Aus dieser Strategie ergeben sich dann verschiedene mögliche Wege, die jeweils zu konkreten Zielen führen und mit der klassischen Zielarbeit aus Kapitel 2 bestimmt werden können.

Im Englischen gibt es etliche Begriffe für Ziele, beispielsweise target, outcome, aim usw. Im Deutschen sind wir eingeschränkter. Hier ist mit »Ziel« am Ende der Kette konkret planbare Ziele gemeint. Oft wird aber schon die Strategie, die Mission oder sogar die Vision als Ziel bezeichnet. Um Missverständnisse vorzubeugen, sollte deshalb eine Begriffsklärung stattfinden.

Stecken hinter Zielen schon Ökologiethemen, umso mehr werden sie sich hinter einer Vision finden lassen. Hier ist es besonders wichtig, mögliche Hindernisse oder negative Auswirkungen aufzudecken und gewinnbringend in eine Unterstützung umzuwandeln.

Berufung und Vision und deren Hindernisse

Wie sehr ersehnen Sie sich die Erfüllung Ihres Wunsches? Oder wie sehr wollen Sie sich verändern und Ihre neuen Ziele / Visionen erreichen?

Meistens liegt die Antwort bei unter 100 Prozent, da die Ziele hinter der Vision eventuell nicht die richtigen sind, die Konsequenzen nicht gewollt werden oder ganz generell die Ökologie (Welche guten Gründe halten Sie davon ab?) dem Ganzen einen Strich durch die Rechnung macht.

Folgende Geschichte habe ich über Sokrates gelesen: Sokrates wurde einmal gefragt, wie man Weisheit erwerben könne. Er sagte: »Komm mit!« und führte den Schüler zu einem Fluss, tauchte ihn unter und ließ den fast Ertrinkenden dann wieder frei. Als der Schüler sich wieder erholt hatte, fragte ihn Sokrates: »Wonach hast du dich gerade am meisten gesehnt?« »Nach Luft«, antwortete der Schüler.

Darauf erklärte Sokrates: »Sobald du Weisheit ebenso sehr ersehnst wie – als du zu ersticken glaubtest – die Luft zum Atmen, wirst du sie erlangen.«

Starker Wille (das Feuer muss in uns brennen) ist unbedingte Voraussetzung für Veränderung. Meistens ist umso mehr Wille da, je klarer einem die eigene Berufung oder Vision ist.

Ich vertrete folgende Thesen:
1. Unsere Berufung und Vision können wir nicht erfinden, sondern wir entdecken sie.

2. Unser Lebenssinn kommt von innen und ist dort schon vorhanden.

3. Wir müssen ihn nur hervortreten und uns führen lassen.

 Andererseits gibt es viele Hindernisse oder Schwellenwächter, die das Hervortreten der Berufung oder das Leben der Berufung verhindern wollen. Folgende Hindernisse treten beim Coaching immer wieder auf:

1. Sicherheitsdenken – Angst davor, Bekanntes, sicherere Verhältnisse oder die Komfortzone zu verlassen.
   Lieber alles beim Alten lassen.
2. Was sagen die anderen? – Angst davor, seine Anerkennung, sein Image zu verlieren oder ein neues zu bekommen.
3. Erfolgsangst – Angst davor, mit der Berufung erfolgreich zu werden oder zu sein. Darf ich erfolgreich sein oder gibt es Loyalitäten, beispielsweise meinen Eltern gegenüber, die eher für Nichterfolg sprechen?
4. Versagen – Angst davor, zu scheitern, die Ziele zu groß zu stecken und die Ökologie nicht zu beachten.
5. ....

Welche Hindernisse fallen Ihnen noch ein?
Alle Hindernisse, die nicht aufgelöst oder integriert werden, führen zu einer Ambivalenz. Ein Teil in Ihnen ruft, ein anderer Teil hält Sie zurück. Es geht um Integration, also darum, die Hindernisse als Wegweiser zu nutzen, denn alle Hindernisse enthalten wertvolle Informationen für Sie, die genutzt werden wollen, damit Ihre Berufung noch mehr in Ihr Leben treten kann. Es geht nicht darum, eine Entscheidung für oder gegen die Berufung zu fällen. Werden die Hindernisse gewürdigt und als Wegweiser zum Lernen verstanden, so ergibt sich der Weg des Rufes von allein. Die richtige Richtung entwickelt sich dann automatisch.

Um Hindernisse zu bearbeiten, können Sie die Symptomarbeit oder Ökologiearbeit aus dem Kapitel 2 verwenden. Setzen Sie an

Stelle des Symptoms Ihr Hindernis und das entsprechende Gefühl dafür ein. Und dann seien Sie offen, und lassen Sie sich überraschen...

Stellen Sie sich vor, Sie hätten die Ziele in Ihrem Leben erreicht, die Sie sich so sehnlichst herbeiwünschen. Wie würden die Ziele aussehen? Mit welchen Worten würden Sie sie im Präsens beschreiben? Füllen Sie bitte eine Liste mit folgenden zehn Punkten aus:

Selbstbild: Wenn Sie genau der Mensch sein könnten, der Sie sein möchten, wie würden Sie aussehen?

Greifbare Ziele: Welche materiellen Dinge würden Sie gern besitzen?

Wohnung: Was ist für Sie eine ideale Lebensumgebung?

Gesundheit: Welche Wünsche haben Sie im Hinblick auf Gesundheit, Fitness, Sport und alle Aspekte, die mit Ihrem Körper zu tun haben?

Beziehungen – Familie, Freunde, Eltern, Verein, Gemeinde, Kollegen: Welche Art von Beziehungen würden Sie gern zu Freunden, Familienangehörigen und anderen Menschen haben?

Arbeit: Was ist für Sie die ideale berufliche Situation? Welche Auswirkungen sollten Ihre beruflichen Tätigkeiten haben?

Persönliche Bestrebungen: Welche Ziele möchten Sie in kreativen Bereichen (wie persönliche Lernerfahrungen, Reisen, Literatur oder bei anderen Aktivitäten) gern erreichen?

Gemeinschaft: Wie sieht Ihre Vision für die Gemeinschaft oder Gesellschaft aus?

Anderes: Gibt es weitere Bereiche in Ihrem Leben, in denen Sie etwas Kreatives schaffen möchten? Welche Ziele möchten Sie in diesem Bereich verwirklichen?

Lebenszweck: Stellen Sie sich vor, Ihr Leben würde einem einzigen Zweck dienen. Dieser Zweck wäre durch das, was Sie tun, durch Ihre Beziehungen zu anderen Menschen und durch Ihre Lebensweise zu erfüllen. Beschreiben Sie diesen Zweck.

Nehmen Sie nun Ihre Liste vor und stellen Sie zu jedem Element die folgende Frage:

Wenn ich das jetzt haben könnte, würde ich es nehmen?

Einige Elemente Ihrer Vision werden bereits an dieser Hürde scheitern. Andere bestehen den Test mit Einschränkungen: »Ja, aber nur wenn ...« Wieder andere bestehen den Test und werden durch den Prozess weiter geklärt.

Durch folgende Frage gewinnt Ihre Vision an Tiefe, so dass Sie die damit verbundenen Auswirkungen klarer erkennen können:

Angenommen, mein Wunsch hat sich erfüllt. Was bringt mir das?

Beispieldialog: Im Moment ist mein größter Wunsch, dass ich mehr Geld verdiene.
Was würde mir das bringen?
Ich könnte mir ein Auto kaufen.
Was würde mir das bringen?
Ich würde dann öfter zu meiner Schwester fahren.
Was würde mir das bringen?
Ein Gefühl von Heimat und Verbundenheit.
Und was würde mir ein Gefühl von Heimat und Verbundenheit bringen?
Ein Gefühl von Zufriedenheit und Erfüllung.
Was würde mir das bringen?
Ich schätze, das ist alles – genau das wünsche ich mir.

Mit dem Lebenssinn im Hinterkopf überlegen Sie, welche persönlichen und beruflichen Rollen Sie einnehmen (z.B. Vater, Mutter, Ehepartner, Mitarbeiter, Kollege, Personalmanager, Vorsitz/Mitglied eines Vereins, Führungskraft/Untergebener...), die für Ihren Lebenssinn *wichtig* sind.

Welche Rollen nehmen Sie ein?

Bei allem, was wir bisher besprochen haben, ist zusätzlich wichtig, dass Sie Ihre verschiedenen Rollen und die Rollen Ihrer privaten und beruflichen Mitmenschen in Einklang bringen. Das bedeutet für Sie, immer wieder in Kontakt zu treten mit Ihren Kollegen, Mitarbeitern, Familienmitgliedern, Freunden, um eine Kommunikationsebene des Verstehen- und Verstanden-Werdens herzustellen mit dem Ziel, eine Gewinner-Gewinner-Situation zu bewirken. Immer mit der Erlaubnis sich zu fragen: Was ist jetzt wichtig für mich und für den anderen, wie reagiere ich und was kann ich verändern? Und es auch zu tun!

Werte

Hier nun eine Liste von Werten, die bei der Visionsarbeit immer wieder auftauchen:

• Abenteuer	• Einfluss auf andere nehmen	• Heiterkeit
• allein arbeiten	• enge Beziehungen	• Herausforderungen
• anderen Menschen helfen	• Entschlusskraft	• Humor
• Anerkennung	• ethisches Verhalten	• innere Harmonie
• Arbeit mit anderen	• Fairness	• Innovation
• Arbeitsdruck	• Familie	• Integrität
• Arbeitsfrieden	• fester Standort	• intellektueller Status
• Autonomie	• finanzieller Gewinn	• Kompetenz
• Begeisterung	• freie Zeiteinteilung	• Kontrolle über andere
• berufliches Weiterkommen	• Freiheit	• Kreativität
• Demokratie	• Freude	• Kunst
• der Gesellschaft helfen	• Freundschaft	• Lebendigkeit
• Effektivität	• Führung	• Leistung
• Effizienz	• Führsorglichkeit	• Lernen
• Ehrlichkeit	• Gemeinschaft	• Loyalität
• ein flottes Leben	• Gerechtigkeit	• Macht und Autorität
	• Glück	• Mut
	• Heimat	

• Natur	• Ruf	• Verantwortung
• Offenheit	• Ruhm	• Vielfalt und
• Ordnung (Ruhe,	• Selbstrespekt	Abwechslung
Stabilität, Konfor-	• Sicherheit	• Vertrauen
mität)	• sinnvolle Arbeit	• Wachstum
• persönliche	• spannende Arbeit	• Wahrheit
Entwicklung	• Spaß	• Weisheit
• Privatheit	• Spitzenleistung	• Welt verbessern
• Qualität	• Sport	• Wettbewerb
• Qualitätsbeziehun-	• Stabilität	• Wissen
gen	• Status	• Würde
• Reichtum	• Synergie	• Zuneigung (Liebe
• Reinheit	• Umweltbewusstsein	und Fürsorge)
• Religion	• Unabhängigkeit	

Schritt 1: »Mein höchster Wert ist ...«
Wählen Sie aus der Liste von Werten die zehn aus, die Ihnen am
wichtigsten sind, als Verhaltensanleitungen oder als Elemente einer
positiven Lebensgestaltung. Ergänzen Sie diese Liste nach Belieben
um eigene Werte.

Schritt 2: Werte streichen
Nachdem Sie zehn Werte ausgewählt haben, stellen Sie sich vor,
Sie dürften nur fünf haben. Welche Werte würden Sie aufgeben?
Streichen Sie diese durch.
Stellen Sie sich jetzt vor, Sie dürften nur vier haben.
Welchen Wert würden Sie aufgeben? Streichen Sie ihn durch.
Streichen Sie noch einen Wert.
Und noch einen.
Wählen Sie jetzt einen der beiden übriggebliebenen Werte aus und
streichen Sie den anderen.
Welcher Wert auf der Liste ist Ihnen am allerwichtigsten?

Schritt 3: Formulierung
Schauen Sie sich noch einmal die wichtigsten drei Werte Ihrer Liste an.
• Was bedeuten sie ganz genau? Was erwarten Sie von sich selbst –
auch in schlechten Zeiten?
• Wie würde sich Ihr Leben verändern, wenn es von diesen
Werten beherrscht wäre?

> - Wie würde eine Organisation aussehen, die ihre Mitglieder ermutigt, nach diesen Werten zu leben?
> - Spiegelt die persönliche Vision diese Werte wider?
> - Sind Sie bereit, ein Leben und eine Organisation zu wählen, in der diese Werte an erster Stelle stehen?
>
> **Welches sind Ihre Werte? Was ist Ihnen besonders wichtig?**

Jeder weiß, dass er für das, was ihm wichtig ist, Zeit hat. Deshalb haben wir uns mit der Visionsarbeit und dem Herausfinden der Rollen und Werte dem Thema Zeitmanagement genähert.

Zeitmanagement

Aus den Rollen und Werten ergeben sich die konkreten Ziele. Da diese Ziele aus der Vision abgeleitet sind, ist viel Energie und Wille hinter diesen Zielen. Also werden Sie auch Zeit dafür finden.

Ziele
Jetzt überlegen Sie sich zwei bis drei Ziele, die erstens Ihre Werte erfüllen und zweitens in allen von Ihnen gewählten Rollen die größtmögliche Wirkung erzielen. Z.B.: Ich nehme mir vor, diese Woche in besonderer Weise in allen meinen Rollen »zuzuhören«. Ich nehme mir Zeit, mich mit meinen Kollegen zu unterhalten, anschließend gehe ich nach Hause und höre meinem Kind aufmerksam zu usw.

Umsetzung in die Wochenplanung
Nun sind Sie soweit, Ihre zukünftige Zeit-Planung konkret vorzunehmen. Dafür haben wir für Sie ein Raster vorbereitet.

Ich empfehle Ihnen, eine Wochenplanung anzulegen. Dabei haben Sie die Möglichkeit, sich einen größeren Überblick über Ihre Termine und Vorhaben zu verschaffen. Nehmen Sie nun die einzelnen Rollen und schreiben Sie konkrete Ziele, die Sie für diese Rolle verwirklichen wollen, dahinter (siehe unten).

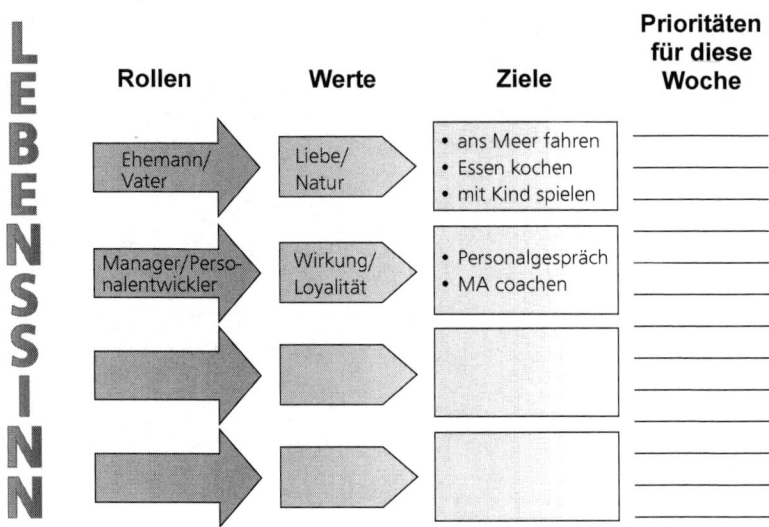

Prioritäten setzen

Betrachten Sie die Ziele und entscheiden Sie, welche Prioritäten Sie für diese Woche festlegen wollen. Fragen Sie sich dann, welche Prioritäten Sie für den einzelnen Tag setzen und tragen Sie diese Prioritäten in den Wochenplan ein, beispielsweise in Outlook oder in den Palm.

Notieren Sie sich nun alle Aktivitäten (Verabredungen bzw. Verpflichtungen), die Sie in dieser Woche erledigen wollen und die unter den Prioritäten bislang nicht aufgetaucht sind.

Pufferzeit – die 60–40 Regel

Bestimmen Sie dann die Zeitdauer der Aktivitäten. Planen Sie bei jeder Aktivität eine Pufferzeit ein (siehe unten), um für Unvorhergesehenes gewappnet zu sein und trotzdem ihre Tagesziele zu erreichen. Die 60–40 Regel setzt sich aus ca. 60 % geplanter Aktivitäten, ca. 20 % unerwarteter Aktivitäten (beispielsweise nicht planbare Aktivitäten, Störgrößen, Zeitfresser, …) und ca. 20 % spontaner Aktivitäten (beispielsweise Führungstätigkeiten, kreative Zeiten, soziale und kommunikative Aktivitäten) zusammen. Nun entscheiden Sie, welche Aufgaben welche Prioritäten haben. Integrieren Sie dabei auch Ihre Tagespriorität.

Pufferzeiten für Ihre Tagespläne		
Kalkulierte Dauer	Puffer	Eintragung in Ihrem Zeitplan
5 Min	3,5 Min	8,5 Min
10 Min	6,5 Min	16,5 Min
15 Min	10 Min	25 Min
30 Min	20 Min	50 Min
45 Min	30 Min	1 ¼ Std
1 Std	40 Min	1 Std / 40 Min
1,5 Std	1 Std	2 Std / 30 Min
2 Std	80 Min	3 Std / 20 Min
2,5 Std	100 Min	4 Std / 10 Min
4 Std	2 Std / 40 Min	6 Std / 40 Min
5 Std	3 Std / 20 Min	8 Std / 20 Min

Pufferzeiten für Wochen / Monate		
Kalkulierte Dauer	Puffer	Eintragung in Ihrem Zeitplan
6 Std	4 Std	10 Std
8 Std	5 Std / 20 Min	13 Std / 20 Min
1,5 Tage	1 Tag	2,5 Tage
2 Tage	1,5 Tage	3,5 Tage
3 Tage	2 Tage	5 Tage
4 Tage	ca. 2,5 Tage	6,5 Tage
5 Tage	ca. 3,5 Tage	8,5 Tage
10 Tage	ca. 6,5 Tage	16,5 Tage
15 Tage	10 Tage	25 Tage
20 Tage	ca. 13,5 Tage	33,5 Tage

Welche Aufgaben können Sie möglicherweise in Blöcken erledigen, welche Aufgaben können Sie delegieren, welche Aufgaben können Sie optimieren, kürzen…?

Wiederholung: Pausen einlegen
Zu guter Letzt denken Sie an die PausePause, die Sie sich im Laufe des Tages gönnen sollten, wie schon weiter oben ausführlich beschrieben. **Diese Pausenzeiten sind in den Pufferzeiten noch nicht mit einberechnet!**
Auf Zeitmanagementtechniken wie die Eisenhower-Matrix (Unterschied zwischen dringend und wichtig), die ABC-Analyse der Zeiteinteilung oder die Winston-Technik u.a. wird nicht weiter eingegangen, denn Sie finden diese ausführlich und sehr gut beschrieben in dem Buch»Selbstmanagement mit System« von Nils Borstnar und Gesa Köhrmann, Verlag Ludwig, 2005.
Nachdem die persönliche Vision klar geworden ist, ist es hilfreich zu wissen, wie eine Organisationsvision entwickelt werden kann. Unter einer Organisation können Sie ein Unternehmen, einen Verein, ein Team, eine Familie oder eine Verwaltung verstehen. Sie lernen einerseits, wie Sie eine Organisation als externer Coach oder als Führungskraft bei der Visions- und Strategieentwicklung unterstützen können und andererseits, wie Sie Ihre eigene persönliche Vision auf eine Organisationsvision erweitern können.

Eine Organisationsvision entwickeln

 Der Leitimpuls hinter jedem erfolgreichen Geschäft und Dienstleistungsangebot ist, dass die Gesellschaft ohne das Produkt oder die Dienstleistung nicht so gut funktioniert, oder andersherum, dass die Gesellschaft besser funktioniert, wenn das Produkt oder die Dienstleistung zur Verfügung stehen.
Alle in der Organisation müssen stolz auf das sein, was sie tun, weil es auf seine eigene Weise einzigartig, besonders oder wesent-

lich ist. Und aus diesem Stolz erwächst Engagement für Qualität. Stellen Sie sich Ihre Organisation vor, in der lauter Menschen arbeiten, die begeistert zur Arbeit kommen, die wissen, dass sie wachsen und sich entfalten, und die entschlossen sind, die Vision und die Ziele der Organisation zu verwirklichen. Sie erledigen ihre Aufgaben scheinbar mühelos, mit einer Art anmutiger Gelassenheit und Leichtigkeit. Die Arbeit der Teams geht nahtlos ineinander über. Jeder Aspekt der Unternehmung erfüllt die Menschen mit Stolz und Freude.

Folgende Reihenfolge zur Entwicklung der Organisationsvision hat sich als sehr erfolgreich erwiesen:

1. **Formulierung der persönlichen Vision**
2. **Darauf aufbauend die Entwicklung einer gemeinsamen Vision für die Organisation**
3. **Aufbau eines gemeinsamen Verständnisses der gegenwärtigen Realität**
4. **Die Entwicklung strategischer Handlungsansätze, um die Lücke zu schließen -> Strategie**

Stellen Sie sich vor, es sind fünf Jahre verstrichen und Sie haben wunderbarerweise genau die Organisation geschaffen, von der Sie immer geträumt haben. Jetzt stehen Sie vor der Aufgabe, diese Organisation zu beschreiben – so, als ob sie bereits eine lebendige Realität wäre. (Wie würde ein Artikel über Ihre Organisation z. B. in einer anerkannten Zeitschrift oder Zeitung in fünf Jahren aussehen?)

Was halten Sie persönlich für die beste Entwicklung, die »...« nehmen sollte? Welche Art von Kunden sollte sie haben? Welche Art von Prozessen könnte sie durchführen?

• Welchen Ruf würde sie haben?
• Welchen Beitrag würde sie leisten?
• Welche Art von Produkten oder Dienstleistungen könnte sie erzeugen?
• Welche Werte würde sie verkörpern?

- Wie würde ihre »Mission« bzw. ihr Zweck aussehen?
- Was sind die wichtigsten Trends in der Branche?
- Wie verdienen Sie Ihr Geld?

- Woher wissen Sie, dass die Zukunft Ihrer Organisation gesichert ist?
- Wer wären die Kunden? Wie arbeiten Sie mit ihnen zusammen? Inwiefern schaffen Sie einen Wert für sie?
- Wie würde Ihre unmittelbare Umgebung aussehen?
- Wie würden Sie zusammenarbeiten?
- Wie würden Sie auf gute und schlechte Zeiten reagieren?
- Welche Rolle spielt Ihre Organisation in der Gemeinschaft?

Wenn Sie diese ideale Organisation hätten, was würde sie Ihnen bringen?

Wichtig an dieser Stelle ist es, darauf zu achten, dass die persönliche Vision und die Organisationsvision zusammenpassen.
Wenn nicht, kommt es zu Loyalitätskonflikten. Ein Beispiel dazu:

Beispiel 1: Als der Sohn des Firmengründers die Firma übernommen hatte, stellte er fest, dass er ungern in Verkaufsgespräche ging und seine Produkte anbot. Nachdem wir persönliche Hindernisse wie mangelndes Selbstvertrauen und mangelnde Kommunikationsfähigkeiten in einem Coaching ausschließen konnten, kamen wir an den Punkt, dass die Produkte, die sein Unternehmen produzierte, nicht zu seiner Vision passten. Seine Vision war, Produkte herzustellen, die ökologisch, ressourcen-schonend sind.

Nach dieser Erkenntnis begann er, sich zu überlegen, wie er die Produktpalette langsam umstellen könnte und so seiner Vision näher käme. (Hier geht es normalerweise darum, einen effektiven, oft langsamen Übergang zu finden – selten kommt es zu einem abrupten Übergang).
Jetzt geht er gern in Verkaufsgespräche!

Wie Sie weiter oben schon gesehen haben, folgt aus der Vision die Strategie. Dieses gilt auch in einer Organisation. Deshalb gilt:

Eine Strategieentwicklung ist nur mit einer Vision sinnvoll!

Bei der Strategieentwicklung kommt es darauf an, wo man beginnt! Eine Strategie ergibt sich dann automatisch, wenn die Vision und die Mission klar sind!
Ein Entwickeln der Strategie von veränderten Zielen ausgehend, weil sich z.B. die Marktlage verändert hat, ohne die Vision und Mission zu kennen, ist nicht ratsam!

Beispiel 1: Ein Unternehmen produzierte hochwertige Teile für andere Firmen. Dann veränderte sich die Marktlage. Das Unternehmen wollte eine Strategie entwickeln, um Kosten zu senken und neue Absatz-märkte ausfindig zu machen. Es holte sich namhafte Berater, die mit der IST-Analyse anfingen. Danach verglichen sie die gewonnen Daten mit »vergleichbaren« Unternehmen und entwickelten daraus einen Vorschlag, in welche Richtung sich das Unternehmen bewegen sollte. Sie gingen von veränderten Zielen und Marktanteilen aus, kannten jedoch die Vision des Unternehmens nicht. Der Vorschlag wurde von den meisten Mitarbeitern abgelehnt.
Als ich im Rahmen eines Coaching dort war, fragte ich die Geschäfts-führer, wie denn die Vision des Unternehmens aussehe, d.h. wofür das Unternehmen in Bezug auf die Kunden und die Menschheit stehe. Sie erkannten, dass es keine Vision und auch keine Mission gab. Es gab Werte und eine Unternehmenskultur, nach denen das Unternehmen lebte. Sie gingen dann daran, mit dem Inhaber eine Vision auszuarbei-ten und daraus eine Strategie zu entwickeln.

Beispiel 2: Ein Produktmanager hatte die Aufgabe, für ein Produkt eine neue Produktstrategie zu entwickeln. Er hatte einige Strategie-entwicklungs-Tools kennen gelernt, kam aber nicht weiter damit. Dieses Thema brachte er in unser Coaching ein. Auch hier stellte sich heraus, dass das Unternehmen keine Vision hatte. Er hatte selbst einige Werte und auch eine eigene Vision, weil es aber die des Unternehmens nicht gab, fehlte ihm, bildlich gesprochen, die Leitplanke an der Straße, an der er sich entlang bewegen konnte.

Zusammengefasst lässt sich sagen:

Ohne Vision nützen die besten Berater oder Strategieentwicklungs-Tools nichts, um eine tragfähige, energetische und nachhaltige Strategie zu entwickeln.

Oft versuchen Menschen, auf veränderte Umgebungsvariablen zu reagieren (z.B. Wettbewerb, Kostendruck), indem sie daraus eine neue Strategie entwickeln wollen. Dieses ist aber nur mit einer klaren Vision möglich, denn sonst fehlt die nötige Energie, Nachhaltigkeit und Überzeugungskraft!

Schaut man sich erfolgreiche Firmengründer an (und das zeigt auch meine eigene Erfahrung), so erhält der Mensch am meisten Energie, Kraft, Motivation, wenn die Zugehörigkeit und die Vision klar sind und er weiß, wer er ist.

Energie

Umgebung

Verhalten

Fähigkeiten

Überzeugungen / Werte

Identität
(Ich bin ...)

Vision / Sinn → Mission → Strategie

Zugehörigkeit → Systemgesetze
(z.B. Kräfte der Ahnen)

Ziele

↑

Wege

↑

Zum Abschluss dieses Kapitels betrachten wir die immer wiederkehrende Frage, welche Ziele oder Aufgaben zur Vision und Strategie passen und welche nicht. Es ist gar nicht so einfach, diese Frage zu beantworten, da es viele Ziele gibt, die in die gleiche Richtung wie die Vision zeigen, aber außerhalb der Mission oder Strategie liegen. Das kann zu einem »Verzetteln« mit Energieverlust führen.

Vergleichen wir es mit einem Keil, der einen Holzklotz spalten soll. Hat dieser Keil einen Widerhaken, selbst wenn er in die gleiche Richtung wie die Keilspitze zeigt, so wird es schwierig mit dem Holzspalten. Deshalb fragen Sie sich:

Passt das Ziel zur Vision, Mission und Strategie?

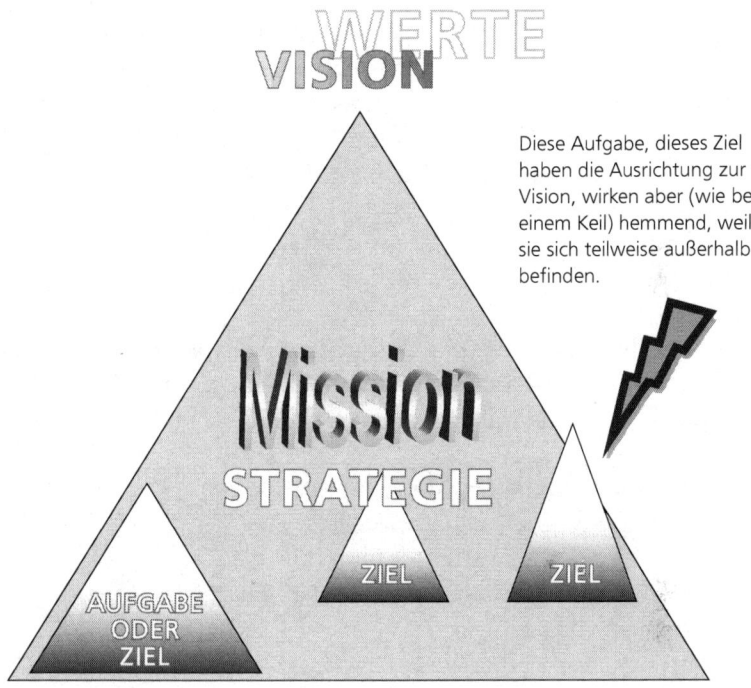

Diese Aufgabe, dieses Ziel haben die Ausrichtung zur Vision, wirken aber (wie bei einem Keil) hemmend, weil sie sich teilweise außerhalb befinden.

Es ist also nötig, nicht nur im Kleinen auf die Richtung der vielen Aufgaben zu schauen, sondern immer wieder den Gesamtüberblick einzunehmen, also das ganze System zu betrachten. Mehr über verschiedene Systemsichtweisen finden Sie im nächsten Kapitel.

KAPITEL 5: SYSTEMIK

Im folgenden Kapitel geht es um die Frage, was ein System ist und wie die Chaos- und Selbstorganisations-Theorie genutzt werden können, um systemisch zu coachen oder zu führen.

Es wird der Unterschied zwischen der materialistisch-reduktionistischen Weltsicht und der systemischen Weltsicht erklärt. Ich hoffe, dass dieses Kapitel dazu dienen wird, dass sich unsere Welt des Materialismus (d.h. kurzfristige, einseitige Ziele der Zahlen), verändert in eine Welt, in der langfristige ökologische und ökonomische Ziele mit einer Gesamtsystemsicht Vorrang haben.

Was ist ein System?

Auf diese Frage gibt es keine eindeutige Antwort. Die Definition, was ein System ist, hängt von der jeweiligen Systemtheorie ab und von dem Beobachter, also dem, der sich mit der Frage befasst.

Flechtner (1984) unterscheidet zwischen:
- realen und ideellen Systemen
- natürlichen und künstlichen Systemen
- offenen und geschlossenen Systemen bzw. relativ isolierten Systemen
- statischen und dynamischen Systemen
- determinierten und probabilistischen Systemen

Mußmann (1995) fügt noch folgende hinzu:
- Gleichgewichts- und Nichtgleichgewichtssysteme
- Systeme mit stabilen, metastabilen und/oder instabilen Systemzuständen
- anorganische und biologische Systeme

- biologische und soziale Systeme (bzw. als Erweiterung: ökologische Systeme)
- mechanische, kybernetische und selbstorganisierende Systeme

Theoriegeschichtlich ist eine Entwicklung von drei Systemkonzepten zu verzeichnen. So lassen sich

1. mechanische Systeme
2. kybernetische Systeme
3. selbstorganisierende Systeme

nach dem Grad der durch sie zu beschreibenden Komplexität unterscheiden.

1. **Mechanische Systeme** sind in der Regel abgeschlossene Systeme, die als idealisierte Gebilde der theoretischen Physik keine Wechselwirkung mit der Umgebung aufweisen. Die bekanntesten Beispiele sind das Fallgesetz und die Keplerschen Gesetze. Mechanische Systeme beschreiben einfache, stabile, lineare, stetige usw. Prozesse und weisen den höchsten Grad an Reduktion, deshalb den niedrigsten Grad an Komplexität und Offenheit auf.

2. Der Geltungsbereich der **kybernetischen Systemkonzepte** ist auf zustandsdeterminierte bzw. auf stabile dynamische Systeme beschränkt. Beispiele dafür sind die Heizungssteuerung durch einen Thermostaten, Maschinen usw. Die untersuchten Systeme und Kreisläufe sind geschlossen und die Systeme haben konstante Umweltbedingungen. Hiermit konnten erstmals Rückkopplungen und homöostatische Gleichgewichtsanalysen beschrieben werden.

3. Die **selbstorganisierten Systemkonzepte** befassen sich mit der komplexen dynamischen Natur und dem Leben um uns.

Die Systemik hat sich immer weiter entwickelt. Viele Berater nutzen die Kybernetik 1. Ordnung als Beratungsansatz. Es ist eine große Weiterentwicklung gegenüber dem Materialismus, aber es reicht nicht aus, effektiv Veränderungen zu begleiten. Besser ist es, das Konzept der Selbstorganisation zu Grunde zu legen, da es sich in der Praxis bewährt hat.

Eine weitere Gegenüberstellung ist die zwischen dem **System-** und dem **Haufendenken:**

Vergleich	System	Haufen
Teile hinzufügen / entfernen	Eigenschaften verändern sich	Eigenschaften bleiben gleich
Teilen	beschädigt	zwei kleinere
Anordnung	ist entscheidend	spielt keine Rolle
Verbundenheit	Teile arbeiten zusammen	nicht verbunden / funktionieren getrennt
Verhalten	hängt von Gesamtstruktur ab	hängt von seiner Größe oder Anzahl der Teile ab

In vielen Köpfen ist das »Haufen«-Denken mehr verbreitet als das »System«-Denken, mit entsprechenden negativen Auswirkungen.

Dazu fällt mir eine Geschichte von Heinz von Foerster ein. Als sein Mathematiklehrer ihn fragte:»Zwei Arbeiter brauchen drei Tage, um eine Grube zu graben, wie lange brauchen drei Arbeiter?«, da antwortete er:»Vier, die ersten beiden Tage spielen sie Skat!«

Der Mathematiklehrer ist in diesem Fall der »Haufen«-Denker. Er meint, mathematisch richtig, drei Arbeiter bräuchten nur zwei Tage. Der Systemdenker weiß aber, dass mit dem dritten Arbeiter ein neues System entsteht, das sich erst zusammenfinden muss. Dazu braucht es Zeit. Das Gleiche gilt natürlich auch für Unternehmen, Projektteams usw.

Peter Senge hat zum Thema Systemdenken und Lernende Organisation das Standardwerk »Die Fünfte Disziplin« geschrieben. Darin gibt er Anregungen, sich vom Haufendenken zu verabschieden.

Denkanstoß: Die Gesetze der fünften Disziplin

1. Die »Lösungen« von gestern sind die Probleme von heute.
2. Je mehr man sich anstrengt, desto schlimmer wird es.
3. Das Verhalten verbessert sich, bevor es sich verschlechtert.
4. Der bequemste Ausweg erweist sich zumeist als Drehtür.
5. Die Therapie kann schlimmer sein als die Krankheit.
6. Schneller ist langsamer.
7. Ursache und Wirkung liegen räumlich und zeitlich nicht nahe beieinander.
8. Kleine Veränderungen können eine Riesenwirkung haben – aber die Maßnahmen mit der stärksten Hebelwirkung sind häufig zugleich die unauffälligsten.
9. Sie können den Kuchen essen und behalten – nur nicht gleichzeitig.
10. Wer einen Elefanten in zwei Hälften teilt, bekommt nicht zwei kleine Elefanten.
11. Niemand ist schuld.

Nun wird auf das Thema eingegangen, in wieweit eine systemische Wechselwirkung zwischen einem Coach oder Berater und dem Klientensystem besteht und wie diese Wechselwirkung berücksichtigt oder genutzt werden kann. Denn aus systemischer Sicht ist ein Berater immer Teil des Systems.

Die systemische Wechselwirkung

In Netzwerken komplexer Systeme ist nicht mehr eindeutig zu sagen, was Ursache und was Wirkung ist, denn eine Wirkung kann aus einer Ursache resultieren, die gleichzeitig, aber für uns unsichtbar, an anderer Stelle auftritt und selbst Wirkung der gleichen oder einer dritten Ursache ist.

Von unserer Vorstellung der Kausalkette kommen wir also zu einem vernetzten komplexen Bild, in dem Ereignisse synchron an

verschiedenen Stellen auftreten und zu Ergebnissen oder Ereignissen führen. **Das ist systemische Wechselwirkung.**
Relevant ist hier vor allem die Frage, inwieweit der Coach Ursache oder Wirkung von Veränderungen und Teil des Systems ist.

Welche Substanz hält die Welt – die Organisation, das Konfliktsystem und auch das System Mensch – im Inneren zusammen?
Wenn wir über diese Frage objektiv, analytisch, linear nachdenken, so treten wir aus dem System heraus. Dieses ist im Fall eines Expertenberaters (z.B. ein Automechaniker, der ein Auto reparieren soll) erwünscht.
In einem komplexen System bleiben wir als Coach aber immer Teil des Systems.

Zwei Entdeckungen aus der Physik zeigen dieses deutlich:

- Albert Einstein sagt in der Speziellen Relativitätstheorie, dass Beobachtungen nicht absolut sind, sondern relativ zum Standpunkt eines Beobachters.
- Heisenberg zeigte dann in der Quantentheorie, dass Beobachtungen das Beobachtete beeinflussen, also jede Hoffnung des Beobachters zunichte machen, Vorhersagen treffen zu können. Die Unsicherheit ist absolut. Besser bekannt ist dieser entscheidende Sachverhalt als **Heisenbergsche Unschärferelation**, die aussagt, dass es unmöglich ist, den Ort und den Impuls (Geschwindigkeit mal Masse) eines mikroskopischen Objekts gleichzeitig messen zu können. Als Beobachter müssen wir uns also vorher entscheiden, welche Komponente gemessen werden soll; über die andere Komponente erhalten wir keine Aussage. Durch die Messung geht dann das Quantensystem in einen bestimmten Zustand über – die Wellenfunktion kollabiert. Dieser Zustand bleibt dann für immer erhalten, d.h. unterbrechen wir die Messung und beobachten das System einen Tag später, so erfahren wir nichts Neues. Als Beobachter haben wir also durch die Messung das System verändert.

Stellen Sie sich vor, Sie sind bei Freunden zu Besuch, und das Wasser in der morgendlichen Dusche wird plötzlich sehr heiß. Nachdem Sie einen Schritt zur Seite getan haben, werden Sie wahrscheinlich das kalte Wasser weiter aufdrehen. Als Beobachter reagieren Sie auf das Ursache-Wirkungs-Prinzip und stehen außerhalb des Duschsystems.

Falls Sie aber systemisch Denken, also die Dusche in ihrem Systemzusammenhang sehen, könnten Sie das Installationssystem als Ganzes bedenken und sich daran erinnern, dass Sie kurz vor der Temperaturänderung eine Toilettenspülung gehört haben. Daraus würden Sie schließen, dass nicht genügend Druck in den Wasserleitungen herrscht, so dass die Toilette kurzfristig den Kaltwasserfluss beansprucht hat. Sie würden daraufhin von ihrem ursprünglichen Vorhaben absehen und warten, bis sich der Kaltwasserdruck wieder aufgebaut hat.

Eine Vernetzung in einer Gemeinschaft sind wechselseitige Beziehungen. Alle Teile des Systems sind auf irgendeine Weise miteinander verbunden. Für viele andere Systeme nehmen wir diese Sichtweise auch an, z.B. die Erde als Ökosystem, die Zelle oder der Laser usw. Doch wie sieht es mit unseren konkreten Kontexten aus? Fühlen wir uns verbunden mit allen Menschen, mit unseren Konfliktpartnern, mit unseren Mitarbeitern? Hier ist ein Lernen, eine Erweiterung, ein neues Bewusstsein notwendig.

Konstruktion von Wirklichkeiten

Eine Stütze des systemischen Denkens ist der radikale Konstruktivismus, wie er von Heinz von Foerster u. a. vertreten wird. Menschen und soziale Systeme werden als autonome, sich selbst organisierende Systeme aufgefasst, die ihre jeweiligen Wirklichkeiten konstruieren. Auch der bekannte Soziologe und Philosoph Niklas Luhmann vertritt in seiner berühmten »Systemtheorie« diese These. Dieser Ansatz bricht mit der Vorstellung einer außerhalb von uns existierenden objektiven Wirklichkeit. Der radikale Konstruktivismus geht davon aus, dass die Wirklichkeit durch das Denken oder Handeln von Menschen erst konstituiert wird. Wirklichkeit ist nicht mehr unabhängig von unseren Wahrnehmungen, sondern hängt von unseren Erfahrungen, Blickwinkeln und Einstellungen ab – eine These, die sich auch in vielen Philosophien findet (siehe die Wahrnehmungsleiter in Kapitel 2).

Je nachdem, durch welche Brille ich schaue, nehme ich nur Teilbereiche wahr, die für mich aber die Wirklichkeit darstellen. So eine Brille kann im übertragenen Sinne so etwas sein wie mentale Modelle, d.h. Glaubenssätze, Visionen, Ziele, Werte oder Stimmungen.

Einführung in die Systemik

Reduktionismus versus Systemik

Die Weltsicht des Reduktionismus, der von den berühmten Wissenschaftlern Galilei, Bacon, Descartes, Leibniz und Newton eingeführt wurde, geht davon aus, dass sich in jedem komplexen System das Verhalten des Ganzen vollkommen aus den Eigenschaften seiner Teile verstehen lässt. Schon in frühester Kindheit lernen wir, komplexe Probleme in ihre Einzelteile zu zerlegen, wodurch wir die Themen und Aufgaben anscheinend besser handhaben können. In einigen wenigen Systemen ist dieses Reduzieren auch ohne Probleme zulässig, doch die meisten Systeme, die in unserer Welt vorkommen, sind zu komplex, als dass wir so vorgehen könnten. Der Preis, den wir zahlen müssen, ist, dass wir den Blick für das umfassende Ganze verlieren und die Konsequenzen nicht voraussehen können.

Es ist ja auch nicht möglich, das komplexe Verhalten eines aus LEGO-Technik zusammengebauten Baggers aus den einzelnen Legobausteinen erkennen zu können. Natürlich werden die Eigenschaften des Systems Bagger zerstört, wenn der Bagger in die einzelnen Bausteine zerlegt wird. Das System Bagger ist aber in den einzelnen Bausteinen nicht enthalten und somit auch nicht erklärbar, da sich aus den Teilen unendlich viele andere Systeme herstellen lassen. Dieser Vergleich hinkt natürlich, da die Bausteine sich nicht von selbst zu einem komplexen System zusammensetzen, sondern von einem Menschen, also von außen zusammengesetzt werden. Wir erweitern deshalb das System auf Legobausteine und Kind.

Übertragen auf die Wirtschaftswelt und insbesondere auf das Controlling in Unternehmen führt dieser Reduktionismus logischerweise dazu, dass die Zukunft mit diesen Mitteln allein nicht planbar und noch weniger vorherzusagen ist, denn es fehlt der Blick für das ganze System.

Nach der neuen Weltanschauung des Systemdenkens sind die wesentlichen Eigenschaften des Systems die Eigenschaften des Ganzen, die nicht in ihren Teilen zu finden sind. Diese Eigenschaften entstehen vielmehr aus den Beziehungen und Wechselwirkungen zwischen den Teilen.

Deshalb muss der reduktionistische Glaubenssatz – Das ganze System ist die Summe seiner Teile – ersetzt werden.

Quantentheorie

Seit Newton glaubten – und glauben heute immer noch – einige Physiker, dass die Beschreibung der Welt auf die Eigenschaften harter und fester Materieteilchen reduziert werden kann. Die Quantentheorie zeigt jedoch, dass sich die Welt nicht in unabhängig voneinander existierenden Einheiten, z.B. Elektronen oder Atome, zerlegen lässt. Denn die Elektronen oder Atome sind keine Dinge, sondern wechselseitige Verbindungen zwischen anderen Einheiten. Wir haben es in der Quantenwelt nicht mit isolierten Bausteinen zu tun, sondern mit einem komplexen Netz von Beziehungen zwischen den verschiedenen Einheiten eines einheitlichen Ganzen.

Feedback und Kreisläufe

Die Welt ist komplex. Die Teile eines Systems sind durch Beziehungen direkt oder indirekt miteinander vernetzt. Eine Veränderung in einem Teil breitet sich also netzwerkartig aus und beeinflusst die anderen Teile, die sich wiederum verändern usw. Letztendlich wirkt sich die erste Veränderung in abgewandelter Form auf sich selbst aus. Dieses Verhalten ist typisch für ein System, es wird **Rückkopplungskreislauf** genannt. Eine solche Vernetzung von interagierenden Größen ist fast überall in unserer Realität zu finden. Systemdenken erfordert von uns, in linearen Verläufen statt in Kreisläufen zu denken.

Chaostheorie

Die Chaostheorie führt uns vor Augen, dass die Vorhersage, welchen Zustand das komplexe System annimmt, prinzipiell nicht möglich ist. Dieser Effekt wurde als Erstes von Lorenz, einem Wetterforscher, entdeckt, der ihn als Schmetterlingseffekt bezeichnete. Ein Flügelschlag eines Schmetterlings in den USA kann bei uns schönes Wetter oder ein Gewitter verursachen.

Ein praktisches Beispiel mag dies verdeutlichen: Wir spielen »Stille Post«. Ein Begriff wird einer Person zugeflüstert, die wiederum den Begriff einem Nächsten ins Ohr flüstert usw. Das Wort wird sich aller Erfahrung nach so verändern, dass man nicht vorhersagen kann, welcher Begriff von der letzten Person genannt wird, meistens zur Erheiterung der Mitspieler. Es genügen also winzige Einflüsse von außen (z.B. jemand hustet oder eine Uhr läutet), um zu einem völlig anderen Entwicklungsverlauf zu kommen.

Ökonomische Vorgänge sind häufig chaotische Prozesse. Deshalb ist es für die Entscheidungsträger eine schwierige Aufgabe, in einem ständiger Veränderung unterworfenen komplexen System die optimale Entscheidung zu treffen, wobei verschiedene Störungen zu berücksichtigen sind.

Wodurch entsteht Chaos in der Ökonomie?

Drei Gruppen von verschiedenen Wirkungszusammenhängen, die zur Entstehung von Chaos führen können, lassen sich allgemein zusammenfassen zu:

- Exogenen Einflüssen:

Exogene, d.h. von außen auf das betrachtete System einwirkende Einflüsse können schockartig wirken und eine an sich regulär ablaufende ökonomische Entwicklung unvorhersagbar machen. Zusätzlich bedingt die Beschränkung auf ein »Teilsystem« anstelle der Betrachtung des »Gesamtsystems« (z. B. der Untersuchung eines bestimmten Marktsegments in einem Unternehmen anstelle der gesamten Produktpalette), dass einzelne Systemgrößen im Unternehmen nur unscharf (fuzzy) erfasst werden. So liegt etwa die Nachfrage nach einem bestimmten Produkt nur innerhalb bestimmter Grenzen und nicht bei einem bestimmten Wert. Auch dieser Effekt, entsprechend dem Schmetterlingseffekt, führt zu einer Unvorhersagbarkeit der ökonomischen Entwicklung.

- Nichtlinearen Wirkungszusammenhängen:

Die komplizierten, sich wechselseitig und netzwerkartig beeinflussenden ökonomischen Prozesse der verschiedenen Entscheidungsträger sind nichtlineare Wirkungszusammenhänge. Aufgrund dieser sich selbst verstärkenden oder dämpfenden Einflüsse und Rückkopplungen kann sich Chaos ergeben. Im obigen Beispiel des »Stille Post«-Spiels ist das Weiterflüstern, wenn mehr als zwei Spieler daran teilnehmen, ein nichtlinearer Vorgang, denn das Wort wird von Person zu Person mathematisch gesprochen multipliziert.

- Systemwandel:

Systemwandel, oft ausgelöst oder begleitet von Veränderungen im rechtlichen, politischen und gesellschaftlichen Bereich sowie in den internationalen Beziehungen, führt zu Veränderungen interner Strukturen und kann chaotisches Systemverhalten hervorrufen. Die in der Natur und Wirtschaft vorkommenden Systeme weisen alle oder mehrere der beschriebenen Ursachen auf.

Das komplexe dynamische System

Wichtig für unsere Fragestellungen ist, was in einem komplexen System oder in der Beziehung zwischen Coach und Klient oder Führungskraft und Mitarbeiter optimale Wirkung erzeugt. Zuerst betrachten wir das Kausalitätsprinzip, welches normalerweise unser Denken bestimmt. Einfach ausgedrückt bedeutet es: Gleiche Ursache, gleiche Wirkung. In nichtkomplexen, also linearen, Systemen ist diese Annahme gerechtfertigt, z.b. beim Autofahren: »Je mehr Gas ich gebe, desto schneller fährt das Auto.« Beim Sport ist diese Annahme nicht immer richtig: Je mehr ich mich anstrenge, desto besser sind meine Leistungen, ist nur eingeschränkt richtig. Der Grund dafür ist, dass der Mensch ein nichtlineares komplexes System ist.

Das komplexe dynamische System
Ein dynamisches System ist eine Menge von Teilen, die Beziehungen untereinander haben. In einem System gibt es Rückkopplungen, d.h. eine Reaktion wirkt sich durch die verschiedenen Beziehungen zwischen den Teilen aus, es ist vernetzt. Beispiele sind alle Lebewesen, das Wetter, Staaten, die Politik, Familien, Teams, Projektgruppen, Aktienmärkte usw.

Versuch der Vereinfachung – welchen Preis wir dafür zahlen
Die meisten Menschen möchten, besonders die Führungskräfte, die Zukunft exakt vorhersagen. Wie wird der Marktanteil sein oder welcher Gewinn wird erwirtschaftet? Sie denken im Ursache-Wirkungsprinzip und hätten gern Sicherheit über die Zukunft.

All dies führt dazu, dass wir komplexe Systeme auf möglichst wenige Teile reduzieren und die Beziehungen vereinfachen. Wir gehen häufig davon aus, dass die Beziehungen linear sind und hoffen, die Auswirkungen zu kennen (Ursprung bei Galilei und Descartes).

Gerade in Organisationen, die ein komplexes System darstellen, kann die Verhaltensweise und innere Haltung einer Führungskraft oder eines Coaches ausschlaggebend dafür sein, wie erfolgreich dieses Gesamtsystem ist. Um das System mit all seinen Funktionen näher zu beleuchten, ist es hilfreich, Beispiele aus der Physik zu betrachten.

 In der Physik wird möglichst viel liniarisiert und reduziert. Lassen wir einen Stift herabfallen, so gelten die linearen Fallgesetze. Es kann genau der Auftreffpunkt und die Auftreffgeschwindigkeit vorhergesagt werden.

Nehmen wir jedoch eine Vogelfeder oder ein Blatt Papier, so entsteht Reibung mit der Luft. Das System kann nicht mehr linear beschrieben werden. Wo landet die Feder, nach welcher Zeit und Geschwindigkeit?

Viele Beispiele aus der Vergangenheit, sei es Politik oder Business zeigen, dass zu kurzfristig gedacht wird – eine andere Art der Reduzierung.

Als Beispiel: nur der Profit zählt, in die Bildung wird zu wenig investiert, da das Geld angeblich fehlt. Dieses kurzfristige Denken führt dazu, nur noch zu ernten und nicht mehr genügend zu säen. Wir zahlen durch das Vereinfachen und Reduzieren also langfristig einen hohen Preis.

Als Beispiel für unser vereinfachtes Denken, hier zum Verdeutlichen, ein ähnliches Thema:

Wahrscheinlichkeiten?! – Das Geburtstagsparadoxon (aus dem Buch von Gabor J. Szekely: Paradoxa)

Nehmen an einer Veranstaltung weniger als 365 Personen teil, so ist es möglich, dass jede von ihnen an einem anderen Tag seinen Geburtstag feiert, sind jedoch 366 Personen anwesend, dann können wir 100 %ig sicher sein, dass wenigstens zwei von ihnen am selben Tag des Jahres geboren wurden (Schaltjahr außer Acht gelassen).
Wie viel Personen sind nun nötig, um mit 99 %iger Sicherheit zwei übereinstimmende Geburtstage zu erhalten?

Auflösung:
Überraschenderweise nicht mehr als 55 Personen.
Wie viel Personen braucht man, um mit 99,9 %iger Sicherheit zwei übereinstimmende Geburtstage zu erhalten?
Hier sind es nur 68 Personen.
Für die Mathematiker unter Ihnen hier die Näherungs-Formel:
x = Wurzel aus $(2n * \ln(1/(1-p)))$ mit x-Anzahl der Personen, n-Anzahl der Tage des Jahres, p-Wahrscheinlichkeit u. $0 < p < 1$, $x < n$, ln ist der natürliche Logarithmus.

Da wir es gewohnt sind, linear zu denken, heißt es normalerweise für uns, dass 99,9 %ig ca. 360 Personen und 99 % vielleicht ca. 350 Personen sein müssten.
Es gibt aber in der Wahrscheinlichkeitsrechnung und der Statistik viele solche normale Paradoxa, die keine wirklichen Paradoxa sind, sondern nur unserem normalen linearen und nicht systemischen Denken so erscheinen. Also aufgepasst, wenn Sie wieder etwas über Wahrscheinlichkeiten und Statistiken lesen – es könnte eine Paradoxie sein, die uns in die Irre führt!

Der Schmetterlingseffekt!

 Selbst die besten Computerprogramme, neuronale Netze, können die langfristige Zukunft (Auswirkung) eines komplexen Systems (Börse, Politik, Klima usw.) nicht vorhersagen. Hat beispielsweise ein Börsenguru in Bayern eine nicht seinen Geschmack treffende Haxe gegessen und verkauft daraufhin verärgert seine €-Anteile, so lässt sich dies nicht vorher berücksichtigen. Außerdem zeigt uns

die Heisenbergsche Unschärferelation (Quantenmechanik), dass die Anfangswerte, die man braucht, um ein System berechnen zu können, nie alle gleichzeitig exakt vorliegen können. Wir haben es von Anfang an mit Unsicherheiten zu tun, mit Chaos.

Doch wäre dieses deterministische Chaos die ganze Wahrheit, so könnten wir nicht miteinander leben, und die Führungskräfte könnten nicht planen und somit ihre Tätigkeit getrost einstellen.

Dieses Chaos entspricht aber zum Glück nicht unserer Alltagserfahrung.

Attraktoren und Selbstorganisationstheorie

Es ist bekannt, dass es Systeme gibt, die sich auf einen festen Endzustand hinbewegen. Diese stabilen Zustände werden in der Selbstorganisationstheorie **Attraktoren** (von attraktiv) oder **Ordner** genannt. Die Selbstorganisationstheorie beschäftigt sich damit, wie Ordnung scheinbar spontan in komplexen Systemen auftaucht, d.h. wie Ordnung aus dem Chaos entsteht.

> **Beispiel:** Wenn die Konfliktpartner nun bei ihrer Kommunikation in einem allzu stabilen und reduzierten Attraktor gefangen sind, so ist das System offenbar vorhersagbar und in seinen kreativen Möglichkeiten sehr stark eingeschränkt. Wir sagen auch, die Beziehung ist redundant und der Konflikt bleibt bestehen

Die Aufgabe des Coaches, des Mediators oder der Führungskraft ist es, die Konfliktpartner darin zu unterstützen, den Konflikt aus systemischer Sicht zu lösen. Diese Veränderung erfordert zunächst eine Destabilisierung des bestehenden Systems, worauf dann ein neuer Attraktor erzeugt wird, der nicht nur das Verhalten, sondern auch die Werte des Einzelnen betrifft.

> Hier sei darauf hingewiesen, dass das System Konfliktpartner viel zu komplex ist, als dass eine inhaltliche Schlichtung (wie zwischen Arbeitgeber und Gewerkschaften) oder ein Gerichtsurteil den sich selbstorganisierenden Teil des Systems angemessen berücksichtigt.

Eine erfolgreiche Lösung, d.h. dass beide Konfliktpartner gewinnen, kann nur aus dem System selbst geboren werden. Der Coach oder Mediator ist allenfalls der Geburtshelfer. So verstand sich auch schon in der Antike der griechische Philosoph Sokrates.

Ein komplexes System organisiert sich selbst. Wie kommt es dazu, wie kommt es zur Emergenz, zur Selbstorganisation? Eine Antwort gibt die Synergetik.

Synergetik

Die Synergetik, eine von Hermann Haken entwickelte Selbstorganisationstheorie, beantwortet diese Frage. Er entwickelte diese Theorie zuerst, um den Laser zu erklären. Jedoch lässt sich damit jedes komplexe System beschreiben. Zwei Variablen, der Ordnungs- und Kontrollparameter, werden dazu benötigt. Der Zustand, in dem das System ist, wird Ordnungsparameter genannt. Der Kontrollparameter spiegelt die Rahmenbedingungen des Systems wider.

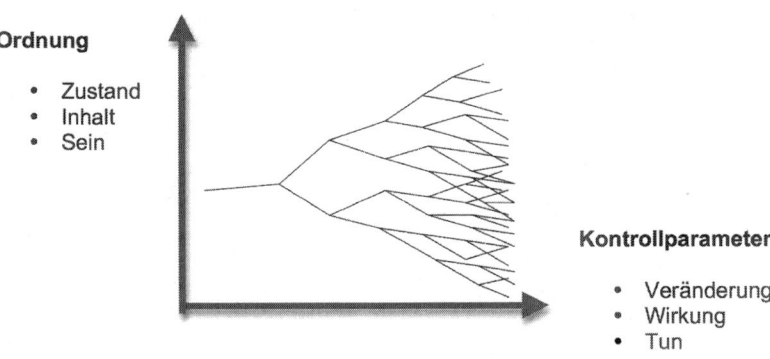

Ordnung

- Zustand
- Inhalt
- Sein

Kontrollparameter

- Veränderung
- Wirkung
- Tun

Hier eine Liste von Ordnungs- und Kontrollparametern, die ich mit Christian Fust zusammengestellt habe und die uns in unserer Arbeit begegnet sind:

Ordnungsparameter eines Systems	Kontrollparameter oder Hebel
Zahlen • Umsatz / Finanzen • Rentabilität • Wachstum • Kundenzufriedenheit	**Zahlen** • Finanzinvestition • Marketing • Zeit
Menschen • Fehlerkultur • Feedbackkultur • Verlässlichkeit • Offenheit • Motivation • Mitarbeiterzufriedenheit • Lernbereitschaft • Lernkultur • Werte / Vision / Leitbild leben • Einhalten der »System-Gesetze« • Systemdenken • Team lernen • Teamfähigkeit • Führung • Verantwortung • Konsequenz • Kompetenz	**Menschen** • Systemgesetze anwenden • Visionsarbeit *Vision* *Leitbild* *Werte* • Umdeuten • Struktur *Informationsfluss* *Zuständigkeiten / Rollen* *Verantwortlichkeiten* *Konsequenzen* *Kompetenzen* *Abläufe und Strukturierung* • Kultur *Feedback* *Offenheit* *Verlässlichkeit* • Lösungsorientierte Fragen • Einzelcoaching • Persönlichkeitsentwicklung • Teamentwicklung • Systemdenken

P. Senge bezeichnet den Kontrollparameter als Hebelwirkung. Findet man die Hebelwirkung und verändert sie, so verändert sich der Zustand des Systems, es geht in einen neuen attraktiven Zustand, genannt **Attraktor,** über. Welcher Zustand das genau sein wird, lässt sich jedoch nicht genau vorhersagen.

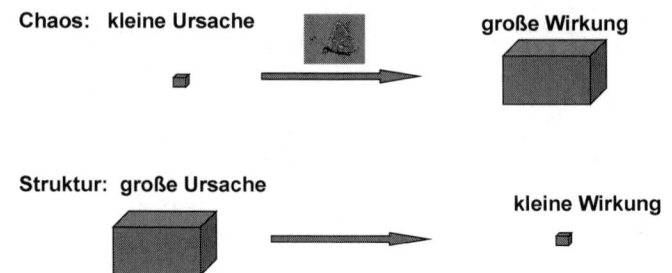

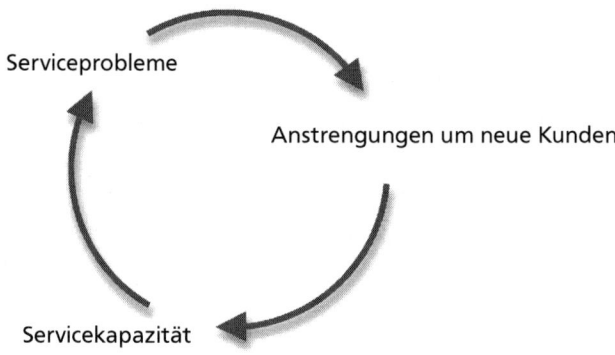

Dynamische komplexe Systeme verhalten sich unter bestimmten Bedingungen chaotisch, unter anderen Bedingungen findet man eine relativ stabile Struktur vor. Die Bedingungen werden als Kontrollparameter bezeichnet.

In der Managementberatung wird oft versucht, mit Hilfe von Verstärkungs- und Kompensationsschleifen oder durch Wirkmatrizen ein System zu beschreiben.

Es ist der Schritt weg vom linearen Denken hin zum **Kreislaufdenken**. Jedoch reicht diese Betrachtungsweise nicht aus, denn sie spielt einem nur eine scheinbare Sicherheit vor, das komplexe selbstorganisierte System zu überblicken. Diese Schleifen unterliegen dem Chaos und lassen wichtige Einflussgrößen weg, so dass keine wirkliche Vorhersage gemacht werden kann. Dennoch entsteht oft der Eindruck, dass eine exakte Vorhersage dadurch möglich sei.

Ein Beispiel aus der Unternehmensberatung, das natürlich auch auf Coaching oder andere Beratungstätigkeiten übertragen werden kann:

Oft kommt es vor, dass sich ein Unternehmen eine Unternehmensberatung als Unterstützung nimmt und dann bestimmte Ziele formuliert. Tritt die Unternehmensberatung als Expertenberater auf und präsentiert eine Lösung, die dann im Unternehmen umgesetzt werden soll, so kann diese Lösung aus betriebswirtschaftlicher Sicht exzellent sein. Werden jedoch die einzelnen Mitarbeiter und deren Commitment dabei unberücksichtigt gelassen, kommt es sehr oft in der Umsetzungsphase zu Widerstand oder Sabotage. Dieser Umstand führt häufig dazu, dass mehrere Umstrukturierungen und Unternehmensberatungen aufeinander folgen, da die erste nicht das gewünschte Ergebnis erzielt hat.

> Einem komplexen System lässt sich keine Lösung aufpfropfen, es kann nur aus sich selbst heraus eine Lösung finden, *sich selbst organisieren.*

Der Coach interveniert auf der Prozessebene. Zusätzlich bringt er inhaltliche Lösungsvorschläge ein, die aber als Vorschläge zu verstehen sind und natürlich von den Teilnehmern angenommen, verändert oder auch verworfen werden können.

Der **Prozessberater** ist demnach genau das Gegenteil vom Expertenberater, der genau die inhaltliche Lösung für das Problem zur Verfügung stellt, die dann so von den Teilnehmern übernommen wird. Ein Expertenberater ist beispielsweise, wie schon erwähnt, ein KFZ-Mechaniker, von dem wir natürlich erwarten, dass er die Lösung kennt.

Menschen, Teams oder Organisationen sind jedoch sehr viel kompliziertere Systeme als ein Auto.

Expertenberater	Prozessberater
• beispielsweise ein KFZ-Mechaniker oder ein klassischer Unternehmensberater	• beispielsweise ein Coach, Mediator oder systemischer Unternehmensberater
• ist Experte, erkundet das Problem und gibt dann die Lösung vor	• Ist Experte für den Rahmen, innerhalb dessen das System selbst die Lösung finden kann
• arbeitet mit problemorientierten Fragen	• Arbeitet mit problem- und lösungsorientierten Fragen
• + in nichtkomplexen Systemen wie Autos sehr hilfreich	• – in nichtkomplexen Systemen wie Autos nicht unbedingt hilfreich
• – in komplexen Systemen wie Menschen mit Konflikten nicht hilfreich	• + in komplexen Systemen wie Menschen mit Konflikten sehr hilfreich
	• hält sich mit eigenen Lösungen zurück
	• achtet auf die Frage, ob er noch im Prozess oder inhaltlich befangen ist

Die moderne Systemtheorie, allen voran die Chaostheorie und die Selbstorganisationstheorie, zeigt deutlich, dass komplexe dynamische Systeme nicht vorherzusagen sind (so wie das Beispiel des Schmetterlingseffektes es gezeigt hat). Es macht daher keinen Sinn, als Experte für die inhaltliche Lösung aufzutreten, sondern als Experte für die Steuerung des Prozesses die Verantwortung zu übernehmen.

Oder mit den Worten von A. v. Schlippe (1999) ausgedrückt: »Da Systeme ohnehin tun, was ihrer Selbstorganisation entspricht, da Weiterentwicklung unvermeidbar ist und da Therapeuten ihre Klientensysteme weder objektiv beschreiben noch instruktiv lenken können, verändern sich auch die Bilder über die Rolle der Thera-

peuten und Berater. Sie sind nun weniger Experten für ›die Sache‹
– niemand kennt die Situation besser als die Klienten selbst –, sondern eher Experten für die Ingangsetzung hilfreicher Prozesse, sie
sind eher diejenigen, die Dialoge ermöglichen, in denen unterschiedliche Wirklichkeitskonstruktionen beschrieben werden und
in denen mit alternativen Konstruktionen gespielt wird…«

Was ist die Lösung?
Ein erfolgreicher Ansatz ist **die systemische und integrale Unternehmensberatung**, die prozessorientiert und lösungsorientiert arbeitet. Sie gibt keine Lösungen vor, sondern erarbeitet mit dem System eine passende Lösung.

Führungskräfte sind zunehmend mit komplexen Fragestellungen
konfrontiert, bei denen das herkömmliche, rein analytische und lineare Denken versagt. Komplexe Situationen wie die langfristige
Existenzsicherung von Unternehmen, ökologische Themen oder die
Erschließung neuer Märkte erfordern eine spezifische Lösungsme-
thodik, die quantitative und qualitative Methoden kombiniert.
  Die notwendige Methodik ist das Systemdenken, wozu das **vernetzte Denken** gehört. Das vernetzte Denken, d.h. in Verbindungen und Schleifen zu denken, reicht jedoch nicht aus. Die Anforde-
rungen, die an das erfolgreiche moderne Management gestellt
werden, sind:

* **nicht statisch und in Ereignisfolgen, sondern dynamisch und
  in Prozessen zu denken,**
* **zu berücksichtigen, dass Ursache und Wirkung häufig zeitlich getrennt sind und die Wirkung wieder eine Ursache für
  eine Rückkopplung ist usw.,**
* **die Aufmerksamkeit darf nicht nur auf die naheliegenden
  Konsequenzen der zur Wahl stehenden Handlungsalterna-
  tiven gerichtet sein, auch die Fernwirkungen sind im Auge
  zu behalten.**
* **die Selbstorganisation zu berücksichtigen und zu fördern**

Gefordert ist das Denken in Systemen, das ganzheitliche Herangehen an Probleme und deren gemeinsame Bewältigung im Team und im Unternehmen.

Zum Systemdenken und zur Selbstorganisationstheorie gehören:

- das Analysieren dynamischer Probleme durch die Identifikation von Schlüsselvariablen,
- die Nutzung vernetzter Feedback-Diagramme zur Problemlösung,
- die Untersuchung von Ganzheiten gegenüber Einzelheiten sowie das Erfassen der Beziehungen zwischen den Einflussgrößen.
- Außerdem ist Abschied zu nehmen von linearer Kausalität und objektiver Wirklichkeit. Sie lernen aus der Relativitätstheorie, der Quantenphysik und der Chaostheorie sowie aus dem radikalen Konstruktivismus, dass wir die Wirklichkeit selbst konstruieren. Dieses Wissen und seine Anwendung verändert Ihre Kommunikation Ihren Mitarbeitern gegenüber.

Systemisch führen und coachen

Systemisch managen bedeutet als Führungskraft, die Rahmenbedingungen festzulegen und gegebenenfalls zu verändern und als Prozessberater tätig zu sein.

Managen in sich selbstorganisierenden Systemen – Große Organisationen sind kaum in einem instrumentellen Sinne zu steuern. Steuerung erfolgt über die Selbstorganisation aller Teilsysteme. Effiziente Führung heißt, die Selbstorganisationsfähigkeit eines Systems nicht durch unnötige Führungseingriffe zu stören. Führung hat die Aufgabe, die Bedingungen (Kontrollparameter in der Synergetik, Hebelwirkungen nach P. Senge), zu denen ein System operiert, so zu beeinflussen, dass seine Entwicklung in eine gewünschte Richtung eher wahrscheinlich wird als in eine andere.

Ökologisch managen – Das Denken in vernetzten Strukturen einschließlich der darin enthaltenen Ökologiefragen und Auswirkungen wird zur Voraussetzung effizienter Entscheidungen (s. Kapitel 2).

Das Ausarbeiten von Visionen, Strategien, Prozessen und Teamentwicklung – Nicht problem-, sondern lösungs- und prozessorientiert.

Managen von Wissen und Lernen – Führungskräfte sollten Designer, Coach, Mediator und Lehrer sein. Sie sind verantwortlich für den Aufbau von Organisationen, deren Mitglieder ihre Fähigkeiten kontinuierlich ausweiten, um komplexe Zusammenhänge zu begreifen, ihre Vision zu klären und ihre Kommunikationen zu verbessern – d.h. die Führungskräfte sind für den Prozess des Lernens verantwortlich.

Intuitiv managen – Wie die Literatur zeigt, können Topmanager oder Börsengurus nicht genau erklären, warum sie eine wichtige Entscheidung so getroffen haben und nicht anders. Gerade deswegen, weil sie auf ihr »Bauchgefühl« achten, sind sie so oft erfolgreich.

Hieraus wird ersichtlich, dass es einen erheblichen Unterschied zwischen den Begriffen »systemisches Denken« und »ganzheitliches Denken« gibt. Systemisches Denken schließt Ganzheitlichkeit mit ein. Zum Systemischen Denken gehört:

- Ganzheitlichkeit (statt Einseitigkeit)
- Tiefe (statt Oberflächlichkeit)
- Inter- und Transdisziplinarität

- Emergenz und Synergien
- Beziehungen (Interdependenz: gegenseitige Beeinflussung und Abhängigkeit)
- Erkenntnistheorie: Wahrnehmungskonstruktion

Außerdem arbeitet die moderne Systemtheorie nicht mit der Differenz »Teil und Ganzes«, sondern mit der Differenz »System und Umwelt«. Inhaltlich ist dieser Wechsel insofern von Bedeutung, als damit die Organisation in ihrer Umwelt, beispielsweise Kunden oder Banken, oder das Verhältnis der Organisation zu ihrer Umwelt zum Thema und Erfolgskriterium der Beratung wird – und nicht einfach die innere Ordnung der Organisation.

AUSBLICK

Für eine erfolgreiche Arbeit als Führungskraft oder Coach und Mediator sind noch viele Themen wichtig, die in diesem Buch keinen Platz gefunden haben. Zu diesen Themen gehört, wie man einschränkende Glaubenssätze und Überzeugungen ökologisch verändern kann. Oder wie man als Führungskraft seine innere Haltung und Stärke erhöhen, Grenzen setzen, kontrollieren und verbessern kann.

Das Erlangen von innerer Stärke und mehr Selbstbewusstsein ist in meinem Buch »Persönlichkeitsentwicklung mit System, Bischop 2012 beschrieben. Ich befasse mich dort ebenfalls mit der inneren Aufstellung und den Kräften der Ahnen.

In meiner Arbeit hat sich gezeigt, dass unsere Eltern und Großeltern einen sehr großen Einfluss auf unser Leben haben. Nicht nur in der Prägungszeit von unserer Geburt an, sondern auch durch Dynamiken aus unserem Vorfahrensystem. Wenn dort Systemgesetzverletzungen vorlagen, können die unser heutiges Leben bestimmen.

Ein Beispiel: Ein Klient baute erfolgreich ein Geschäft auf. Dann verlor er es jedoch wieder. Dieses wiederholte sich mehrmals. Im Coaching fragte ich ihn, ob er denn die Erlaubnis habe, erfolgreich sein zu dürfen. Wir gingen bis zu seiner Geburt zurück und fanden keine Antwort. Ökologiethemen gab es auch nicht. Deshalb fragte ich ihn, ob er denn die Erlaubnis seiner Vorfahren habe. In einer inneren Aufstellung traf er seine Großeltern, und ihm wurde bewusst, dass diese im Krieg ihr Geschäft verloren hatten. Unbewusst wollte er seinen Großeltern und ihrem Schicksal gegenüber loyal sein und durfte deshalb auch sein Geschäft nicht behalten.

In der Aufstellung konnten die Großeltern ihm nun sagen, dass sie ihm alles Gute wünschen und nicht möchten, dass er ihr Schicksal wiederholt. Er dürfe ruhig erfolgreich leben. Anschließend ging es darum, dass der Klient diesen Wunsch auch annehmen konnte. Die Aussage »aus Liebe zu euch werde ich erfolgreich leben« löste dann die Dynamik auf.

Im ersten Kapitel des vorliegenden Buches wurden die Auswirkungen von Systemgesetzverletzungen auf Menschen beschrieben. Wut und Trauer lassen die Kraft und Lebensenergie nach und nach einfrieren. Systemgesetzverletzungen unserer Vorfahren können auch zu einer Schwächung **unserer Lebenskräfte** führen. Wir benötigen diese aber, um in unseren unterschiedlichen Lebensrollen ausgeglichen stark agieren zu können.

Systemgesetzverletzungen bei unseren Vorfahren, auch wenn sie schon lange tot sind, lassen sich auflösen. Niemand weiß, wieso das funktioniert, aber es funktioniert.

Auf dem Gebiet unserer Vorfahren gibt es noch viel zu entdecken und aufzulösen, machen Sie sich auf die Reise.

Viel Neugierde und Freude auf der Reise wünscht Ihnen
Dr. Dieter Bischop

LITERATURVERZEICHNIS

Al Huang, Chungliang / Lynch, Jerry, 1995: TaoSport. Denkender Körper – tanzender Geist. Außergewöhnliches leisten im Alltag, Beruf und Sport, Freiburg im Breisgau, Bauer.

Andreas, Steve & Faulkner, Charles (Hrsg.), 1997: Praxiskurs NLP, Paderborn, Junfermann.

Argyle, Michael, 1972: Soziale Interaktion, Köln, Kiepenheuer und Witsch.

Bader, Franz, 2000: Eine Quantenwelt ohne Dualismus, Hannover, Schroedel

Bandler, Richard / Grinder, John, 1981: Metasprache und Psychotherapie, Paderborn, Junfermann.

Bateson, Gregory, 1994: Ökologie des Geistes, Frankfurt am Main, Suhrkamp.

Bestmann, Karen / Leyer, Babette, 2007: Servicequalität mit System. Eine Servicephilosophie praktisch entwickeln, Kiel, Ludwig.

Bischop, Dieter, 2012: Persönlichkeitsentwicklung mit System. Erfolgreich als Führungskraft und Coach wirken, Kiel, Ludwig.

Borstnar, Nils / Köhrmann, Gesa, 2004: Selbstmanagement mit System. Das Leben proaktiv gestalten, Kiel, Ludwig.

Covey, Stephen R., 2000: Die sieben Wege zur Effektivität. Ein Konzept zur Meisterung Ihres privaten und beruflichen Lebens, München, Heyne.

Dilts, Robert B. / Hallbom, Tim / Smith, Suzi, 1991: Identität, Glaubenssysteme und Gesundheit, Paderborn, Junfermann.

Dilts, Robert B., 2005: Professionelles Coaching mit NLP, Paderborn, Junfermann.

Flechtner, Hans-Joachim, 1984: Grundbegriffe der Kybernetik, Stuttgart, Hirzel.

Fischer, Roger / Ury, William / Patton, Bruce, 2001: Das Havard-Konzept, Sachgerecht verhandeln – erfolgreich verhandeln, Frankfurt, Campus.

Grinder, John / Bandler, Richard, 1994: Therapie in Trance. Hypnose: Kommunikation mit dem Unbewußten, Stuttgart, Klett-Cotta.

Grochowiak, Klaus / Castella, Joachim, 2001: Systemdynamische Organisationsberatung, Heidelberg, Carl-Auer-Systeme.

Gumin, Heinz / Meier, Heinrich (Hrsg.), 1998: Einführung in den Konstruktivismus. Beiträge von Heinz von Foerster, Ernst von Glaserfeld, Peter M. Hejl, Siegfried J. Schmidt und Paul Watzlawick, München, Piper.

Haag, G., 1996: Modelle zur Stabilisierung chaotischer Prozesse in der Ökonomie, in Chaos und Ordnung, Hrsg. G. Küppers, Ditzingen, Reclam.

Haken, Hermann, 1995 (1981): Erfolgsgeheimnisse der Natur, Synergetik: Die Lehre vom Zusammenwirken, Reinbek bei Hamburg, Rowohlt.

Hekele, Kurt, 1996: Qualtätssteuerung ›Sozialer Arbeit‹, Celle, VSE e.V.

Hellinger, Bert, 2001: Ordnungen der Liebe, München, Knaur.

Horn, Klaus Peter / Brick, Regine, 2001: Das verborgene Netzwerk der Macht, Offenbach, Gabal.

Kessler, Heinrich / Winkelhofer, Georg, 1999: Projektmanagement. Leitfaden zur Steuerung und Führung von Projekten, Berlin, Springer.

Kriz, Jürgen, 1999: Systemtheorie für Psychotherapeuten, Psychologen und Mediziner, Wien, Facultas.

Leymann, Heinz, 1995: Der neue Mobbingbericht, Rowohlt.

Lind, Werner, 2001: Budo. Der geistige Weg der Kampfkünste, Frankfurt, O.W. Barth.

Mußmann, Frank, 1995: Komplexe Natur. Komplexe Wissenschaft. Selbstorganisation, Chaos, Komplexität und der Durchbruch des Systemdenkens in den Naturwissenschaften, Wiesbaden, Leske + Budrich.

Peak, David / Frame, Michael, 1995: Komplexität. Das gezähmte Chaos, Basel, Birkhäuser.

Redfield, James, 2004: Die Prophezeiungen von Celestine, München, Heyne.

Rossi, Ernest L., 1993: 20 Minuten Pause. Wie Sie seelischen und körperlichen Zusammenbruch verhindern können…, Paderborn, Junfermann.

Satir, Virginia, 1996: Selbstwert und Kommunikation. Familientherapie für Berater und zur Selbsthilfe, München, Pfeiffer.

Schlippe, Arist von / Schweitzer, Jochen, 1999: Lehrbuch der systemischen Therapie und Beratung, Göttingen, Vandenhoeck & Ruprecht.

Senge, Peter / Kleiner, Art / Smith, Bryan / Roberts, Charlotte / Ross, Richard, 1997: Das Fieldbook zur Fünften Disziplin, Stuttgart, Klett-Cotta.

Senge, Peter, 1998: Die fünfte Disziplin. Kunst und Praxis der lernenden Organisation, Stuttgart, Klett-Cotta.

Sparrer, Insa, 2001: Wunder, Lösung und System. Lösungsfokussierte Systemische Strukturaufstellungen für Therapie und Organisationsberatung, Heidelberg, Carl-Auer-Systeme.

Stahl, Thies, 1996: Neurolinguistisches Programmieren (NLP). Was es kann, wie es wirkt und wem es hilft, Mannheim, Pal.

Stahl, Thies, 1995: Triffst du 'nen Frosch unterwegs … NLP für die Praxis, Paderborn, Junfermann.

Szekely, Gabor J., 1990: Paradoxa, klassische und neue Überraschungen aus Wahrscheinlichkeitsrechnung und mathematischer Statistik, Frankfurt am Main, Deutsch.

von Foerster, Heinz, 1985: Sicht und Einsicht, Braunschweig, Vieweg.

Weber, Gunthard (Hg.), 2000: Praxis der Organisationsaufstellung, Heidelberg, Carl-Auer-Systeme.

ÜBER DEN AUTOR

Dr. Dieter Bischop Jahrgang 1966, Gründer und Leiter des Hanseatischen Instituts für Coaching, Mediation & Führung.

Er ist promovierter Quantenphysiker, Coach, Mediator, systemischer Unternehmensberater und Ausbilder für Coaching und Mediation.

Zu seinen Arbeitsschwerpunkten zählen Organisations- und Teamentwicklung, Führung, Konfliktlösung und Work-Life-Balance sowie die Unterstützung bei der Nachfolgeregelung in Familienunternehmen. Er entwickelt seit 1998 neue wirkungsvolle Mediations- und Coachingtools.

Kontakt zu Dr. Dieter Bischop
www.hanseatisches-institut.de

PRAXIS & ERFOLG

Nils Borstnar / Gesa Köhrmann

Selbstmanagement mit System

Das Leben proaktiv gestalten
Praxis & Erfolg, Band 1

256 Seiten, 58 Grafiken und 61 S/W-Illustr., Broschur,
ISBN 978-3-933598-78-3, € 18,90

Karen Bestmann / Babette Leyer

Servicequalität mit System

Eine Servicephilosophie praktisch entwickeln
Praxis & Erfolg, Band 2

192 Seiten, 49 Grafiken und 13 S/W-Illustr., Broschur,
ISBN 978-3-933598-79-0, € 15,90

Martin H.W. Möllers

Business-Knigge

Internationales Lexikon des guten Benehmens
Praxis & Erfolg, Band 3

264 Seiten, Broschur, ISBN 978-3-937719-06-1, € 19,90

Kai U. Jürgens

Wie veröffentliche ich meine Doktorarbeit?

Der sichere Weg zum eigenen Buch
Praxis & Erfolg, Band 4

144 Seiten, Broschur, ISBN 978-3-937719-28-3, € 14,90

PRAXIS & ERFOLG

Martin H.W. Möllers
Vermögensaufbau und Altersvorsorge
Lexikon zur finanziellen Freiheit
Praxis & Erfolg, Band 5

256 Seiten, Broschur, ISBN 978-3-937719-32-0, € 19,90

Anja Müller / Dorothee Schönheid
Neue Chancen durch Teilzeitarbeit
Ein Ratgeber mit Erfahrungsberichten
Praxis & Erfolg, Band 6

202 Seiten, Broschur, ISBN 978-3-937719-48-1, € 19,90